国家卫生健康委员会"十三五"规划教材

全国高等中医药教育教材

供中药学、中药资源与开发、中药制药等专业用

波 谱 解 析

第 2 版

主　编　冯卫生

副主编　李医明　邱　峰　杨炳友　李　强

编　委（按姓氏笔画为序）

冯卫生（河南中医药大学）　　　　邱　峰（天津中医药大学）

曲　扬（辽宁中医药大学）　　　　张艳丽（河南中医药大学）

李　强（北京中医药大学）　　　　罗建光（中国药科大学）

李医明（上海中医药大学）　　　　舒尊鹏（广东药科大学）

杨炳友（黑龙江中医药大学）　　　谭玉柱（成都中医药大学）

人民卫生出版社

图书在版编目（CIP）数据

波谱解析/冯卫生主编. —2 版. —北京：人民
卫生出版社,2019
ISBN 978-7-117-28004-4

Ⅰ.①波… Ⅱ.①冯… Ⅲ.①波谱分析-医学院校-
教材 Ⅳ.①O657.61

中国版本图书馆 CIP 数据核字（2019）第 024040 号

| 人卫智网 | www.ipmph.com | 医学教育、学术、考试、健康，购书智慧智能综合服务平台 |
| 人卫官网 | www.pmph.com | 人卫官方资讯发布平台 |

波 谱 解 析
第 2 版

主　　编：冯卫生
出版发行：人民卫生出版社（中继线 010-59780011）
地　　址：北京市朝阳区潘家园南里 19 号
邮　　编：100021
E - mail：pmph @ pmph.com
购书热线：010-59787592　010-59787584　010-65264830
印　　刷：保定市中画美凯印刷有限公司
经　　销：新华书店
开　　本：787×1092　1/16　印张：21
字　　数：484 千字
版　　次：2012 年 8 月第 1 版　2019 年 3 月第 2 版
　　　　　2019 年 3 月第 2 版第 1 次印刷（总第 3 次印刷）
标准书号：ISBN 978-7-117-28004-4
定　　价：55.00 元
打击盗版举报电话：010-59787491　E-mail：WQ @ pmph.com
（凡属印装质量问题请与本社市场营销中心联系退换）

修订说明

为了更好地贯彻落实《国家中长期教育改革和发展规划纲要（2010—2020年）》《医药卫生中长期人才发展规划（2011—2020年）》《中医药发展战略规划纲要（2016—2030年）》和《国务院办公厅关于深化高等学校创新创业教育改革的实施意见》精神，做好新一轮全国高等中医药教育教材建设工作，人民卫生出版社在教育部、国家卫生健康委员会、国家中医药管理局的领导下，在上一轮教材建设的基础上，组织和规划了全国高等中医药教育本科国家卫生健康委员会"十三五"规划教材的编写和修订工作。

为做好新一轮教材的出版工作，人民卫生出版社在教育部高等中医学本科教学指导委员会和第二届全国高等中医药教育教材建设指导委员会的大力支持下，先后成立了第三届全国高等中医药教育教材建设指导委员会、首届全国高等中医药教育数字教材建设指导委员会和相应的教材评审委员会，以指导和组织教材的遴选、评审和修订工作，确保教材编写质量。

根据"十三五"期间高等中医药教育教学改革和高等中医药人才培养目标，在上述工作的基础上，人民卫生出版社规划、确定了中医学、针灸推拿学、中药学、中西医临床医学、护理学、康复治疗学6个专业139种国家卫生健康委员会"十三五"规划教材。教材主编、副主编和编委的遴选按照公开、公平、公正的原则，在全国近50所高等院校4000余位专家和学者申报的基础上，近3000位申报者经教材建设指导委员会、教材评审委员会审定批准，聘任为主审、主编、副主编、编委。

本套教材的主要特色如下：

1. **定位准确，面向实际** 教材的深度和广度符合各专业教学大纲的要求和特定学制、特定对象、特定层次的培养目标，紧扣教学活动和知识结构，以解决目前各院校教材使用中的突出问题为出发点和落脚点，对人才培养体系、课程体系、教材体系进行充分调研和论证，使之更加符合教改实际、适应中医药人才培养要求和市场需求。

2. **夯实基础，整体优化** 以培养高素质、复合型、创新型中医药人才为宗旨，以体现中医药基本理论、基本知识、基本思维、基本技能为指导，对课程体系进行充分调研和认真分析，以科学严谨的治学态度，对教材体系进行科学设计、整体优化，教材编写综合考虑学科的分化、交叉，既要充分体现不同学科自身特点，又注意各学科之间有机衔接；确保理论体系完善，知识点结合完备，内容精练、完整，概念准确，切合教学实际。

3. **注重衔接，详略得当** 严格界定本科教材与职业教育教材、研究生教材、毕业后教育教材的知识范畴，认真总结、详细讨论现阶段中医药本科各课程的知识和理论框架，使其在教材中得以凸显，既要相互联系，又要在编写思路、框架设计、内容取舍等方面有一定的区分度。

4. **注重传承，突出特色** 本套教材是培养复合型、创新型中医药人才的重要工具，是中医药文明传承的重要载体,而传统的中医药文化是国家软实力的重要体现。因此,教材既要反映原汁原味的中医药知识,培养学生的中医思维,又要使学生中西医学融会贯通,既要传承经典,又要创新发挥,体现本版教材"重传承、厚基础、强人文、宽应用"的特点。

5. 纸质数字,融合发展 教材编写充分体现与时代融合、与现代科技融合、与现代医学融合的特色和理念,适度增加新进展、新技术、新方法,充分培养学生的探索精神、创新精神;同时,将移动互联、网络增值、慕课、翻转课堂等新的教学理念和教学技术、学习方式融入教材建设之中,开发多媒体教材、数字教材等新媒体形式教材。

6. 创新形式,提高效用 教材仍将传承上版模块化编写的设计思路,同时图文并茂、版式精美;内容方面注重提高效用,将大量应用问题导入、案例教学、探究教学等教材编写理念,以提高学生的学习兴趣和学习效果。

7. 突出实用,注重技能 增设技能教材、实验实训内容及相关栏目,适当增加实践教学学时数,增强学生综合运用所学知识的能力和动手能力,体现医学生早临床、多临床、反复临床的特点,使教师好教、学生好学、临床好用。

8. 立足精品,树立标准 始终坚持中国特色的教材建设的机制和模式;编委会精心编写,出版社精心审校,全程全员坚持质量控制体系,把打造精品教材作为崇高的历史使命,严把各个环节质量关,力保教材的精品属性,通过教材建设推动和深化高等中医药教育教学改革,力争打造国内外高等中医药教育标准化教材。

9. 三点兼顾,有机结合 以基本知识点作为主体内容,适度增加新进展、新技术、新方法,并与劳动部门颁发的职业资格证书或技能鉴定标准和国家医师资格考试有效衔接,使知识点、创新点、执业点三点结合;紧密联系临床和科研实际情况,避免理论与实践脱节、教学与临床脱节。

本轮教材的修订编写,教育部、国家卫生健康委员会、国家中医药管理局有关领导和教育部全国高等学校本科中医学教学指导委员会、中药学教学指导委员会等相关专家给予了大力支持和指导,得到了全国各医药卫生院校和部分医院、科研机构领导、专家和教师的积极支持和参与,在此,对有关单位和个人表示衷心的感谢!希望各院校在教学使用中以及在探索课程体系、课程标准和教材建设与改革的进程中,及时提出宝贵意见或建议,以便不断修订和完善,为下一轮教材的修订工作奠定坚实的基础。

人民卫生出版社有限公司

2019 年 1 月

全国高等中医药教育本科
国家卫生健康委员会"十三五"规划教材
教材目录

中医学等专业

序号	教材名称	主编	
1	中国传统文化(第2版)	臧守虎	
2	大学语文(第3版)	李亚军	赵鸿君
3	中国医学史(第2版)	梁永宣	
4	中国古代哲学(第2版)	崔瑞兰	
5	中医文化学	张其成	
6	医古文(第3版)	王兴伊	傅海燕
7	中医学导论(第2版)	石作荣	
8	中医各家学说(第2版)	刘桂荣	
9	*中医基础理论(第3版)	高思华	王 键
10	中医诊断学(第3版)	陈家旭	邹小娟
11	中药学(第3版)	唐德才	吴庆光
12	方剂学(第3版)	谢 鸣	
13	*内经讲义(第3版)	贺 娟	苏 颖
14	*伤寒论讲义(第3版)	李赛美	李宇航
15	金匮要略讲义(第3版)	张 琦	林昌松
16	温病学(第3版)	谷晓红	冯全生
17	*针灸学(第3版)	赵吉平	李 瑛
18	*推拿学(第3版)	刘明军	孙武权
19	中医临床经典概要(第2版)	周春祥	蒋 健
20	*中医内科学(第3版)	薛博瑜	吴 伟
21	*中医外科学(第3版)	何清湖	秦国政
22	*中医妇科学(第3版)	罗颂平	刘燕峰
23	*中医儿科学(第3版)	韩新民	熊 磊
24	*中医眼科学(第2版)	段俊国	
25	中医骨伤科学(第2版)	詹红生	何 伟
26	中医耳鼻咽喉科学(第2版)	阮 岩	
27	中医急重症学(第2版)	刘清泉	
28	中医养生康复学(第2版)	章文春	郭海英
29	中医英语	吴 青	
30	医学统计学(第2版)	史周华	
31	医学生物学(第2版)	高碧珍	
32	生物化学(第3版)	郑晓珂	
33	医用化学(第2版)	杨怀霞	

34	正常人体解剖学(第2版)	申国明	
35	生理学(第3版)	郭 健	杜 联
36	神经生理学(第2版)	赵铁建	郭 健
37	病理学(第2版)	马跃荣	苏 宁
38	组织学与胚胎学(第3版)	刘黎青	
39	免疫学基础与病原生物学(第2版)	罗 晶	郝 钰
40	药理学(第3版)	廖端芳	周玖瑶
41	医学伦理学(第2版)	刘东梅	
42	医学心理学(第2版)	孔军辉	
43	诊断学基础(第2版)	成战鹰	王肖龙
44	影像学(第2版)	王芳军	
45	循证医学(第2版)	刘建平	
46	西医内科学(第2版)	钟 森	倪 伟
47	西医外科学(第2版)	王 广	
48	医患沟通学(第2版)	余小萍	
49	历代名医医案选读	胡方林	李成文
50	医学文献检索(第2版)	高巧林	章新友
51	科技论文写作(第2版)	李成文	
52	中医药科研思路与方法(第2版)	胡鸿毅	

中药学、中药资源与开发、中药制药等专业

序号	教材名称	主编姓名	
53	高等数学(第2版)	杨 洁	
54	解剖生理学(第2版)	邵水金	朱大诚
55	中医学基础(第2版)	何建成	
56	无机化学(第2版)	刘幸平	吴巧凤
57	分析化学(第2版)	张 梅	
58	仪器分析(第2版)	尹 华	王新宏
59	物理化学(第2版)	张小华	张师愚
60	有机化学(第2版)	赵 骏	康 威
61	医药数理统计(第2版)	李秀昌	
62	中药文献检索(第2版)	章新友	
63	医药拉丁语(第2版)	李 峰	巢建国
64	*药用植物学(第2版)	熊耀康	严铸云
65	中药药理学(第2版)	陆 茵	马越鸣
66	中药化学(第2版)	石任兵	邱 峰
67	中药药剂学(第2版)	李范珠	李永吉
68	中药炮制学(第2版)	吴 皓	李 飞
69	中药鉴定学(第2版)	王喜军	
70	中药分析学(第2版)	贡济宇	张 丽
71	制药工程(第2版)	王 沛	
72	医药国际贸易实务	徐爱军	
73	药事管理与法规(第2版)	谢 明	田 侃
74	中成药学(第2版)	杜守颖	崔 瑛
75	中药商品学(第3版)	张贵君	
76	临床中药学(第2版)	王 建	张 冰
77	临床中药学理论与实践	张 冰	

78	药品市场营销学（第2版）	汤少梁
79	中西药物配伍与合理应用	王 伟　朱全刚
80	中药资源学	裴 瑾
81	保健食品研究与开发	张 艺　贡济宇
82	波谱解析（第2版）	冯卫生

针灸推拿学等专业

序号	教材名称	主编姓名
83	*针灸医籍选读（第2版）	高希言
84	经络腧穴学（第2版）	许能贵　胡 玲
85	神经病学（第2版）	孙忠人　杨文明
86	实验针灸学（第2版）	余曙光　徐 斌
87	推拿手法学（第3版）	王之虹
88	*刺法灸法学（第2版）	方剑乔　吴焕淦
89	推拿功法学（第2版）	吕 明　顾一煌
90	针灸治疗学（第2版）	杜元灏　董 勤
91	*推拿治疗学（第3版）	宋柏林　于天源
92	小儿推拿学（第2版）	廖品东
93	针刀刀法手法学	郭长青
94	针刀医学	张天民

中西医临床医学等专业

序号	教材名称	主编姓名
95	预防医学（第2版）	王泓午　魏高文
96	急救医学（第2版）	方邦江
97	中西医结合临床医学导论（第2版）	战丽彬　洪铭范
98	中西医全科医学导论（第2版）	郝微微　郭 栋
99	中西医结合内科学（第2版）	郭 姣
100	中西医结合外科学（第2版）	谭志健
101	中西医结合妇产科学（第2版）	连 方　吴效科
102	中西医结合儿科学（第2版）	肖 臻　常 克
103	中西医结合传染病学（第2版）	黄象安　高月求
104	健康管理（第2版）	张晓天
105	社区康复（第2版）	朱天民

护理学等专业

序号	教材名称	主编姓名
106	正常人体学（第2版）	孙红梅　包怡敏
107	医用化学与生物化学（第2版）	柯尊记
108	疾病学基础（第2版）	王 易
109	护理学导论（第2版）	杨巧菊
110	护理学基础（第2版）	马小琴
111	健康评估（第2版）	张雅丽
112	护理人文修养与沟通技术（第2版）	张翠娣
113	护理心理学（第2版）	李丽萍
114	中医护理学基础	孙秋华　陈莉军

康复治疗学等专业

注：①本套教材均配网络增值服务；②教材名称左上角标有 * 号者为"十二五"普通高等教育本科国家级规划教材。

第三届全国高等中医药教育教材建设指导委员会名单

顾　　问	王永炎	陈可冀	石学敏	沈自尹	陈凯先	石鹏建	王启明
	秦怀金	王志勇	卢国慧	邓铁涛	张灿玾	张学文	张　琪
	周仲瑛	路志正	颜德馨	颜正华	严世芸	李今庸	施　杞
	晁恩祥	张炳厚	栗德林	高学敏	鲁兆麟	王　琦	孙树椿
	王和鸣	韩丽沙					

主 任 委 员　张伯礼

副主任委员	徐安龙	徐建光	胡　刚	王省良	梁繁荣	匡海学	武继彪
	王　键						

常 务 委 员（按姓氏笔画为序）

	马存根	方剑乔	孔祥骊	吕文亮	刘旭光	许能贵	孙秋华
	李金田	杨　柱	杨关林	谷晓红	宋柏林	陈立典	陈明人
	周永学	周桂桐	郑玉玲	胡鸿毅	高树中	郭　姣	唐　农
	黄桂成	廖端芳	熊　磊				

委　　员（按姓氏笔画为序）

	王彦晖	车念聪	牛　阳	文绍敦	孔令义	田宜春	吕志平
	安冬青	李永民	杨世忠	杨光华	杨思进	吴范武	陈利国
	陈锦秀	徐桂华	殷　军	曹文富	董秋红		

秘 书 长　周桂桐（兼）　王　飞

秘　　书　唐德才　梁沛华　闫永红　何文忠　储全根

11

前　言

　　波谱解析是研究中药化学成分结构方法的一门课程,适用于中药学、中药资源与开发、中药制药等中药学类专业本科生,是中药学类专业的必修课程之一。本教材在人民卫生出版社《波谱解析》第1版的基础上,紧密结合全国高等医药院校中药学类专业教育教学改革的要求进行修订。为满足我国中药学、化学相关专业对培养应用型、服务型中药学人才的需要,本教材将波谱解析学科的发展和本科教材的特点相融合,使学生适应药品生产、质量检验和药学服务等工作岗位的要求。

　　波谱解析课程涉及医药、生物、环境、食品、材料等众多领域,具有很强的实用价值,尤其在中药化学成分研究中具有重要地位。通过对本教材的学习,旨在使学生掌握中药化学成分波谱解析的基本概念、方法和规律,并能综合运用各种波谱技术对中药化学成分进行结构解析。在修订编写本教材的过程中,力求结合中药化学成分在科研和生产中的实际应用情况,适当调整,使编写内容循序渐进、深入浅出、条理清晰、图文并茂,具有较好的可学性。本教材共分十一章,第一章介绍了波谱解析理论知识和发展趋势;第二章至十一章分别选用在中药中分布广泛、结构简单、结构规律明显的代表性化合物讨论各类化学成分的波谱规律,掌握波谱解析方法。

　　本书编写任务由冯卫生(第一章)、舒尊鹏(第二章)、李强(第三章)、谭玉柱(第四章)、张艳丽(第五章、第十一章)、李医明(第六章)、曲扬(第七章)、邱峰(第八章)、杨炳友(第九章)、罗建光(第十章)十位教师合作完成。教材编写过程中,参考、引用了大量文献资料,并受到参编院校众多专家和同行的热情鼓励与支持,提出了许多宝贵的意见和建议,在此一并表示衷心的感谢!

　　为使教材日臻完善,希冀广大读者在使用中如发现不当或错误之处,给予批评和斧正,以便我们不断修订完善。

编者

2019 年 2 月

目　录

第一章

天然化合物波谱解析方法

📖 **学习目的**

通过本章的学习,学会天然化合物的结构解析方法、常用波谱技术的特点及图谱解析方法。

学习要点

^{1}H-NMR 谱化学位移、偶合常数和 ^{13}C-NMR 谱化学位移的主要影响因素;^{1}H-NMR、^{13}C-NMR 和常用 2D-NMR 谱技术在结构解析中的应用。

第一节　天然化合物结构研究的一般方法

植物在体内物质代谢过程中发生着不同的生物合成反应,由此产生出结构千差万别的代谢产物,如糖类、蛋白质、脂类和核酸等一次代谢产物与苷类、黄酮类、醌类、萜类、苯丙素类、生物碱类、有机酸类、甾体类、三萜类、鞣质类等重要的二次代谢产物。这些化学成分具有多种生物活性,是中药化学的主要研究对象。中药化学成分研究的主要方法就是利用各种色谱分离技术将中药中所含的化学成分分离出来并鉴定其分子结构,然后进行构效关系的探讨以及结构改造等进一步的研究工作。因此,结构研究是中药化学的一个重要内容,也是关键点和难点。

过去测定化合物的结构常采用经典的化学降解法,或合成适当的衍生物进行对比推断其结构,所需的样品量大,工作量大且复杂。近 30 年来,红外光谱、紫外光谱、核磁共振波谱和质谱等波谱技术迅速发展,使得天然化合物的结构研究变得相当容易。与经典的化学方法相比,波谱法不仅具有快速、灵敏、准确的优点,而且只需要微量的样品,尤其是超导核磁共振技术的普及和各种二维核磁共振谱(2D-NMR)及质谱新技术的开发利用,使其进一步具备了灵敏度高、选择性强、用量少及快速、简便的优点,大大加快了确定化合物结构的速度并提高了准确性。随着对中药物质基础研究的不断深入,一些微量的活性成分也越来越被人们所关注,这些成分的结构测定往往不能依靠传统的化学方法,而更多的是依靠波谱学的方法。因此波谱分析技术已经成为天然化合物结构研究的主要手段。

天然化合物是动植物在生长过程中的一些重要营养物质如乙酰辅酶 A 等,在特定的条件下通过不同的代谢过程产生的化学物质,因此化学结构骨架相对比较固定。

在波谱解析前,如果能确定化合物的结构骨架,对结构解析将会很有帮助。结构骨架主要依靠各类天然化合物的呈色反应来确定,如生物碱类通过碘化铋钾试剂鉴定、羟基蒽醌类通过碱液显色反应(Bornträger 反应)鉴定、黄酮类则可利用盐酸-镁粉反应来鉴定。也有一些试剂可以确定某些官能团的存在,例如三氯化铁试剂可以确定是否存在酚羟基。另外,在进行天然化合物的提取、分离、精制过程中,一些化合物的理化性质(如酸碱性、极性、色谱行为等)也能为其基本骨架或结构类型的判断提供依据。此外,由于同科、同属植物常含有相同或类似的化合物,通过调查有关原植物或近缘植物化学成分的文献报道,对确定化合物的结构骨架也会有很大的帮助。当待测样品可能为已知化合物时,在有对照品的情况下,可以通过物理常数(包括熔点、沸点、比旋度、折光率和比重等)测定和色谱对照,判定样品与对照品是否为同一化合物。此外,考察生物合成途径也有助于确定其化学结构。若为文献未记载的物质或者没有对照品时,应测定该化合物及其衍生物的各种波谱以确定其化学结构。

天然化合物化学结构的鉴定主要通过各种波谱法。物质在光(电磁波)的照射下,吸收或散射某种波长的光(物质吸收的能量 $\Delta E = E_{激} - E_{基}$),从基态跃迁到激发态,若将入射光强度变化或散射光的信号记录下来,得到一张信号强度与光的波长、波数(频率)或散射角度的关系图,用于物质结构、组成及化学变化的分析,这就是波谱法(spectroscopy)。由于不同频率的辐射和物质作用的机制不同,就产生了许多种波谱分析方法,例如 X 射线光谱、紫外光谱、红外光谱、微波光谱、核磁共振谱等。本书只讨论天然化合物结构解析中经常用到的几种谱:红外光谱(IR)、紫外光谱(UV)、核磁共振波谱(NMR)、质谱(MS)等。质谱是物理离子的质量谱,但由于经常和红外光谱、紫外光谱、核磁共振谱一起使用来解析有机化合物的结构,故习惯上把这 4 种谱简称为"四谱",是天然化合物结构鉴定最常用的波谱技术。此外,圆二色光谱(CD)、旋光光谱(ORD)、单晶 X 射线衍射可以用于解决天然化合物的立体构型问题。

红外光谱(IR)与紫外光谱(UV)都属于电子光谱,紫外光谱是物质吸收紫外光(200~400nm)后引起化合物分子的基团外层电子跃迁产生的吸收光谱。紫外光谱能够提供分子中共轭体系的结构信息,可用于判断共轭体系中取代基的位置、种类和数目。红外光谱是物质吸收红外光(0.8~1000μm)后引起化合物分子中化学键的振动与转动跃迁产生。红外光谱在未知结构化合物的鉴定中,主要用于功能基团的确认、芳环取代类型的判断等。由于 UV 和 IR 只能给出分子中部分结构的信息,不能给出整个分子的结构信息,所提供的化合物结构信息较少,所以单独的 UV 和 IR 不能确定分子结构,必须与 NMR、MS 以及其他理化方法结合才能得到可靠的结论。

核磁共振谱(NMR)是化合物结构解析中最强有力的工具,NMR 能提供分子中有关氢质子及碳原子的类型、数目、相互连接方式、周围化学环境以及构型、构象等结构信息。近年来,各种同核(如 ^{1}H-^{1}H、^{13}C-^{13}C)及异核(如 ^{1}H-^{13}C)二维相关谱的测试与解析技术的应用日新月异,不断得到发展和完善,从而大大加快了结构测定工作的步伐。目前,分子量在 1000 以下、几毫克的物质甚至单用 NMR 测定技术就可确定它们的分子结构。因此,在进行天然化合物的结构测定时,NMR 与其他光谱相比,其作用最为重要,已经成为结构研究的主要手段,是本书重点讨论的内容。

质谱(mass spectrometry,MS)是目前确定分子式最常用的方法,由质谱裂解的碎片能够推导化合物的骨架。高分辨质谱法(high resolution mass spectrometry,HR-MS)

不仅可给出化合物的精确分子量，还可以直接给出化合物的分子式。对于分子离子峰不稳定的化合物，确定分子式需要进行元素定性分析，检查含有哪几种元素，并测定各元素在化合物中所占的百分含量，从而求出化合物的实验式。元素的定性、定量分析现在多用自动元素分析仪测定。得到一个化合物的实验式后，还要进一步用场解吸质谱、快原子轰击质谱或制备衍生物再测定其质谱等方法测定它的分子量，以求得化合物的分子式。

如前所述，NMR 等波谱技术是未知化合物结构鉴定的主要工具，在天然化合物结构研究中发挥着最主要的作用，但是，这并不意味着可以完全不需要经典的化学方法。正确的方法是灵活运用两种方法，使它们相互补充、相互印证，以达到快速而准确无误地鉴定或测定天然化合物结构的目的。

第二节　核磁共振氢谱在结构鉴定中的应用

核磁共振波谱学（nuclear magnetic resonance spectroscopy，NMR）是 20 世纪中叶起步并发展起来的。1946 年，哈佛大学的 Purcell 和斯坦福大学的 Bloch 两个研究小组各自首次独立观测到水、石蜡中质子的核磁共振信号，并于 1952 年因该项发现二人分享了诺贝尔物理学奖。此后，核磁共振谱学技术发展迅速，目前已成为有机化合物结构研究的有力工具。20 世纪 80 年代，瑞士物理化学家 Ernst 完成了在核磁共振发展史上具有里程碑意义的一维、二维乃至多维脉冲傅里叶变换核磁共振的相关理论、为脉冲傅里叶变换核磁共振技术的发展奠定了坚实的理论基础。现今，核磁共振已成为化学、医学、生物、物理等领域必不可少的研究手段。由于脉冲傅里叶变换核磁共振在化学领域的巨大贡献，Ernst 荣获 1991 年诺贝尔化学奖。

具有核磁矩的原子核，如 ^1H、^{13}C、^{15}N、^{19}F、^{31}P 等，在静磁场中存在着不同能级，此时，如运用某一特定频率的电磁波来照射样品，并使该电磁波频率满足原子核的能级差时，原子核即可进行能级之间的跃迁，这就是核磁共振。核磁共振氢谱（proton nuclear magnetic resonance spectroscopy，^1H-NMR）是氢质子在外加磁场中吸收不同频率电磁波后产生的共振吸收峰。对于不同原子核来说，因核磁矩不同，即使置于同一强度的外加磁场中，发生核磁共振所需的照射频率也不同。以 $I = 1/2$ 的 ^1H 和 ^{13}C 为例，两者的核磁矩相差 4 倍（$\mu^1H = 2.79$，$\mu^{13}C = 0.70$），故 ^{13}C 核磁共振需要的射频仅为 ^1H 核的 1/4。因此，当用 400MHz 的仪器测定核磁共振谱时，作用于 ^1H 核的射频为 400MHz，而作用于 ^{13}C 核的射频只有 100MHz。

^1H-NMR 谱能提供的结构信息参数主要是：①化学位移（chemical shift）：用 δ 表示，能够确定峰位，判定氢的类型和化学环境；②偶合常数（coupling constant）：用 J 表示，可表明氢核与氢核之间的偶合关系；③质子数：在 ^1H-NMR 谱中，各吸收峰覆盖的面积与引起该吸收的氢质子数目成正比。在分析图谱时，通过比较吸收峰的面积，就能判断各种类型氢质子的相对数目。当化合物的分子式已知时，就可以求出每个吸收峰所代表的氢质子的绝对个数。

一、^1H-NMR 谱的化学位移

化学位移是表示共振峰位置的参数，它起源于电子产生的磁屏蔽。^1H（或 ^{13}C）原

子核外具有电子云,在外加磁场中,核外电子在与外加磁场垂直的平面上绕核旋转的同时,将产生一个与外加磁场相对抗的诱导磁场。有机化合物结构中每个^{1}H(或^{13}C)原子核由于所处的化学环境不同,致使每个原子核外电子云密度不同,在外加磁场中产生抗磁感应的磁场大小不同,即屏蔽作用不同。因此,不同核发生共振所需的外加磁场强度或者射电频率也就不同,其共振峰在核磁共振图谱中出现在不同的位置。核外电子对原子核屏蔽作用的大小用屏蔽常数(shielding constant,σ)表示。σ大小主要取决于原子核外电子云密度,也和分子中其他原子的位置、相邻基团的磁各向异性以及溶剂有一定的关系。

化学位移采用一种与测试仪器工作频率和磁场强度绝对值无关的标度δ值来表示,δ值的大小决定于屏蔽常数σ的大小。δ是无量纲的,曾经以ppm为单位($1ppm = 1\times10^{-6}$),现在已经不用,只保留其数值。目前通常使用四甲基硅烷(tetramethylsilane,TMS)作参考化合物,规定$\delta_{TMS} = 0$。化学位移的计算方法为:$\delta = \dfrac{\nu_{样品} - \nu_{TMS}}{\nu_{TMS}} \times 10^6 = \dfrac{\Delta\nu}{\nu_{TMS}} \times 10^6$,式中$\nu_{样品}$与$\nu_{TMS}$分别为样品及标准物TMS的共振频率。

与一般化合物相比,TMS中甲基上氢、碳原子核外电子的屏蔽作用都很强,因此,无论氢谱或碳谱,一般化合物的峰大都比TMS出现在低场,即图谱的左侧,按照"左正右负"的规定,一般化合物的δ值为正值。天然化合物的^{1}H-NMR谱化学位移多数在0~20范围内。

(一)影响^{1}H-NMR谱化学位移的主要因素

影响δ值的因素即是影响屏蔽常数σ的因素。屏蔽作用包括分子内屏蔽和分子间屏蔽。分子内屏蔽是指分子结构对化学位移的影响,主要因素包括诱导效应、共轭效应、磁各向异性效应和分子内氢键效应等;分子间屏蔽影响因素主要有溶剂效应、分子间氢键效应和介质磁化率效应等。在研究分子结构时,分子间屏蔽的影响因素应尽可能排除,但有时会利用它来简化图谱。

1. 相连碳原子的杂化状态(hybridization)　与氢相连的碳原子从sp^3(碳碳单键)到sp^2(碳碳双键),s电子的成分从25%增加至33%,键电子更靠近碳原子,因而对相连氢质子的去屏蔽作用也增强,即共振位置移向低场。至于炔氢相对于烯氢处于较高场,芳环氢相对于烯氢处于较低场,则是由磁各向异性效应所致。

2. 诱导效应(inductive effect,I效应)　或称取代基电负性效应,与取代基的电负性有一定的关系。由于在诱导效应中,取代基电负性越强,与取代基相连于同一碳原子上的氢的共振峰越移向低场,反之亦然。以甲基的衍生物为例:

化合物:　CH$_3$F　　CH$_3$OCH$_3$　　CH$_3$Cl　　CH$_3$I　　CH$_3$CH$_3$　　Si(CH$_3$)$_4$　　CH$_3$Li
δ:　　4.26　　　3.24　　　　3.05　　　2.16　　　0.88　　　　　0　　　　　−1.95

诱导效应有两个特点:①沿碳链传递:诱导效应可沿碳链延伸,α位碳原子上的氢位移较明显,β位碳原子上的氢有一定的位移,γ位以后的碳原子上的氢位移甚微,相隔3个C以上可忽略;②具有加和性:当有多个取代基时,诱导效应还具有加和性。

需要注意的是,取代基对不饱和化合物的影响较复杂,需同时考虑诱导效应和共轭效应。

3. 共轭效应(conjugative effect,C效应)　在具有多重键或共轭多重键的分子体系中,由于 π 电子的转移导致某基团电子云密度和磁屏蔽的改变,此种效应称为共轭效应。共轭效应包括 p-π 共轭和 π-π 共轭两种类型,需要注意的是这两种效应电子转移方向是相反的,所以对化学位移的影响是不同的。例如:

6.38　H　COOCH₃
H　β　α　H
5.82　　6.20
a
π-π共轭(从β位拉电子)

4.74　OCOCH₃
H　　H
4.43　　7.18
b
p-π共轭(推电子给β位)

5.25
H　　H
H　　H
乙烯

O
α C—OH
β H
8.07
c
π-π共轭(从β位拉电子)

N̈H₂
H
6.52
d
p-π共轭(推电子给β位)

H
7.27
苯

化合物 a 结构中羰基与双键 π-π 共轭,电子转移的结果使 β 位的 C 和 H 的电子密度减少,产生去屏蔽效应,因而 δ 值也增加;化合物 b 的结构中,由于 O 原子与双键构成 p-π 共轭,使 β 位的 C 和 H 的电子密度增加,因而 β 位 δ 值减小(乙烯的 δ 值为 5.25)。在化合物 c 中,具有 π-π 共轭的结构,使邻位 H(β 位)的电子密度减少,因而 δ 值减小(苯的 δ 值为 7.27);化合物 d 正好与之相反,p-π 共轭的结果使邻位 H 的电子密度增加,δ 值增加。

当芳环或 C═C 与—OR、—C═O、—NO₂ 等吸电、供电基团相连时,δ 值发生相应的变化,而且这种效应具有加和性。例如:

OCH₃
6.81
7.11
6.86

NO₂
8.21
7.45
7.66

4. 磁各向异性效应(magnetic anisotropic effect)　具有多重键或共轭多重键的分子,在外加磁场作用下,π 电子会沿着分子的某一方向流动,形成次级磁场,次级磁场具有方向性,对分子中各质子的磁屏蔽作用不同,这种效应称为磁各向异性效应。主要包括以下几种情况。

(1) 环状共轭体系的环电流效应:若核外电子产生的感应磁场与外加磁场方向相同,核所感受到的实际磁场 H 大于外磁场,这种效应称去屏蔽效应(deshielding effect)。这是由 π 体系的抗磁各向异性(diamagnetic anisotropy)导致的。例如苯的芳氢的 δ 值为 7.3,而乙烯氢的 δ 值为 5.23,它们的碳原子都是 sp² 杂化,苯环上氢的 δ 值明显地移向了低场,这是因为苯环存在着环电流效应。设想苯环分子与外磁场方向垂直,其离域 π 电子将产生环电流。环电流产生的磁力线方向在苯环上、下方与外磁场磁力线方向相反,但在苯环侧面(苯环的氢正处于苯环侧面),两者的方向则是相同的。即环电流磁场增强了外磁场,氢核被去屏蔽,共振谱峰位置移向低场(图1-1)。

不仅仅是苯环,所有具有 4n+2 个离域 π 电子的环状共轭体系都有强烈的环电流效应。如果氢核在环的上、下方会受到强烈的屏蔽作用,这时氢的信号峰在高场方向,

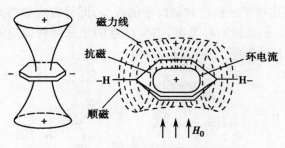

图 1-1　苯环的环电流效应图

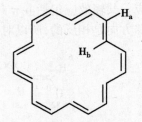

图 1-2　环状共轭体系的
环电流效应

甚至 δ 值可小于零;若在环的侧面则受到强烈的去屏蔽作用,这时氢核在低场方向出峰,δ 值较大。例如图 1-2 环状结构中 $\delta_{H_a} = 9.28$,$\delta_{H_b} = -2.99$。

　　(2) 双键和三键的磁各向异性效应:在电子密度效应的基础上,可以预计乙炔的质子要比乙烯和乙烷的质子更去屏蔽。但是实际观测的结果是乙炔 $\delta 2.35$、乙烯 $\delta 5.25$、乙烷 $\delta 0.96$,乙烯反比乙炔去屏蔽大些,这是由于磁的各向异性所导致的。双键平面上、下各有一个锥形的屏蔽区,其他方向(尤其是平面内)为去屏蔽区。双键上的氢处于去屏蔽区,使得化学位移值变大(图 1-3)。

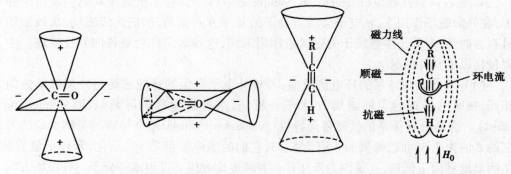

图 1-3　双键的
磁各向异性图

　　羰基平面上、下也各有一个锥形的屏蔽区(图 1-4),其他方向(尤其是平面内)为去屏蔽区。羰基的屏蔽作用使得 R—CO—H 上的氢(处于去屏蔽区使得化学位移值变大)的化学位移值为 9~10。

　　然而与双键不同,三键的键轴方向为屏蔽区,其他为去屏蔽区(图 1-5)。炔烃分子为直线型,其上氢核正好位于电子环流形成的诱导磁场的正屏蔽区,故化学位移值移向高场,小于烯氢,δ 值为 1.8~3.0。例如 HC≡CH 的 δ 值为 2.35。

图 1-4　羰基的磁各向异性

图 1-5　三键的屏蔽作用

　　(3) 单键的磁各向异性效应:C—C 单键也有磁的各向异性效应,但要比 π 电子环流的影响弱得多。例如环己烷(图 1-6),六元环上同一碳原子上直立氢和平伏氢受到不同的去屏蔽作用,平伏键上的 H_a 及直立键上的 H_b 受 C_1—C_2 及 C_1—C_6 键的影响大体相似,但受 C_2—C_3 及 C_5—C_6 键的影响则并不相同。H_a 因正好位于 C_2—C_3 键

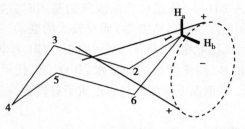

图 1-6 单键的屏蔽作用

及 C_5—C_6 键的负屏蔽区,故共振峰将移向低场,δ 值比 H_b 大 0.2~0.5,结果图上出现两个峰,但当温度升高至室温时,因构象式之间的快速翻转平衡,将表现为 1 个单峰。

5. 范德华效应和相邻基团电偶极 当两个质子在空间结构上非常靠近时,具有负电荷的电子云就会互相排斥,从而使这些质子周围的电子云密度减少,屏蔽作用下降,共振信号向低磁场位移,这种效应称为范德华(van der Waals)效应。

相邻基团电偶极的影响:当分子内有强极性基团(如硝基、羟基)时,它在分子内产生电场,这将影响分子内其余部分的电子云密度,从而影响其他核的屏蔽常数。当所研究的氢核和邻近的原子间距小于范德华半径之和时,氢核外电子被排斥,σ_d 减小,共振信号移向低场。例如下面化合物中,$H_b(\delta 3.55)$ 较 $H_c(\delta 0.88)$ 明显移向低场。

6. 溶剂效应(solvent effect) 溶剂的影响可从以下几方面来考虑:溶剂效应的产生是由于溶剂的磁各向异性效应,或者是由于不同溶剂极性不同,与溶质形成氢键的强弱不同而引起的。在样品溶液中,溶剂分子能接近溶质分子,从而使溶质分子的质子外电子云形状改变,产生去屏蔽作用;溶剂分子的磁各向异性导致对溶质分子不同部位的屏蔽和去屏蔽;溶质分子的极性基团诱导周围电介质产生电场,此诱导电场反过来影响分子其余部分质子的屏蔽效应。

7. 氢键效应(hydrogen bond effect) 氢键的形成将氢核拉向形成氢键的给予体,从而使氢被去屏蔽,如羧酸强氢键的形成使羧基氢的 δ 值超过 10,醇—OH 的 $\delta 0.5$~5,—$CONH_2$ 的 $\delta 5$~8。无论分子内还是分子间氢键的形成都使氢受到去屏蔽作用。例如,木犀草素-7-O-β-D-葡萄糖苷的 ^{1}H-NMR 谱(氘代二甲亚砜中测定),5-OH($\delta 13.0$)由于和 4 位羰基形成分子内氢键,相对于 3'-OH($\delta 9.4$)和 4'-OH($\delta 10.0$)出现在更低场;同样,在大黄素的结构中有 3 个羟基,两个 α-OH($\delta 12.0$、12.1)均与羰基形成氢键,故比 β-OH($\delta 10.2$)出现在更低场(氘代丙酮中测定)。分子内氢键受环境影响较小,受样品浓度影响较大;而分子间氢键受环境影响较大,所以当样品浓度、温度发生变化时,氢键质子的化学位移会发生变化。

木犀草素-7-O-β-D-葡萄糖苷

大黄素

当化合物分子中含有—OH、—COOH、—NH、—SH 这些含活泼氢的基团时,这些活泼氢的 δ 值和峰形随测试条件的变化(如温度、浓度、溶剂等)而有较大的变动。通常用惰性溶剂如氘代二甲亚砜(DMSO-d_6)、氘代吡啶(C_5D_5N)、氘代丙酮[($CD_3)_2CO$, acetone-d_6]等测定时,容易观测到活泼 H 信号;用活泼溶剂如重水(D_2O)、氘代甲醇(CD_3OD)测定时,不易观测到活泼 H 信号。在低温下活泼氢与邻近质子有偶合,在常温下一般不考虑活泼氢与其他质子的偶合。

(二)不同氢质子的 ^{1}H-NMR 谱化学位移

根据影响化学位移值的因素可知,与芳环、三键、羰基、双键、单键和 π 键碳原子相连的 H,δ 值大小顺序为:醛基 H>芳环 H>双键 H>三键 H>单键 H。

1. **饱和碳原子上质子的化学位移**　饱和碳原子上质子的 δ 值:叔碳 H>仲碳 H>伯碳 H;与 H 相连的碳上有电负性大的原子或吸电子基团(N、O、X、NO_2、CO 等)取代时,δ 值变大。电负性越大,吸电子能力越强,δ 值越大。由于诱导效应是沿碳链传递的,连有取代基的碳(α-C)上质子 δ 值变化较大(δ 值变化范围 1.5~4.0),邻位(β 位)碳上质子受取代基影响较小(δ 值变化范围 0.2~0.7),间位(γ 位)碳上质子受影响更小。电负性取代基越多,向低场位移的程度越大,例如亚甲二氧基(—O—CH_2—O—)δ 值在 5.9~6.0。

(1)甲基:在核磁共振氢谱中,甲基的吸收峰特征性强,容易辨认。一般根据连接的基团不同,甲基的化学位移值在 0.7~4。

(2)亚甲基和次甲基:一般亚甲基和次甲基的吸收峰不像甲基峰那样特征明显,往往呈现很多复杂的峰形,有时甚至和别的峰相重叠,不易辨认。

2. **烯氢的化学位移**　乙烯氢质子的化学位移值为 5.25。烯氢的化学位移范围较大,δ 值为 4~8。环外双键的烯氢 δ 值<5,环上双键的烯氢 δ 值>5;当双键与苯环、烯键、炔键等不饱和基团共轭时,由于诱导效应,其上烯氢向低场位移,但同时也存在共轭效应,故 β 位烯氢比 α 位烯氢位于高场,例如苯乙烯。比较特殊的是,当双键和羰基共轭形成 α,β-不饱和酮时,由于羰基的吸电子效应影响,β-H 要比 α-H 位于低场。例如咖啡酸中双键上 α-H 的 $\delta6.3$,β-H 的 $\delta7.6$(在 CD_3OD 中测定),该结构中苯环对烯氢也有影响。

苯乙烯　　　　　　　　　　　咖啡酸

3. **炔氢的化学位移**　三键的各向异性屏蔽作用,使炔氢的化学位移出现在 1.6~3.4 范围内。

4. **芳氢的化学位移**　芳环的各向异性效应使芳氢受到去屏蔽影响,其化学位移在较低场。苯的化学位移值 δ 为 7.27。当苯环上的氢被取代后,取代基的诱导作用又会使苯环的邻、间、对位的电子云密度发生变化,使其化学位移发生改变。取代基的吸电、供电性不同,对芳环、C＝C 上氢质子的 δ 值有不同的影响。与亲电反应中的取代基相同,可以把取代基分为两类。

(1)一类定位基(邻、对位定位基):使邻、对位电子云密度增加,共振吸收峰移向高场。包括：①强供电基团，如—NR_2、—OH（同时也是强-I效应取代基，但+C>-I）；②中等供电基团，如—OR、—NH—$COCH_3$、—$OCOCH_3$；③弱供电基团，如—CH_2R、—CH_2COOH、—X。

（2）二类定位基（间位定位基）：使邻、对位电子云密度下降，共振吸收峰移向低场。包括：①强吸电基团，如—NO_2、—CF_3、—NR_3^+；②中等吸电基团，如—C≡N、—SO_3H；③弱吸电基团，如—COR、—COOR。

苯环芳氢的化学位移可按下式进行计算：$\delta = 7.27 - \sum S_i$，7.27 是苯的化学位移，S_i 为取代基对苯环芳氢的影响。表 1-1 列出了不同取代基对苯环芳氢化学位移影响的位移参数。

表 1-1 取代基对苯环芳氢化学位移的影响（S_i）

取代基	$S_{邻}$	$S_{间}$	$S_{对}$	取代基	$S_{邻}$	$S_{间}$	$S_{对}$
—OCH_3	0.43	0.09	0.37	—CH_2OH	0.10	0.10	0.10
—OH	0.50	0.14	0.40	—CH_2NH_2	0.00	0.00	0.00
—$OCOCH_3$	−0.25	0.02	−0.13	—CH═CHR	−0.13	−0.03	−0.13
—NH_2	0.75	0.24	0.63	—Ar	−0.18		0.08
—$N(CH_3)_2$	0.60	0.10	0.62	—CHO	−0.58	−0.21	−0.27
—$NHCOCH_3$	−0.31	−0.06	—	—COCl	−0.83	−0.16	−0.30
—SCH_3	−0.03	0.00	—	—COOH	−0.80	−0.14	−0.20
—CH_3	0.17	0.09	0.18	—$COOCH_3$	−0.74	−0.07	−0.20
—CH_2CH_3	0.15	0.06	0.18	—$COCH_3$	−0.64	−0.09	−0.30
—$CH(CH_3)_2$	0.14	0.09	0.18	—NO_2	−0.95	−0.17	−0.33
—$C(CH_3)_3$	−0.01	0.10	0.24	—CN	−0.27	−0.11	−0.30

杂环芳氢的化学位移值：一般 α 位的杂环芳氢的吸收峰在较低场。需要注意的是，杂环芳氢的化学位移受溶剂的影响较大，在不同溶剂中测定时化学位移有较大差异。

呋喃	吡咯	噻吩	吡啶	吲哚	喹啉

（$CDCl_3$）　　　　　　　　　　（DMSO-d_6）

5. 活泼氢的化学位移值　常见的活泼氢，如—OH、—NH—、—SH、—COOH 等基团的质子，在溶剂中交换很快，并受测定条件如浓度、温度、溶剂的影响，δ 值不是固定在某一数值上，而是在一个较宽的范围内变化（表 1-2）。活泼氢的峰形有一定特征，一般而言，酰胺、羧酸类缔合峰为宽峰，醇、酚类的峰形较钝，氨基、硫基的峰形较尖。用重水交换法可以鉴别出活泼氢的吸收峰（在样品溶液中加入重水 D_2O 振动使原有活泼氢的峰消失，而在 $\delta 4.8$ 左右出现水的质子吸收峰）。

表 1-2 活泼氢的化学位移

化合物类型	δ_H	化合物类型	δ_H
ROH	0.5~5.5	RSO_3H	11~12
ArOH（缔合）	10.5~16	RNH_2,R_2NH	0.4~3.5
ArOH	4~8	$ArNH_2$,Ar_2NH,ArNHR	2.9~4.8
RCOOH	10~13	$RCONH_2$,$ArCONH_2$	5~6.5
=NH—OH	7.4~10.2	RCONHR,ArCONHR	6~8.2
RSH	0.9~2.5	RCONHAr,ArCONHAr	7.8~9.4

当用氘代二甲亚砜（DMSO-d_6）作溶剂时，醇羟基可与它强烈缔合，氢交换速度大大降低，此时不但能观测到羟基和水的信号，还可以观测到多元醇化合物中不同羟基与邻碳上氢质子的偶合而产生的分裂，从而可以区别伯、仲、叔醇。例如在苷类化合物中用 DMSO-d_6 测定时，^{1}H-NMR 谱中糖上羟基与邻碳质子偶合产生明显的裂分。

二、^{1}H-NMR 谱的偶合常数

共振峰的裂分是由氢核的自旋裂分（spin-spin splitting）引起的。自旋裂分是磁不等同的两个或两组氢核，在一定距离内因相互自旋偶合干扰使核磁共振谱线发生裂分，导致谱线增多的现象。其形状有二重峰（d）、三重峰（t）、四重峰（q）及多重峰（m）等，裂分峰间的距离为偶合常数（coupling constant，J），J 以赫兹 Hz（周/秒）为单位。偶合常数 J 反映的是两个核之间作用的强弱，故其数值与仪器的工作频率无关。谱线裂分的数目符合"$n+1$ 规律"，即某基团的氢与 n 个相邻氢偶合时被裂分为 $n+1$ 重峰，而与该基团本身的氢核数目无关，多重峰的谱线强度之比遵循二项式 $(a+b)^n$ 的系数规则（表 1-3）。

表 1-3 峰的裂分和谱线强度

n	峰的裂分数	谱线相对强度比	n	峰的裂分数	谱线相对强度比
0	单峰（singlet，s）	1	3	四重峰（quartet，q）	1:3:3:1
1	双峰（doublet，d）	1:1	4	五重峰（quintet）	1:4:6:4:1
2	三重峰（triplet，t）	1:2:1	5	六重峰（sextet）	1:5:10:10:5:1

偶合常数反映有机结构的信息，特别是反映立体化学的信息。偶合常数有正、负之分，一般来说，通过偶数个化学键偶合的氢质子 J 为负值，通过奇数个化学键偶合的氢质子 J 为正值。J 值绝对值的大小为裂分峰每个小峰 δ 值之差乘以所用核磁共振仪器的频率，即 $\Delta\delta\times$仪器的频率。

（一）影响偶合常数的因素

1. 相隔化学键的数目 因为自旋偶合是通过成键电子传递的，偶合常数的大小和两个核在分子中相隔化学键的数目密切相关，J 随着两核相距的化学键数目的增加而迅速下降。通常在 J 的左上方标以两核相距的化学键数目，把偶合核写在 J 的右下角。例如 $^3J_{H-H}$ 表示相隔 3 个键的 ^{1}H 与 ^{1}H 之间的偶合。在不发生含糊不清的情况下，

上角标、下角标或者两者均可略去。

两个 ^1H 核相距 4 个键以上一般没有偶合作用（$^4J<0.5$）。偶合与核的几何排列有关，在某些特殊排列下 ^4J 甚至 ^5J 都能观察到，这种偶合称为远程偶合或长程偶合（long range spin-spin coupling），它与立体化学密切相关。例如，乙烷衍生物的 ^3J 通常小于 10Hz；而在乙烯衍生物的烯氢，^3J（顺式）$\approx$10Hz，^3J（反式）$\approx$17Hz；芳香族化合物的邻位芳氢偶合常数（^3J）一般是 5~8Hz，间位的偶合常数 ^4J 为 1~3Hz，而对位的偶合常数 ^5J 很小，常常小于 0.5Hz。

2. 取代效应　取代效应，特别是强电负性原子如氧、氮等取代基，会造成偶合常数的相应改变。取代基电负性的增加，导致 $^3J_{H-H}$ 下降。例如 $CH_2=CH_2$ 的 $^3J_{顺}$ 为 11.7Hz，而 Cl—CH=CH—Cl 导入电负性取代基后，$^3J_{顺}$ 则降为 5.3Hz。

3. 键角的影响　$^2J_{H-H}$ 随着同一个碳原子上的两个氢核之间键角增大，发生正向变化，但 $^2J_{H-H}$ 的绝对值依次减小。如甲烷 H—C—H 键角为 109°，$^2J_{H-H}=-12.4$Hz；环丙烷 H—C—H 键角为 114°，$^2J_{H-H}=-4.5$Hz；乙烯 H—C—H 键角为 120°，$^2J_{H-H}=+2.5$Hz。

$^3J_{H-H}$ 与两面角的关系对解决分子立体化学结构具有很大的价值，如糖苷键的构型问题。可利用 ^3J 与两面角的关系来判断糖的端基碳原子的构型。

（二）常见的偶合系统

1. 偕偶（geminal coupling）　位于同一碳原子上的两个氢核相互之间的偶合称为偕偶，也叫同碳偶合，简写为 J_{gem} 或 ^2J。饱和烷烃的 ^2J 一般为负值，其绝对值为 10~16Hz。

^2J 变化范围大，与结构密切相关，^2J 随取代基电负性增加而向正方向移动，^2J 绝对值依次减小。如 $CH_4(-12.4)<CH_3OH(-10.8)<CH_3F(-9.7)$。

常见同碳质子偶合的 ^2J 范围如下：

^2J(Hz):　　12~15　　　　0.5~3　　　　5.4~6.3　　　　12.6

环己烷由于分子旋转，CH_2 可能为磁全同，无法表现出裂分，测定方法上需用特殊方法才能实现。

例如二氢黄酮类化合物的 C-3 位上两个氢质子：3-H_a(1H,dd,$J=17.0,11.0$Hz)和 3-H_b(1H,dd,$J=17.0,5.0$Hz)，H_a 和 H_b 同碳偶合常数为 17Hz。

2. 邻偶（vicinal coupling）　位于相邻两个碳原子上的两个氢核相互之间的偶合称为邻偶，简称 J_{vic} 或 ^3J。多重键传递偶合的能力比单键强，偶合常数较大，一般规律为：$J_{烯}^{反}>J_{烯}^{顺}\approx J_{炔}>J_{链烷}$。

（1）饱和型化合物：^3J 与键长、取代基电负性、两面角等因素相关。邻位基团电负性增加，^3J 减小。

解释 $^3J_{H-H}$ 最有效的方法是 Karplus 方程。Karplus 方程是对于 H_a—C_a—C_b—H_b 建立的，即：

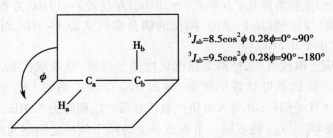

$$^3J_{ab}=8.5\cos^2\phi\ 0.28\ \phi=0°\sim90°$$
$$^3J_{ab}=9.5\cos^2\phi\ 0.28\ \phi=90°\sim180°$$

图 1-7　H_a—C_a 与 C_b—H_b 键的两面角 φ

从 Karplus 方程式可以得出，^3J 主要依赖于 H_a—C_a 与 C_b—H_b 键之间的两面角（图 1-7）。顺式（0°）与反式（180°）构型偶合常数有最大值；折式（60°与120°）有较小的值，而 ϕ＝90°时偶合常数最小。例如，二氢黄酮类化合物的 C-3 位上两个氢质子，H_a 与 C-2 位氢反式偶合常数为 11Hz，H_b 与 C-2 位氢顺式偶合常数为 5Hz。烯烃上的 $^3J_{H-H}$ 由于双键的关系，夹角只有 0°（顺）或 180°（反）两种，$^3J_反$＞$^3J_顺$。对六元环的 $^3J_{H-H}$ 也有同样的情况。

根据糖端基质子（1-H）的 $^3J_{H-H}$ 确定苷键碳原子的构型。对于 H-2 处于 a 键的糖可用 ^{1}H-NMR 中端基 H 与 H-2 之间 J 的大小判断构型；但是对于 H-2 处于 e 键的糖（甘露糖、来苏糖、鼠李糖等），由于 a-e、e-e 两面角为 60°或 120°，J 值相近，无法判断。

β-D-葡萄糖
葡萄糖1-H:J_{a-a}=6~9Hz

α-D-葡萄糖苷
J_{a-e}=2~4Hz

开链脂肪族化合物由于单键自由旋转的平均化，使 ^3J 数值为 6~8Hz。

（2）烯型化合物：烯氢的邻位偶合是通过两个单键和 1 个双键（H—C ＝C—H）发生作用的。由于双键的存在，反式结构的双面夹角为 180°，顺式结构的双面夹角为 0°，因此 $J_反$ ＝ 12 ~18Hz，$J_顺$ ＝ 6 ~12Hz。

J_{a-b}=12~18Hz　　　　J_{a-b}=6~12Hz

乙烯衍生物 ^3J（顺式）≈10Hz，^3J（反式）≈17Hz。双键上取代基的电负性增加，^3J 减小；双键与共轭体系相连，^3J 减小。例如：R ＝—CH$_3$，J_{trans} = 16.8Hz，J_{cis} = 10.2Hz；R ＝—F，J_{trans} = 12.7Hz，J_{cis} = 4.7Hz；R ＝—COOR，J_{trans} = 17.2Hz，J_{cis} = 10.2Hz。

笔记

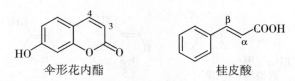

伞形花内酯　　　　　　　　桂皮酸

例如,在伞形花内酯的 C-3 位和 C-4 位氢质子处于顺式双键上,均呈现双重峰,其偶合常数为 $9.4\sim9.6Hz$;而反式桂皮酸的 α、β 氢质子处于反式双键上,偶合常数为 $16\sim17Hz$。

环烯的环数目增加,^3J 增加。

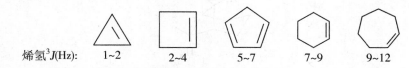

烯氢^3J(Hz)：　　1~2　　　2~4　　　5~7　　　7~9　　　9~12

（3）芳氢:芳氢的偶合可分为邻(o)、间(m)、对(p)位 3 种偶合,偶合常数都为正值,$J_o=6\sim10Hz$,$J_m=1\sim3Hz$,$J_p=0\sim1Hz$。表 1-4 列举了芳氢和常见芳杂环中不同氢的 J 值。

表 1-4　不同芳氢常见的 J 值（Hz）

结构	类型	范围	典型值	结构	类型	范围	典型值
	J_o	6~10	8.0		$J_{1\text{-}2}$	2~3	
	J_m	1~3	2.5		$J_{2\text{-}3}$	2~3	
	J_p	0~1	0		$J_{3\text{-}4}$	3~4	
	$J_{2\text{-}3}$	5~6	5		$J_{1\text{-}3}$	2~3	
	$J_{3\text{-}4}$	7~9	8		$J_{2\text{-}5}$	1.5~2.5	
	$J_{2\text{-}4}$	1~2	1.5		$J_{2\text{-}3}$	1.3~2.0	1.8
	$J_{3\text{-}5}$	1~2	1.5		$J_{3\text{-}4}$	3.1~3.8	3.6
	$J_{2\text{-}6}$	0~1	0		$J_{2\text{-}5}$	1~2	1.5
	$J_{2\text{-}5}$	0~1	1		$J_{2\text{-}4}$	0~1	0

3. 远程偶合（long range coupling）　间隔 3 个以上化学键的偶合称为远程偶合,偶合常数用 $J_{远}$ 表示。在不饱和系统如烯属、炔属、芳香族、杂环及张力环系统中,相隔 3 个以上化学键时,自旋-自旋偶合作用也可以发生。远程偶合的 J 值一般都很小。饱和烷烃类化合物的远程偶合常数接近于零,一般忽略不计。

（1）取代苯:偶合常数见表 1-4。

$J_o=6\sim10Hz$
$J_m=1\sim3Hz$
$J_p=0\sim1Hz$

（2）烯丙偶合:烯属 H—C—C ═C—H,$J=0.3Hz$,H—C—C ═C—C—H 的偶合常数可忽略不计。对于共轭多烯的偶合,甚至相隔 9 个键还会发生。

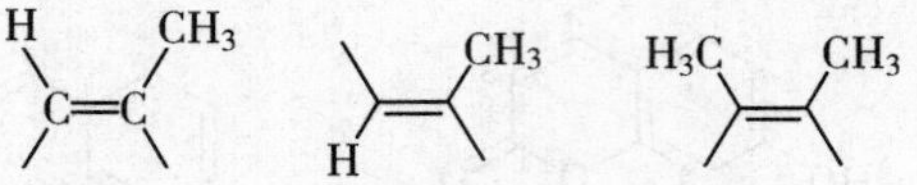

$^4J(Hz)$范围： 0~3 0~3 0~3
典型值： 2 1.5 1.2

（3）五元杂环：如呋喃环中，C-2 位和 C-4 位质子之间的偶合常数在 0~2Hz。

（4）W 形偶合：化合物结构中若有 W 构型，可通过 4 个键产生远程偶合，如双环己烷的 $J_{a-b} = 7Hz$。

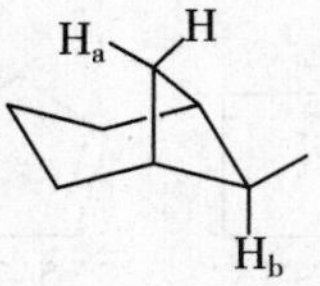

（5）虚假偶合：如在含有 —C—C—C— 片段的化合物中，H_x 和 H_b 的化学位移相差较大，同时 H_b 和 H_a 的化学位移相差不多（$\Delta v/J < 2$），这时 H_a 与 H_x 会发生虚假偶合，使 H_x 的信号成为复杂的谱线。这种情况在脂肪族类化合物中是很常见的。

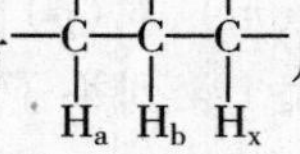

4. 氢质子和 ^{13}C 的偶合　^1H-NMR 谱中还可以看到在很强的质子峰两旁观察到很弱的卫星峰，这是由氢质子和直接相连的 ^{13}C 发生偶合作用引起的，但是由于 ^{13}C 的天然丰度为 1.1%，$I = 1/2$，因此，质子与 ^{13}C 偶合作用比较微弱。

（三）常见的自旋系统

分子中几个（组）核相互发生偶合作用的独立系统称为自旋系统（spin system）。每一个自旋系统的 NMR 谱都有一定的形状及其变化规律。

1. 与自旋系统相关的几个概念　要了解自旋系统，必须要了解化学等价核、磁等价核、磁不等同核几个概念。

（1）化学等价核：处于相同化学环境的质子称为化学等价质子，化学等价的质子其化学位移相同，仅出现一组 NMR 信号，化学不等价的质子在 NMR 谱中出现不同的信号组。例如 CH_3OCH_3 两个甲基氢质子化学等价，故 ^1H-NMR 谱中出现一组信号，而 CH_3CH_2Br 中甲基和亚甲基氢质子化学不等价，故出现两组 NMR 信号。

1）化学等价质子与化学不等价质子的判断：有相同化学位移值的核是化学等价的。在分子中，如果通过对称操作或快速机制（如单键的旋转）一些核可以互换，则这些核是化学等价的核。其中，沿对称轴旋转后能完全重合的质子称为等位质子，它们是化学等价质子。在非手性条件下，这些核具有严格相同的化学位移。不能通过对称操作或快速机制（构象转换）互换的质子是化学不等价的。

与手性碳原子相连的 CH_2 上的两个质子是化学不等价的前手性质子。非手性环境的质子化学等价；手性环境的质子化学不等价。

2）常见的化学不等价质子：①化学环境不相同的氢核是不等价的。偕偶质子有时情况不等同，并相互偶合而引起峰的裂分。如 ，H_a 和 H_b 虽在一个碳上，但由于双键不能转动，则它们的化学环境不相同，可以是 AB 或 AX 型。②单键带有双键

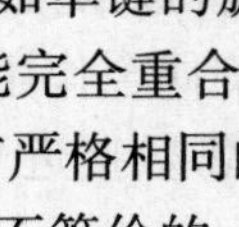

性质不能自由旋转时,会产生不等价质子。如 $R-\overset{\overset{\displaystyle O}{\|}}{C}-N\overset{\displaystyle H_a}{\underset{\displaystyle H_b}{}}$ 分子中,由于 p-π 共轭,使

C—N 键带有双键性质,因此,H_a 和 H_b 不等价。③手性 C 原子连接的 CH_2 质子不等同。如 $R-CH_2-C(R_aR_bR_c)$ 结构中 CH_2 质子不等价,因为这两个质子不可能通过快速旋转或对称操作而交换,分子没有对称成分,旋转体不能重叠在一起,所以两个质子之间有偶合裂分现象。④固定在环上的 CH_2 质子不等价。例如 $\underset{H_b}{Cl}\overset{H_3C\quad H_a\quad Br}{\diagup\!\!\!\diagup}CH_3, H_a$

和 H_b 的化学位移不相同。

环己烷的 a—H 和 e—H 的化学位移虽不等价,但由于其构型的快速变化,而使其平均化,结果环己烷的质子出现单峰。

(2)磁等价核:即磁全同核,是指一组化学位移相同的核,它们对偶合系统内任何一个核的偶合作用相等,只表现出一个 J 值,称磁等价。磁等价核之间的偶合不必考虑。

化学等价的核未必磁等价。如具有 4′-OH 的黄酮类化合物 B 环上的 4 个氢质子中,2′-H、6′-H 化学等价但磁不等价,同样 3′-H、5′-H 也是化学等价磁不等价。

(3)磁不等同核:化学环境不同的核,磁一定不等同。例如处于末端双键的 H,由于双键 H 不能自由旋转,磁不等同;带双键性质的单键如酰胺键(—CO—NH_2)氮上的两个氢质子;与不对称 C 相连的 CH_2 上的两个质子(前手性 H);CH_2 上的两个 H 处于刚性环上或不能自由旋转的单键上;芳环上取代基的邻、间位质子。

当间隔 3 个以上化学键时,可忽略相邻干扰核的自旋及其对峰裂分的影响。发生自旋裂分峰的裂分数符合 $n+1$ 规律,即一组等价质子邻近有 n 个等价质子,则该组质子被裂分为 $n+1$ 重峰,各峰的高度比近似为二项式的各项系数比。如:CH_3CH_2OH 的 ^{1}H-NMR 谱中,CH_2 呈现 $3+1=4$ 重峰,CH_3 呈现 $2+1=3$ 重峰。一组等价质子邻近有两组等价质子(分别为 n_1 和 n_2 个),则该组质子最多被裂分为 $(n_1+1)\times(n_2+1)$ 重峰。例如,$CH_3CH_2CH_2OH$ 的 ^{1}H-NMR 谱,甲基邻位的 CH_2 呈现 $(3+1)\times(2+1)=12$ 重峰,羟基邻位 CH_2 呈现 $2+1=3$ 重峰(羟基对邻位 CH_2 不偶合)。实际图谱中,裂分峰强度比例不完全符合二项式展开式,往往内侧峰高,外侧峰低,称为"招手效应"。

2. 自旋系统分类　通常把几个互相偶合的核,按偶合作用的强弱,分成不同的自旋系统,系统内部的核互相偶合,但不和系统外的任何核相互作用,即不同的自旋系统之间是隔离的。

自旋系统的命名规则:分子中两组相互干扰的核,它们之间的化学位移差 $\Delta\nu$ 小于或近似于偶合常数 J 时,则这些化学位移近似的核分别以 A、B、C、…字母表示。若其中某种类磁全同的核有几个,则在核字母的右下方用阿拉伯数字写上标记,如 Cl—CH_2—CH_2—COOH 中间 2 个 CH_2 构成 A_2B_2 系统;字母顺序相差越大,说明 δ 值相差就越大,如 AMX 系统。若两组互相干扰核的化学位移差 $\Delta\nu$ 远大于它们之间的偶合常数($\Delta\nu\gg J$),则其中一组 A、B、C、…表示,另一组用 X、Y、Z、…表示。若核组内的核为化学等价而磁不等价时,则用 A、A′、B、B′加以区别。

3. 低级偶合和高级偶合

(1)低级偶合:两个(组)相互偶合 H 之间的 δ 差距比偶合常数 J 大得多时,这种

干扰较弱,称为低级偶合,其图谱称为一级图谱或初级图谱。一级图谱简单,很容易解析。

一级图谱的条件:①相互偶合的质子化学位移差 Δv 至少是其偶合常数 J 的6倍,即 $\Delta v/J>6$;②相互偶合的两类质子,每类质子必须是磁全同质子。

一级图谱的特点:①磁等价的质子之间尽管有偶合,但不发生裂分,如果没有其他质子的偶合应出现单峰。如 $CH_3—CO—CH_3$ 中甲基的3个质子为磁等价质子,甲基出1个单峰;$ClCH_2—CH_2Cl$ 的4个质子也是磁等价质子,虽然在两个碳上,仍为单峰。②磁不等价的质子之间有偶合,发生的裂分峰数目应符合 $n+1$ 规律。③各组质子多重峰的中心为该组质子的化学位移,峰形左右对称,还有"倾斜效应"。④偶合常数可以从图上直接计算出来。⑤各组质子的多重峰的强度比为二项式展开式的系数比。⑥不同类型质子积分面积(或积分高度)之比等于质子的个数之比。

(2) 高级偶合:如果两组相互干扰的核 $\Delta v/J \leqslant 6$,则表现为高级偶合(如 AB 系统、AB_2 系统、ABX 系统、A_2B_2 系统、AB_3 系统、A_2B_3 系统等),所得图谱为二级谱。高级偶合有以下特点:高级偶合系统中相互偶合的核作用较强,而化学位移又相差不大;谱线裂分不遵循 $n+1$ 规律,裂分后的谱线强度不再符合二项式展开式的各项系数比;偶合常数一般不是多重峰的中间位置,常由计算求得。例如在 AMX 系统中,如果 A、M 的化学位移值相近时,就构成 ABX 系统,谱线分裂情况与 AMX 相似。最多可得14条谱线,通常可见12个小峰。二级谱的谱图复杂,难以解析。

(3) ^1H-NMR 图谱和仪器磁场强度的关系:Δv 的单位是 Hz。由于 Δv 与测定条件有关,而 J 值与测定条件无关,所以在不同条件下得到的谱图往往形成不同的裂分系统。例如 $CH_2=CHCN$ 中的3个质子,在 60MHz 的仪器测定时,表现为 ABC 系统;100MHz 仪器测定时,表现为 ABX 系统;200MHz 仪器测定时,表现为 AMX 系统。所以,使用高磁场强度的仪器就可以使图谱简单化。目前,测试仪器已经达到 300MHz 以上,400、500 和 600MHz 的核磁共振仪普遍使用,甚至 900MHz 的核磁共振仪也有使用,测得的图谱近似于一级图谱。

4. 常见官能团的图谱　这里对一些常见官能团的图谱进行讨论,以提高分析图谱的能力。

(1) 单取代苯环:在谱图的苯环区域内,从积分曲线得知有5个氢存在时,由此可判定苯环是单取代的。

核磁谱图的复杂性取决于 $\Delta v/J$。随取代基的变化,苯环的偶合常数改变并不大,因此取代基的性质决定了谱图的复杂程度和形状。分析苯环上芳氢的峰形及化学位移,能迅速地判别苯环上的可能取代基。

1) 第一类基团是使邻、间、对位氢的 δ 值(相对于未取代苯)位移均不大的基团,如 $—CH_3$、$—CH_2—$、$>\overset{H}{C}—$、$—CH=CHR$、$—C\equiv CR$、$—Cl$、$—Br$ 等。由于苯环上剩下的邻、间、对位氢的化学位移值差别不大,它们的峰拉不开,总体来看是一个中间高、两边低的大峰(使用高频谱仪时,谱峰可以拉开)。

2) 第二类基团是有机化学中使苯环活化的邻、对位定位基,这类基团是含饱和杂原子的基团,如 $—OH$、$—OR$、$—NH_2$、$—NHR$、$—NR'R''$ 等。由于饱和杂原子的未成键电子对和苯环的离域电子有 p-π 共轭作用,苯环被活化,特别是邻、对位氢,电子密度明显增高，其谱峰向高场位移程度较大。间位氢也有高场位移，但移动幅度小。因此苯环上 5 个芳氢的谱峰分成了两组：较高场的邻、对位 3 个氢的峰组和相对低场的间位 2 个氢的峰组。间位氢两侧都有氢，因而显示为 ^3J 引起的三重峰。

3）第三类取代基是有机化学中使苯环钝化的间位定位基。这类基团是含不饱和杂原子的基团，如—CHO、—COR、—COOR、—COOH、—CONHR、—NO$_2$、—N＝NR等。它们与苯环形成大的共轭体系，但由于杂原子的电负性，苯环电子密度降低，尤其是邻位，因此苯环 5 个芳氢的谱峰都往低场移动而对位氢移得最多。因而在核磁共振氢谱上苯环区的相对低场处，显示因 ^3J 引起的双峰。

在判断三类取代基时，需注意以下两点：^4J、^5J 会产生进一步的细微分裂，但应着重分析 ^3J 引起的偶合裂分；结合 δ 值进行考虑。

（2）对位取代苯环：对位取代苯环有两重旋转轴，苯环上 4 个芳氢构成 AA′BB′体系，其谱图应当是左右对称的。由于两对相邻芳氢是隔离的，因此谱图比同是 AA′BB′体系的相同基团邻位取代苯环谱图简单。对位取代苯环谱图具有鲜明的特点，是取代苯环谱图中最易识别的。它粗看是左右对称的四重峰，中间一对峰强，外面一对峰弱，每个峰可能还有各自小的卫星峰（以某谱线为中心，左右对称的一对强度低的谱峰）。

解析此类谱图时需注意下列两点：①若取代基和其邻位 2 个氢有长程偶合（如 X—〈苯环〉—CH$_3$），则长程偶合使谱线半高宽加大，高度减低。这在谱图中取代基相应的位置也会反映出来。②若两个取代基性质相近（如羟基和甲氧基），则两对化学位移等价氢的 δ 值相近，此时谱图类似于 δ 值很相近的 AB 体系的谱图，即中间两峰强度高、距离近，外侧两峰强度很低。当苯环上两对氢的 δ 值逐渐靠近时，外侧两峰逐渐消失。

（3）邻位取代苯环：①相同基团邻位取代，此时形成典型的 AA′BB′体系，其谱图左右对称。它的谱图一般比脂肪族 X—CH$_2$—CH$_2$—Y 的 AA′BB′体系谱图复杂（两者化学位移相差很大，不可能混淆，此处仅是从谱图的形状进行比较）。②不同基团邻位取代，此时形成 ABCD 体系，其谱图很复杂。如果两个取代基性质差别大（如分属第二、第三类取代基），或两者性质差别虽不很大，但仪器的频率高，苯环上 4 个氢近似于 AKPX 体系，即每个氢的谱线可解析为首先按 ^3J 裂分（两侧邻碳上有氢者粗看为三重峰，一侧邻碳上有氢者粗看为双重峰），然后再按 ^4J、^5J 裂分（偶合裂分的距离按 ^3J、^4J、^5J 顺序递减）。因此不同基团邻位取代苯环具有最复杂的苯环谱图。

（4）间位取代苯环：相同基团间位取代，苯环上 4 个氢形成 AB$_2$C 体系；若两基团不同则形成 ABCD 体系。

间位取代苯环的图谱一般也是相当复杂的，但两个取代基团中间的隔离氢因无 ^3J 偶合，经常显示粗略的单峰。当该单峰未与别的峰组重叠时，由该单峰可以判断间位取代苯环的存在。当该单峰虽与别的峰组重叠，但从中仍然看出有粗略的单峰时，由此仍可估计间位取代苯环的存在。

（5）多取代苯环：苯环上有三取代时，苯环上 3 个芳氢构成 AMX 或 ABX、ABC、AB$_2$ 体系。苯环上四取代时，苯环上 2 个芳氢构成 AB 体系。五取代时苯环上所余孤立氢出现单峰。

综上所述,对苯环谱图的分析归纳为以下3点:①单取代苯环分子保持有对称性;在二取代苯环中,对位、间位取代的谱图比邻位取代简单;多取代则使苯环上氢的数目减少,从而谱图得以简化。②取代基可分为3类,它们对其邻位、间位、对位氢的化学位移影响不同。③苯环上芳氢之间 δ 值相差越大,或所用核磁仪器的频率越高,其谱图越可近似地按一级图谱分析,反之则为典型的二级图谱。当按一级图谱近似分析时,^3J 起主要作用,所讨论的氢的谱线主要被其邻碳上的氢分裂。

（6）单取代乙烯(末端双键):末端双键上的烯氢之间存在着顺式、反式、同碳偶合,烯氢同取代的烷基氢还有 ^3J 及长程偶合。因此,谱线很复杂(比两侧都有取代的乙烯复杂)。

以 $\begin{smallmatrix} H_1 & H_2 \\ & \\ R-CH_2 & H_3 \end{smallmatrix}$ 为例,H_1 的谱线通常为12重峰(标为 ddt),可采用一级图谱近似分析。一个 d 表示因 H_3 的反式偶合形成一个双重峰(d),另一个 d 表示因 H_2 的顺式偶合,每条谱线将被进一步分裂为两条谱线;t 表示因 CH_2 的 ^3J 偶合,每条谱线被进一步分裂为三重峰。从任意一个三重峰中可找到 ^3J 数值,从4组三重峰的中心可找到 $J_{反}$、$J_{顺}$。

因存在几个偶合常数,H_2 和 H_3 的谱线是复杂的:①H_2 和 H_3 各自被 H_1 裂分为二重峰,$J_{反}$ 及 $J_{顺}$ 具有较大的数值;②H_2 和 H_3 之间的偶合常数 ^2J 具有较小的数值;③H_2、H_3 和 CH_2 之间的长程偶合常数 ^4J 较小。因此主要由 $J_{反}$ 和 $J_{顺}$ 决定了 H_2 和 H_3 谱线的分布,而 $J_{反}$ 和 $J_{顺}$ 形成的两组双重峰中常有两峰很靠近,故 H_2 和 H_3 的谱线粗看是三重峰。

（7）饱和长链烷基:饱和长碳链也是天然化合物中常见的结构单元,其通式为 $X-(CH_2)_n-CH_3$,X 为 —OH、—COOH、—COOR 等。在常见的有机化合物中,各种取代基相对烷基而言都是吸电子的,因此 X 的 α 位 CH_2 的谱峰移向低场;β 位 CH_2 的谱峰亦移向低场,但移动距离较前者小得多。位数更高的 CH_2 化学位移很相近,在 $\delta1.25$ 处形成一个粗的单峰。因它们 δ 值相差很小,而 $^3J\approx6\sim7Hz$,因此形成强偶合体系,峰形是很复杂的,只因其所有谱线集中,故粗看为一个单峰。按 $n+1$ 规律预测,端甲基相邻 CH_2,应呈现三重峰。但如上所述,连接端甲基的 CH_2 与若干个 CH_2 的 δ 值很接近,形成一个大的强偶合体系,因此把 CH_3 和其相邻的 CH_2“划”出来单独考虑偶合裂分是不正确的,应统一考虑 CH_3 及若干个 CH_2 所形成的强偶合体系。由于这个原因,端甲基的三重峰是畸变的,左外侧峰钝,右外侧峰很不明显。这种现象沿用了早期的命名——“虚假”偶合,或称“虚假”长程偶合,好像端甲基和其 $\alpha-CH_2$ 以外的氢也有偶合关系一样,实际上 ^4J、^5J 都是等于零的。

只要存在强偶合体系,就可能表现出虚假偶合,脂肪氢、芳香氢都有可能找到虚假偶合的例子。

三、核磁共振氢谱测定技术

（一）样品制备

试样纯度须预先进行确认,样品采用真空干燥箱或冻干机进行干燥,避免含有较大量水分或其他有机溶剂,这些都会对测试结果有一定的影响。随后选择适当氘代溶剂溶解试样,在选择氘代溶剂时,试样中的活泼 H 信号有时会与溶剂中的氘发生交换而从图谱上消失,因此在需要观察活泼氢信号的情况下,则要选用不含活泼氢的氘代试剂溶解,如氘代二甲亚砜、氘代丙酮等。为了测出效果最佳的图谱、配制的样品浓度要适宜,通常在 $10 \sim 15 mmol/L$ 范围即可,浓度过低或过高都不利于完整氢信号的观察,但对核磁共振碳谱测试则因 ^{13}C 自然丰度较低,通常是样品浓度越大越好。样品溶液加入试样管中,至液层高 $35 \sim 40 mm$,加入 TMS 等基准物质后,加塞并贴上标签待用。

测定 NMR 图谱时一般采用氘代试剂作溶剂,它不含氢,不产生干扰信号;其中的氘又可作核磁仪锁场之用。测试溶剂的选择依据:①对测试样品溶解度要大;②对信号峰的干扰要小;③氘代试剂的价格。常用氘代溶剂的 δ_C、δ_H 值见表 1-5。

表 1-5　常用氘代溶剂的化学位移值（TMS 为内标）

溶剂	δ_C	δ_H
三氯甲烷（$CDCl_3$）	77.0	7.24
二氯甲烷（CD_2Cl_2）	53.8	5.32
甲醇（CD_3OD）	49.0	3.3
丙酮（Acetone-d_6）	29.8,206.0	2.04
水（D_2O）	–	4.7
二甲亚砜（DMSO-d_6）	39.5	2.49
苯（C_6D_6）	128.0	7.16
吡啶（C_5D_5N）	123.6,135.6,149.9	7.2,7.6,8.7

需要注意的是,同一样品在不同溶剂中测定,化学位移值会有微量差别。故在样品信号重叠时,有时改变溶剂重新测定,往往会收到意想不到的效果。某些类型化合物,其信号的化学位移有一定规律,可据以判断取代基的位置。此外,在测定已知化合物时,为了方便与文献数据或标准图谱进行对比,宜尽量选用与文献报道相同的溶剂。

（二）样品测定

现代核磁共振波谱仪的测试工作包括一维和二维实验,这些实验的操作程序基本相同,不同之处仅在于脉冲序列和实验参数的改变,但操作流程基本一致,具体如下:

1. 选择脉冲序列　NMR 实验的核心是脉冲序列,不同的实验对应不同的脉冲序列。如做氢谱选择氢谱的脉冲序列,做碳谱选择碳谱的脉冲序列,脉冲序列是由发射脉冲和信号采集两部分组成的,最简单的脉冲序列只有一个脉冲和一个时间延迟,如单脉冲实验。

2. 建立样品文件实验时,首先要建立一个新的实验文件。输入"NEW"命令,在弹出的对话框中设置将做实验的命名、保存路径等参数,点击"OK"生成新文件。

3. 锁场和匀场　根据核磁共振原理可知:当静磁场 B_0 稍有变动时,原子核的共振频率 ω 就会改变,其实 B_0 的变动包含着两方面,一个是磁场本身由于外界因素而产生的偏移,另一个是磁场在一定的空间范围内（如线圈所含的圆柱体）的不均匀性造成的,即相同的原子核在不同的空间位置会感受到不同的磁场强度。前者是通过

笔记

"锁场"来解决的,后者是通过"匀场"解决的。

锁场:液体核磁共振实验中,用氘(^{2}H)代替氢(^{1}H)不仅可以避免^{1}H谱上出现很强的溶剂峰,同时也为锁场提供了条件,即用氘的频率跟踪溶剂中氘的信号,使之保持共振条件,一旦磁场有所漂移,频率就会作相应的改变,补偿磁场的漂移。仪器上专门有一个连接谱仪和探头的锁场(Lock)通道,发射固定的氘共振频率。现在仪器上已有自动锁场的功能,只要键入"lock"命令,然后在出现的对话框中选择样品所用的氘代溶剂,计算机就会完成锁场的过程。

匀场:就是调节各组线圈中的电流,使之产生的附加磁场抵消静磁场的不均匀,在探头发射线圈所含的范围内保持最大均匀性,匀场的好坏通常是由锁场电平信号的高低来表示的。当锁场电平在匀场过程中超出范围时,可以用 lock power 或 lock gain 两个键调低至观察范围内(这种锁场电平的降低并不表示磁场均匀性的降低)继续匀场,也可以采用自动匀场的方法。只要打开"topshim gui"窗口,点击 start 键后计算机就会自动完成整个匀场。

4. 探头的调谐(tuning)与阻抗匹配(matching)　探头中通常有高频的发射接收线圈(^{1}H)和低频的发射接收线圈(^{31}P、^{13}C 等),当样品放入探头后,它们与样品、电容器组成了谐振回路,每个回路都有一个最灵敏的谐振频率。tuning 就是利用电容器来调节该回路的谐振频率,使之与谱仪发射到探头上的脉冲频率完全一致,类似于收音机接收无线电台发射频率时的调谐。另外由于发射到探头上的都是射频脉冲,必须使探头谐振回路的输入阻抗与谱仪发射电缆的输出阻抗(通常为 50Ω)一致,才能使探头接收所有的发射功率,matching 调节的就是探头的输入阻抗。探头的谐振调谐和阻抗匹配是和发射的射频频率有关的,但由于谐振频率和阻抗匹配调节好的探头可以适应一个较宽的频率范围,因此发射频率的变化在几百甚至上千赫兹,调谐和阻抗匹配不会有太大变化。然而,由于样品溶液是与线圈一起形成谐振回路的,样品性质的变化对探头的调谐和阻抗匹配影响很大,特别当样品或者溶剂的极性改变时,调谐和阻抗匹配会有较大的差别,需要重新调节。

现代仪器探头上都装有自动调谐与阻抗匹配(ATM)的附件,那么键入一个命令"atma",计算机就会自动地完成所有的 tuning 和 matching 过程。

5. 设置采样参数　与样品和谱图外观有关的参数,这类参数的设置与样品的性质和样品量的多少以及图谱质量有关,因此不同的样品和不同的实验都有可能要改变这类参数,其中经常需要改变的参数如下:

(1) 采样谱宽(SW):通常以 ppm 为单位。

(2) 采样数据点(TD):该数值决定了采集 FID 时所用的数据点。确定了上述两个参数,同时也就确定了其他一些采样参数的数值,如 FID 数据的分辨率:FIDRES(FIDRES = SW×SFO1/TD),采样时间:AQ(AQ = TD×DW),采样数据点的时间间隔:DW(DW = 10^6/2×SW×SFO1)。实际上它们之间是相互关联的,一个参数的改变会引起其他一个或几个参数的改变。

(3) 死时间(DE):该参数是发射脉冲结束后,数据采集前的间隔时间。

(4) 采集次数(NS):该参数的设置既要考虑样品的浓度,也要考虑脉冲程序中相循环的要求。

(5) 空采次数(DS):在正式采集之前,执行脉冲序列的次数。主要使样品体系达到一个稳定的状态,然后再采样,使得每次采样得到的数据基本相同。通常视脉冲序列的要求而定。

（6）接受增益（RG）：一般设置的数值使第一次采集的 FID 占屏幕高度的 1/3 左右即可,也可键入"rga"命令,让程序自动确定合适的数值。

（7）谱图处理与打印输出:执行采样命令后,采集的信号是时间域的函数,即各个共振频率信号随时间进行周期性的变化,称为 FID 信号,它是许多频率的叠加,依靠肉眼很难辨别出其中不同的频率,需要利用数字上的傅里叶变换（FT）将其转换成频率域的函数,即不同的共振频率信号依次在频率轴上不同的位置出峰,这就是我们平时看到的核磁共振谱图。当然,通常核磁共振的数据处理不仅是指傅里叶变换,它还包括 FT 变换前的窗函数加权、充零或线性预测,以及 FT 变换后的相位和基线校正、峰面积的积分和化学位移的定标等。所有这些都是 FID 信号或谱图的数字处理,其中窗函数加权、充零或线性预测等参数不需要经常修改。

四、核磁共振氢谱的解析方法

未知化合物的结构推测以核磁共振谱为主要依据,对于结构不太复杂的化合物,仅用核磁共振氢谱和碳谱就可以确定结构。解析 ^{1}H-NMR 谱的一般步骤如下。

1. 区分出杂质峰、溶剂峰、旋转边带（spinning side-bands）、^{13}C 卫星峰（^{13}C satellite peaks）等。

（1）杂质峰:杂质含量相比于样品总是少的,因此杂质的峰面积和样品的峰面积相比也是小的,且样品和杂质的峰面积之间没有简单的整数比关系,据此可将杂质峰区别出来。

（2）溶剂峰:氘代试剂总不可能达到 100% 的同位素纯度（大部分试剂氘代率为 99.0%~99.8%）,其中微量的氢会有相应的峰,如 $CDCl_3$ 中的微量 $CHCl_3$ 在 δ 值约 7.27 处出现峰。

（3）旋转边带:为了提高样品所在处磁场的均匀性,以提高谱线的分辨率,作图时样品管在快速旋转,当仪器调节未达良好的工作状态时,会出现旋转边带,即以强谱线为中心,左右等距处出现一对较弱的峰,称为旋转边带。其特点为左右对称;当以周/秒为单位时,边带到中央强峰的距离为样品管的旋转速度,改变样品管旋转速度时,边带相对中心峰的距离也改变,由此可进一步确认边带。

（4）^{13}C 卫星峰:^{13}C 具有磁矩,可与 ^{1}H 偶合而产生对 ^{1}H 峰的裂分,即为 ^{13}C 卫星峰。但 ^{13}C 的天然丰度只有 1.1%,因此只有强峰才会出现卫星峰。一般情况下卫星峰不会对图谱解析造成干扰。

2. 已知分子式则先算出不饱和度　不饱和度是指分子结构中达到饱和所缺一价元素的"对"数,由分子的不饱和度可以推断分子中含有双键、三键、环、芳环的数目。若分子中仅含一、二、三、四价元素（H,O,N,C）,则可按下式进行不饱和度的计算:

$\Omega = (2+2n_4+n_3-n_1)/2$,式中 n_4、n_3、n_1 分别为分子中四价、三价、一价元素数目。例:$C_9H_8O_2$ 的不饱和度 $\Omega = (2+2\times9-8)/2=6$。

3. 确定谱图中各峰组所对应的氢质子数目,对氢质子进行分配　根据氢谱的积分曲线或峰面积可求出各种（官能团）氢的数目之比,若分子总的氢质子个数已知,则根据积分曲线便可确定谱图中各峰组所对应的氢质子数目;如果不知道总的氢质子数目,但谱图中若有能判断氢质子数目的峰组(如甲基、羟基、单取代苯环、糖端基氢等),以此为基准也可以找到化合物中各种含氢官能团的氢质子数目。

对一些比较复杂的谱图,峰组重叠,各峰组对应的氢质子数目不很清楚时,氢质子数的分配需仔细考虑。若对氢质子的分配有错误,将会使推测结构的工作步入歧途。

4. 对分子对称性的考虑 当分子具有对称性时,会使谱图出现的峰组数减少,分子具有局部对称性时也是如此。例如当峰组相应的氢质子数目为 2(—CH×2)、4(—CH₂×2)、6(—CH₃×2)时,应考虑到若干化学等价基团存在的可能性,即因分子存在对称性,某些基团在同一处出现峰(峰的强度则是相应增加的)。

5. 对每个峰组的 δ、J 都进行分析 首先对一些简单的官能团进行解析。例如先解析—OCH₃、—CH₃N、—CH₃Ph、CH₃—C≡等孤立的甲基信号,这些甲基均为单峰;解析低磁场处,$\delta>10$ 处出现的—COOH、—CHO 及分子内氢键的信号;解析芳氢信号,一般 δ 值在 6~8 附近,根据芳氢的峰形和偶合常数可以推测苯环上取代基的相对位置;若有活泼氢,可以加入重水交换,再与原图比较加以确认。先解析图中一级图谱,再解析高级图谱。由于核磁共振波谱仪的频率不断提高,多数谱峰可按一级图谱近似分析。

6. 组合可能的结构式 根据对各峰组化学位移和偶合关系的分析,推出若干结构单元,最后组合为几种可能的结构式。每一可能的结构式不能和谱图有大的矛盾。

7. 对推出的结构进行"指认" 每个官能团均应在谱图上找到相应的峰组,峰组的 δ 值及偶合裂分(峰形和 J 值大小)都应该和结构式相符。如存在较大矛盾,则说明所推测的结构式是不合理的。一般情况下,峰形分析比 δ 值的分析更为可靠,因此,当两者有矛盾时,建议首先考虑峰形分析的结果。这是因为实际化合物中的 δ 值难以用任何近似计算公式及图表来准确概括,往往有"例外"的结果。另一方面,从峰形看,则很难找到"例外"的情形。

第三节 核磁共振碳谱在结构鉴定中的应用

核磁共振碳谱(^{13}C nuclear magnetic resonance spectroscopy,^{13}C-NMR)能够提供有机化合物中碳原子的数目、类型、化学环境等结构信息。大多数天然化合物分子的骨架是由碳原子组成的,掌握了碳原子的信息,对确定天然化合物的结构是十分有利的。而且在有机物中,有些官能团不含氢,这些官能团的信息不能从氢谱中得到,而只能从碳谱中得到,因此碳谱与氢谱结合通常可以确定化合物的结构。

^{12}C 在自然界碳元素中丰度最大(98.9%),但是由于核磁矩 $\mu=0$,因而没有核磁共振现象。而 ^{13}C 有核磁矩,但是天然丰度仅为 1.1%,且 ^{13}C 核的磁旋比 γ 仅为 ^1H 的 1/4,因此在核磁共振中的灵敏度很低,仅是 ^1H 的 1/6400。另外由于 ^{13}C 核和它周围的 ^1H 核发生多次偶合裂分使得信号严重分散,因此早期用连续波扫描的实验方法很难记录其信号。通过提高磁场强度、采用脉冲傅里叶变换实验技术、质子噪声去偶等措施,可以提高检测灵敏度并清除 ^1H 的偶合,完成各种 ^{13}C-NMR 实验,碳谱才得到了广泛应用。

一、碳谱的特点

与核磁共振氢谱相比,碳谱有以下特点:

1. 碳化学位移范围宽　碳化学位移(δ)一般在 0~224,而氢化学位移(δ)一般在 0~10,最大也只有 20。由于碳化学位移范围比氢谱大几十倍,因此分子结构中细小差异引起的化学位移的不同在碳谱中可以反映出来。分子量小于 500 的化合物,如果分子无对称性,消除碳和氢之间的偶合,那么分子中每个碳原子都会在碳谱上找到一条尖锐的、可分辨的谱线与之对应。氢谱由于化学位移差距小以及相邻质子之间的偶合裂分,氢谱谱线会重叠,难分辨。

2. 碳谱峰形简单　在常用的全氢去偶^{13}C-NMR 谱中,峰形呈单峰(s),除非分子中含有其他磁性核,如^{31}P 或^{19}F。而氢谱中由于相邻质子之间的偶合,常出现双峰(d)、三重峰(t)、双二重峰(dd)、四重峰(q)及多重峰(m)等。

3. 碳谱能给出季碳信息　由于季碳不与氢直接相连,在氢谱中得不到直接的信息,只能通过分析分子式及与其相邻的碳上质子的信号来判断其存在。在碳谱中可以直接得到季碳的碳信号。

4. 碳-氢偶合常数大　^{13}C-^{1}H 直接偶合的偶合常数很大,一般在 110~320Hz。由于^{13}C 天然丰度很低,这种偶合对氢谱影响不大,但在碳谱中是主要的,所以不去偶的碳谱,各个裂分的沿线彼此交叠,很难识别,氢谱中由于只能看到^{1}H 核之间的偶合,所以偶合常数比较小,一般不会超过 20Hz。

5. 碳弛豫时间长　^{13}C 的弛豫时间比^{1}H 长得多,不同类型碳原子弛豫时间也不同,因此可以通过测定弛豫时间得到更多的结构信息。由于各种碳原子的弛豫时间不同以及去偶造成的 NOE 效应大小不同,在常规全去偶碳谱中,峰的强度不能反映碳原子的数量。

6. 碳谱测试技术多　碳谱除全去偶谱外,还有偏共振去偶谱,可以获得^{13}C-^{1}H 偶合信息;反转门控去偶谱,可获得定量信息等。

7. 碳谱灵敏度低　核磁共振一般以一个基准物质的信号(S)和噪声(N)的比即信噪比(S/N)作为灵敏度,信噪比正比于核磁共振仪的磁场强度 H_0、测定核的磁旋比 γ、待测核的自旋量子数 I 及其核的数目 n,反比于测试时的绝对温度 T。^{13}C-NMR 的总灵敏度是^{1}H-NMR 的 1/5700,在氢谱测定条件下很难测定碳谱。因此为了提高^{13}C 的灵敏度,需要提高样品量和磁场强度,或者增加扫描次数。常规碳谱,以 75.5MHz 仪器为例,使用 5mm 外径核磁管,0.5ml 氘代溶剂中通常需要溶解 10mg 的样品,而使用 2.5mm 外径核磁管,只要 100μg 样品就能达到较高的灵敏度。

二、影响^{13}C-NMR 谱化学位移的主要因素

影响^{13}C-NMR 谱化学位移的各种因素与^{1}H-NMR 谱相似,如碳原子杂化类型、周围化学环境对碳原子电子云密度的影响、磁的各向异性效应、分子内空间效应以及溶剂效应等,其中主要的是杂化轨道状态及化学环境。与^{1}H-NMR 谱不同的是,^{13}C-NMR谱中取代基对化学位移的影响不只限于邻近的碳原子,可以延伸数个原子。此外,^{13}C-NMR 谱化学位移受分子间影响比^{1}H-NMR 谱小,因为 H 处于分子的外部,邻近分子对 H 影响较大,如氢键缔合等;而碳处于分子骨架上,所以分子间效应对碳影响较小,但分子内部相互作用显得很重要。

1. 杂化状态　杂化状态是影响 δ_C 的重要因素。各类碳的化学位移顺序与各类碳上对应质子的化学位移顺序基本一致。若质子在高场,则该质子连接的碳也在高

场;反之,若质子在低场,则该质子连接的碳也在低场(表1-6)。

表1-6　不同杂化类型的¹³C核的化学位移范围

碳原子杂化状态		化学位移值
sp^3	$CH_3 < CH_2 < CH <$ 季C	$0 \sim 100$
sp	$C \equiv CH$	$70 \sim 130$
sp^2	$—CH = CH_2$	$100 \sim 160$
$—C = O$		$150 \sim 220$

2. 诱导效应　碳原子上连有电负性取代基、杂原子以及烷基,可使δ_C信号向低场位移,位移的大小随取代基电负性的增大而增加,并且随离取代基的距离增大而减小。诱导效应具有加和性,因此,碳的δ向低场位移的程度也随着取代基数目的增多而增加。

3. 空间效应　^{13}C化学位移对分子的几何形状非常敏感,相隔几个键的碳,如果它们空间非常靠近,则互相发生强烈的影响,这种短程的非成键相互作用称为空间效应。例如苯乙酮中若乙酰基邻近有甲基取代,则苯环和羰基的共平面发生扭曲,羰基碳的化学位移与扭曲角 Φ 有关。

Φ:	0	28	50
$\delta_{C=O}$:	195.7	199.0	205.5

4. 缺电子效应　如果碳带正电荷,即缺少电子,屏蔽效应大大减弱,化学位移处于低场。这个效应可以用来解释羰基^{13}C化学位移为什么处于较低场。羰基碳为sp^2杂化,而且由于氧原子的电负性大于碳原子,羰基碳带一定程度的正电荷,所以在碳谱中处于最低场。

5. 共轭效应和超共轭效应　如在羰基的邻位引入双键或具有孤对电子的杂原子(如O、N、F、Cl等),由于形成p-π共轭体系,羰基碳上电子云密度相对增加,屏蔽作用增大而使化学位移偏向高场。因此,不饱和羰基碳以及酸、酯、酰胺、酰卤的羰基碳的化学位移比饱和羰基碳要偏向高场。

当第二周期的杂原子N、O、F处在被观察的碳的γ位并且为对位交叉时,则观察到杂原子使γ碳的δ不是移向低场而是向高场位移。这是由杂原子的超共轭效应引起的。

6. 电场效应　在含氮化合物中,如含—NH_2的化合物,由于质子化作用生成—NH_3^+,此正离子的电场使化学键上电子移向α或β碳,从而使它们的电子密度增加,屏蔽作用增大,其化学位移向高场偏移$0.5 \sim 5.0$。这种效应对含氮化合物^{13}C-NMR谱的指定很有用。

7. 邻近基团的各向异性效应　例如下述5个化合物,在结构式a、b、c中,异丙基与手性碳原子相连,而d、e中与非手性碳原子相连。异丙基上两个甲基在前3个化合物中由于受到较大的各向异性效应的影响,这 3 个甲基碳的化学位移差别较大;在后 2 个化合物中,异丙基上 2 个甲基碳受各向异性效应的影响小,其化学位移的差别也较小。

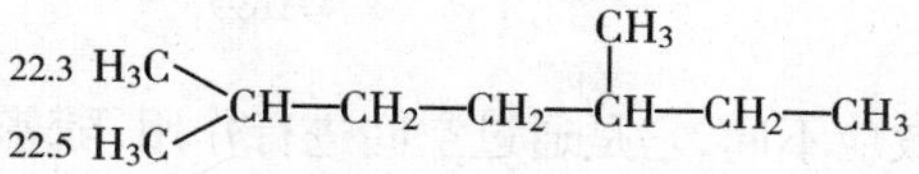

8. **取代基构型的影响**　取代基的构型对化学位移也有不同程度的影响,如下图 4 个结构。

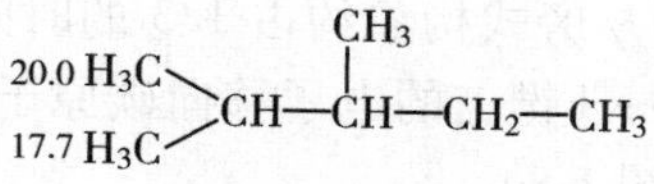

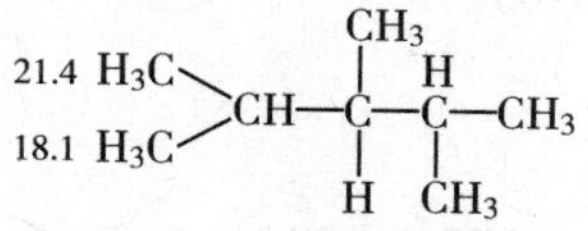

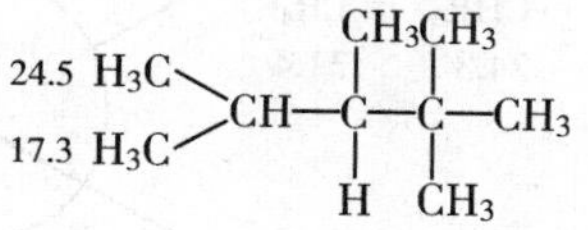

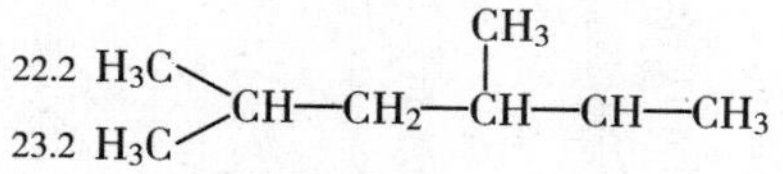

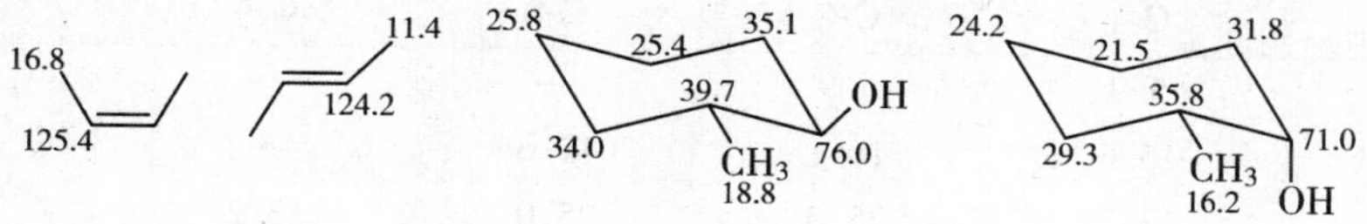

三、不同类型碳的化学位移

碳谱和氢谱的化学位移有很多相似之处:醛基上氢质子的共振位置在氢谱的低场范围,醛基及其他羰基化合物碳的共振位置也在碳谱的低场范围;反之,烷基的氢和碳分别都在氢谱及碳谱的高场区域出峰,电负性基团的取代都产生低场位移;烯基、苯环都在氢谱及碳谱的中间区域出峰。

1. **链状烷烃及其衍生物**　取代基的电负性是影响链状烷烃及其衍生物 δ 值的主要因素。电负性基团的取代对 α 碳原子产生明显低场位移,对 β 碳原子亦稍有低场位移作用,分别称为 α 效应和 β 效应。

脂肪链的碳原子不连氧原子时,一般情况下 δ 值在 55 以内;当连氧原子时,δ 值在 53~85,例如羟甲基(—CH_2OH)δ 值在 60~69,糖上的连氧叔碳在 70~80 或更大;连两个氧时 δ 值会更大,例如小檗碱和芝麻素的亚甲二氧基 δ 值在 100~101。

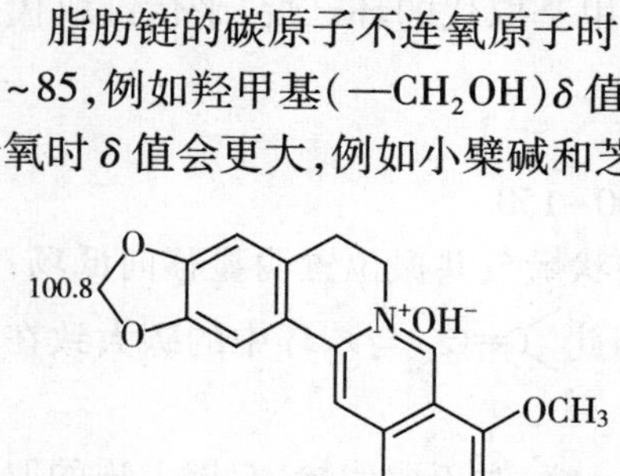

小檗碱

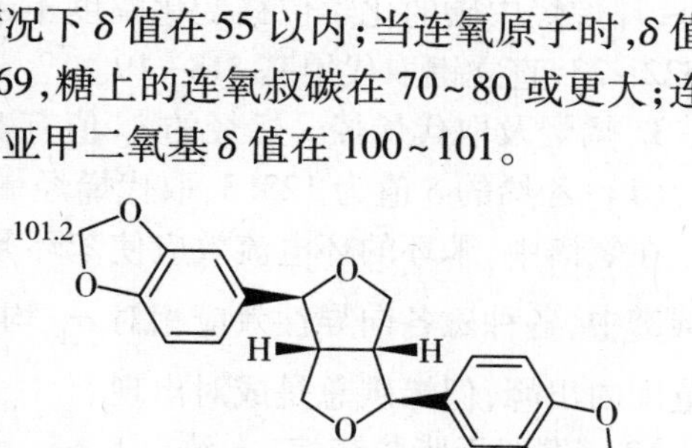

芝麻素

任何取代基相对于氢质子来说都是电负性的,所以取代的烷基越多,碳的共振峰就越移向低场。在分析烷基的碳谱时,还要注意 γ 旁式效应。各种基团的取代均使 γ 碳原子的共振稍移向高场,这与 α、β 取代效应相反。这种效应可以用空间效应来解释。脂肪链是可以旋转的,处于 γ 旁式构象约占 1/3 的时间。当处于此构象时,R 基团"挤压"C_γ 上的 H 质子,该 C—H 键上的电子移向碳原子,故使 δ 移向高场,经时间平均效应以后,仍为高场位移(图 1-8)。

R=CH₃:　　CHR₃　　CH₂R₂　　CHR₃　　CR₄
δ_C:　　5.7　　15.4　　24.3　　31.4

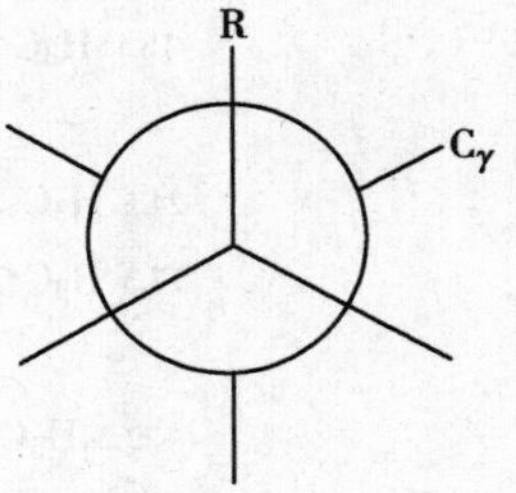

图 1-8　γ 旁式效应

γ 效应与 α、β 效应不同,它是通过空间进行作用,随着取代的增加,正屏蔽效应增强,δ 值降低。表 1-7 列出了一些常见直链烷烃的化学位移值。

表 1-7　一些直链烷烃的化学位移值（δ）

化合物	C-1	C-2	C-3	C-4	C-5
乙烷	5.9	5.9	—	—	—
丙烷	15.6	16.1	15.6	—	—
丁烷	13.2	25.0	25.0	13.2	—
戊烷	13.7	22.6	34.5	22.6	13.7
己烷	13.9	22.9	32.0	32.0	22.9
庚烷	13.9	23.0	32.4	29.5	32.4
辛烷	14.0	23.0	32.4	29.7	29.7
壬烷	14.0	23.1	32.4	29.8	30.1
癸烷	14.1	23.0	32.4	29.9	30.3

2. 环烷烃　环烷烃碳的化学位移与环的大小并无明显的内在联系。环丙烷中 ^{13}C 的信号反常地出现在高场,这是由于三元环的张力及价电子环流所致;除环丙烷外,环烷烃中碳的化学位移变化幅度不超过 6。甲基取代的环己烷,平伏键取代甲基 $\delta 22 \sim 23$,直立键取代甲基 $\delta 18 \sim 19$。

3. 烯烃及取代烯烃　烯烃的 δ_C 值有以下特点:

（1）乙烯的 δ 值为 123.3,取代烯烃一般为 100~150。

在氢谱中,苯环的环电流效应使苯环芳氢比链状烯氢共振位置明显移向低场;而在碳谱中,各种磁各向异性效应相对 σ_p 均较弱,因此 $>C=C<$ 与苯环中的碳大致在同一范围内出峰,但烯碳总是成对出现。

（2）类似于脂肪链烷(大致有 $\delta_C > \delta_{CH} > \delta_{CH_2} > \delta_{CH_3}$),对于取代烯,双键上连的取代基越多,烯碳越向低场位移,大致有 $\delta_{C=} > \delta_{CH=} > \delta_{CH_2=}$。末端烯碳($=CH_2$)的 δ 值比有

取代基的烯碳原子的 δ 值小 10~40。

（3）烯烃中的饱和碳 δ 与相应的烷烃接近，除 α 碳原子以外，其他饱和碳原子均可按烷烃计算。

（4）共轭效应：形成共轭双键时，中间的碳原子因键级减小，共振移向高场。

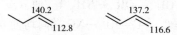

（5）取代基对烯烃的影响与取代基的相对位置有关，除 Br、I（重原子效应）和 CN（键的各向异性）外，取代基均导致 α 碳的 δ 值向低场位移，且取代基对 α 碳的影响因取代基不同而有较大不同，其中 OR 基的影响最大。双键与羰基共轭时，α 碳向低场位移，而 β 碳却向高场位移。

计算烯烃双键碳原子或取代烯烃双键碳原子 δ 值的公式：$R\text{-}C_\alpha H = C_\beta H_2$ $\delta = 123.3 + \sum Z_i(R_i)$，式中 $Z_i(R_i)$ 为 R 取代基对 α、β 碳原子的位移增量（表 1-8）。

表 1-8　取代基对 $C_\beta H_2 = C_\alpha HR$ 中烯碳化学位移的影响

取代基 R	α	β	取代基 R	α	β
—H	0.0	0.0	—Ph	12.5	−11.0
—CH$_3$	10.6	−7.9	—F	24.9	−34.3
—CH$_2$CH$_3$	15.5	−9.7	—Cl	2.6	−6.1
—CH(CH$_3$)$_3$	20.4	−11.5	—Br	−7.9	−1.4
—CH$_2$Cl	10.2	−6.0	—I	−38.1	7.0
—CH$_2$Br	10.9	−4.5	—OCH$_3$	29.4	−38.9
—CH=CH$_2$	13.6	−7.0	—OCH$_2$CH$_3$	28.5	−39.8

4. 炔烃中炔碳的化学位移　炔碳的化学位移值介于烷烃碳和烯碳之间，δ 值范围为 65~90。端基炔碳的 C_1 与 C_2 的 δ 值相差约 15，而不对称的 2-炔和 3-炔中，炔碳的 δ 值差仅为 3~4 和 1~2。$C\equiv C\text{—H}$ 变为 $C\equiv C\text{—CH}_3$，则甲基使直接相连的炔碳向低场位移，而使炔键上另一个炔碳向高场位移（表 1-9）。

表 1-9　线性炔烃中炔碳的化学位移（δ）

化合物	C-1	C-2	C-3	C-4	C-5	C-6
丁炔	67.3	85.0				
庚炔	68.6	84.1				
十二炔	68.8	84.7				
2-辛炔		76.0	79.7			
2-十二炔		75.3	79.1			
3-己炔			81.1	81.1		
3-十二炔			81.7	79.9		
4-十二炔				80.0	80.0	
5-十二炔					80.0	80.0

5. 苯环及取代苯环　苯的 δ 为 128.5，取代苯 δ 值范围在 100~160。计算取代苯的经验式为：$\delta = 128.5 + \sum A_i$，式中 A_i 为取代位移参数。

取代芳烃 δ 具有如下特点：苯环上连接取代基的芳碳受取代基的影响，多数向低场位移，只有少数取代基如 I、Br、CN、CF_3 才能使 δ_C 移向高场。给电子基团，特别是一些具有孤对电子的基团如—OH、—OR、—NH_2 等，使 o、p 位芳碳屏蔽增加，向高场位移。而吸电子基团，如—C≡C、—C═O、—NO_2 等，均使 o、p 位芳碳去屏蔽，向低场位移。多数取代基对 m 位芳碳影响不明显（表 1-10）。

表 1-10　苯的取代基效应

取代基	Ci	ortho	meta	para	取代基	Ci	ortho	meta	para
—OH	+26.9	-12.5	+1.8	-7.9	—$COOCH_3$	+1.3	-0.5	-0.5	+3.5
—OCH_3	+30.2	-15.5	0.0	-8.9	—CHO	+9.0	+1.2	+1.2	+6.0
—OAc	+23.0	-6.4	+1.3	-2.3	—$COCH_3$	+7.9	-0.3	-0.3	+2.9
—NH_2	+19.2	-12.4	+1.3	-9.5	—CN	-19.0	+1.4	-1.5	+1.4
—NMe_2	+22.6	-15.6	+1.0	-11.5	—NO_2	+19.6	-5.3	+0.8	+6.0
—CH_2OH	+12.3	-1.4	-1.4		—CH_3	+9.1	+0.6	-0.2	-3.1
—CH═CH_2	+9.5	-2.0	+0.2	-0.5	—Et	+15.4	-0.6	-0.2	-2.8
—COOH	+2.1	+1.5	0.0	+5.1	—Ar	+14.0	-1.1	+0.5	-1.0

6. 羰基化合物　因羰基受到较强的顺磁性去屏蔽效应，其 δ 值在很低场，δ 值范围在 150~220。各种羰基碳化学位移值大小顺序如下：酮>醛>羧基>羧酸衍生物（表 1-11）。除醛以外，羰基没有氢，进行宽带去偶实验时，无 NOE 现象产生，故羰基 NMR 信号都较弱，在谱图中极易识别。

表 1-11　常见羰基碳的化学位移

官能团		δ_C	官能团		δ_C
C═O	酮	225~175	CONHR	酰胺	180~160
	α,β-不饱和酮	210~180	COOR	羧酸酯	175~155
CHO	醛	205~175	$(CO_2)O$	酸酐	175~150
	α,β-不饱和醛	195~175	$(R_2N)_2CO$	脲	170~150
COOH	羧酸	185~160	$(RO)_2CO$	碳酸酯	160~150
COCl	酰氯	182~165			

（1）醛、酮：酮羰基和其他羰基相比，化学位移在最低场。环状或开链的烷基取代的脂肪酮羰基在 200~220。醛羰基和相应的甲基酮羰基相比，δ 值一般小 5~10。饱和醛的羰基碳 δ 值在（200±5）。醛的羰基碳 δ 值随 α 碳上取代基的增多而向低场移动。不饱和醛由于共轭效应等因素影响，δ 值向高场移动 5~10，并随羰基与烯键是否共轭而有差异。

（2）羧酸与羧酸衍生物：羧酸的羰基碳化学位移在 160~185 范围内。当有 α、β 和

γ 烷基取代时,羧基 δ 分别增加 10、4 和 1。羧基与不饱和基团相连,δ 值向高场移动。

四、^{13}C-NMR 谱常用去偶技术

^{13}C 的天然丰度仅为 1.1%,因此此^{13}C—^{13}C 的偶合可以忽略。^{1}H 的天然丰度为 99.98%,所以^{13}C—^{1}H 之间的偶合是很强烈的,$^{2}J_{C-H}$、$^{3}J_{C-H}$ 较弱,$^{1}J_{C-H}$ 最大,范围为 120~320Hz。$^{1}J_{C-H}$ 值的大小与 C—H 键杂化轨道中 s 电子所占的比例,以及偶合碳上取代基的电负性有关,其中前者为主要影响因素。单键偶合常数$^{1}J_{C-H}$ 可近似地用下列简单关系表示:$^{1}J_{C-H}$=5×(%s),单位 Hz。%s 代表 C—H 键杂化轨道中 s 电子所占的百分比,sp^3、sp^2 与 sp 杂化碳分别为 25、33 与 50。例如乙烷、乙烯与乙炔的 CH 偶合常数分别为 125、165 与 250Hz。取代基的电负性越强,$^{1}J_{C-H}$ 的值就越大。例如甲烷的氢相继被氯原子取代后,CH_4、CH_3Cl、CH_2Cl_2 与 $CHCl_3$ 的$^{1}J_{C-H}$ 值分别为 125、150、170 与 209Hz。

由于$^{1}J_{C-H}$ 很大,^{13}C 的天然谱线总会被^{1}H 分裂,碳信号严重裂分,既降低灵敏度,又出现信号重叠。为克服该缺点,研究者们发明了多种去偶技术。此外,还发展了一些有助于^{13}C-NMR 图谱中碳原子类型指认的技术,下面分别予以介绍。

1. 质子宽带去偶(proton broad band decoupling) 也称质子噪声去偶(proton noise decoupling)或全去偶。此时 H 的偶合影响全部被消除,从而简化了图谱。在分子中没有对称因素和不含 F、P 等元素时,每个碳原子都会给出一个单峰,互不重叠。虽无法区别碳上连接 H 的数,但对判断^{13}C 信号的化学位移十分方便。因照射 H 后产生 NOE 现象,连有 H 的 C 信号强度增加。季碳信号因不连有 H,表现为较弱的峰。

2. 偏共振去偶(off resonance decoupling,OFR) 质子宽带去偶完全消除了质子的影响,使碳谱简化,增加部分^{13}C 核的强度,而且可以识别季碳产生的信号,但同时失去某些结构信息,使得伯、仲、叔碳难以区分。在偏共振去偶谱中,每个连接质子的碳有残余裂分,故在所得图谱中次甲基(—CH)碳核呈双峰,亚甲基(—CH$_2$)呈三重峰,甲基(—CH$_3$)呈四重峰,季碳为单峰,强度最低。由此可获得碳所连接的质子数、偶合情况等信息。但此法常因各信号的裂分峰相互重叠,对结构比较复杂的中药有效成分,有些信号难以全部识别或解析,远不及下述的低灵敏核极化转移增强法(INEPT)和无畸变极化转移技术(DEPT)易于解析。实际上,后两种方法已基本取代了偏共振去偶技术。

应当注意,在 OFR 谱上看到的裂分并非真正的偶合常数,而仅为剩余偶合。

3. 选择性质子去偶(selective proton decoupling) 选择性质子去偶是指定质子去偶,又称单频质子去偶。这种去偶方法可以使待认定的^{13}C 核唯一地发生去偶,得以与其他^{13}C 核区别。进行选择性质子去偶时,先测定化合物的核磁共振氢谱,确定待去偶质子的 Larmor 频率。接着调节去偶频率,使与待去偶质子的 Larmor 频率相等,降低去偶功率,只使待去偶质子达到饱和,不影响其余质子,从而只有待认定的^{13}C 核去偶,出现单峰(并出现 NOE),其余^{13}C 核仍然只被偏共振,保存残留偶合,得以认定。

4. 低灵敏核极化转移增强法(insensitive nuclei enhanced by polarization transfer, INEPT) 用调节弛豫时间(Δ)来调节—CH、—CH$_2$、—CH$_3$ 信号的强度,从而有效地识别—CH、—CH$_2$、—CH$_3$。季碳因为没有极化转移条件,所以在 INEPT 谱中无信号。当 Δ=1/4(J_{C-H})时,—CH、—CH$_2$、—CH$_3$ 皆为正峰;当 Δ=2/4(J_{C-H})时,只有正的

—CH 峰;当 $\Delta = 3/4\,(J_{C-H})$ 时,—CH、—CH$_3$ 为正峰,—CH$_2$ 为负峰。由此可以区分—CH、—CH$_2$ 和—CH$_3$ 信号。再与质子宽带去偶谱对照,还可以确定季碳信号。

5. 无畸变极化转移技术(distortionless enhancement by polarization transfer,DEPT) DEPT 技术是 INEPT 的一种改进方法。在 DEPT 法中,通过改变照射^{1}H 的脉冲宽度(θ),使 θ 在 45°、90°和 135°三者之间变化并测定^{13}C-NMR 谱。所得结果与 INEPT 谱类似。即当 $\theta = 45$°时,所有的—CH、—CH$_2$、—CH$_3$ 均显正信号;当 $\theta = 90$°时,仅显示—CH 正信号;当 $\theta = 135$°时,—CH 和—CH$_3$ 为正信号,而—CH$_2$ 为负信号。季碳同样无信号出现。图 1-9 为化合物牛蒡子苷(cydonerotriol)的质子宽带去偶谱和 DEPT 谱。

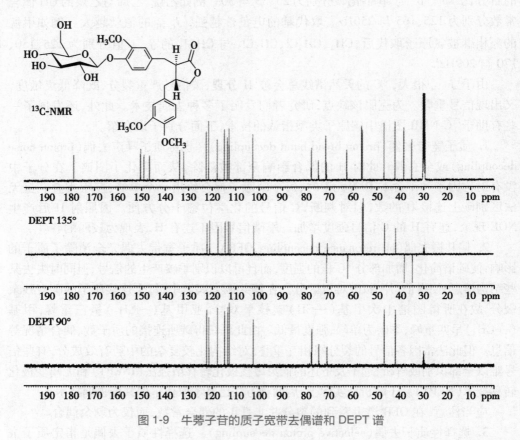

图 1-9　牛蒡子苷的质子宽带去偶谱和 DEPT 谱

6. 门控去偶(gated decoupling)　门控去偶即根据去偶器启动关闭造成的 NOE 增强或减弱的速度差,调节发射场和去偶场开与关的时间,达到去偶或保留去偶,增强或削弱 NOE 的目的,获取有用的谱图。常用的门控去偶为抑制 NOE 的门控去偶(gated decoupling with suppressed NOE),通过变动发射场和去偶场的时间关系,获得消除 NOE 的宽带去偶谱,使图谱中的峰强度与碳数成比例,得到定量数据,所以又称为定量碳谱。

五、^{13}C-NMR 谱的解析方法

^{13}C-NMR 是天然化合物结构分析中很重要的方法,可以提供很多结构信息,特别

是在解决立体化学构型、构象等问题中非常有用。^{13}C-NMR 一般按以下步骤解析。

1. 鉴别图谱中的溶剂峰和杂质峰　氘代溶剂并不是检测^{13}C-NMR 所必需的,但为了锁场的需要,样品管内必须有一定量的含氘化合物,所以一般常用氘代溶剂。氘代试剂中的碳原子均有相应的峰,这和氢谱中的溶剂峰是不一样的(氢谱中的溶剂峰仅因氘代不完全引起),因此应熟悉氘代试剂峰组的形状和位置。

判别杂质峰可参照氢谱解析时杂质峰的判别方法。

作图条件选择的好坏,会对谱图产生影响。其中最重要的是不要遗漏了季碳的谱线。脉冲倾倒角较大而脉冲间隔又不够长时往往季碳不出峰。当扫描谱宽不够大时,扫描宽度以外的谱线会"折叠"到谱图中来,给解析造成困难。

2. 分子对称性分析　全去偶碳谱中若谱线数目等于分子式中的碳原子数目,说明分子无对称性;若谱线数目小于分子式中碳原子数目,说明分子有一定对称性。化合物中碳原子数目较多时,应考虑到不同碳原子的 δ 值可能偶然重合。

3. 碳原子 δ 值的分区　根据 δ 值可大致把碳谱分为 3 个区。

(1) 羰基或叠烯区:δ>160,分子中如存在叠烯基团,叠烯两端的碳原子应在双键区也有峰,两种峰的同时存在才说明有叠烯的存在。δ>200 的信号只能属于醛、酮类化合物,δ 值在 160~180 的羰基信号则属于酸、酯、酸酐等化合物。

(2) 不饱和碳原子区(炔碳原子除外):δ 值在 90~160(多数 δ 值在 100~150),烯、芳环、除叠烯中央碳原子外的所有其他 sp^2 碳原子、碳氮双键的碳原子都在这个区域出峰。

由元素组成式计算样品分子的不饱和度,由羰基和不饱和碳原子可计算相应的不饱和度,此不饱和度与分子的不饱和度之差表示分子中成环的数目。

(3) 饱和碳原子区:δ<100,若不直接连氧、氮、氟等杂原子,一般其 δ 值小于 55。炔碳原子 δ 值在 70~100,这是不饱和碳原子的特例。

4. 碳原子级数的确定　由偏共振或 APT、DEPT 等技术可确定碳原子的级数。由此可计算化合物中与碳原子相连的氢质子数。若此数目小于分子式中氢质子数,两者之差值为化合物中活泼氢的原子数。

5. 推出结构单元并进一步组合成若干可能的结构式　当分子结构比较复杂,碳链骨架连接顺序难以确定时,可应用 2D-NMR 确定各个碳之间的关系及连接顺序。

6. 对碳谱进行指认并从前述步骤推出几个可能的结构式　通过对碳谱的指认,从中找出最合理的结构式。另外,氢谱和碳谱是相互补充的,应把碳谱、氢谱结合起来一起分析。

第四节　二维核磁共振谱在结构鉴定中的应用

二维核磁共振谱(two dimension nuclear magnetic resonance spectroscopy, 2D-NMR)的出现开创了核磁共振波谱学的新时期。2D-NMR 要应用各种脉冲序列,图谱的表现形式主要有堆积图和等高线图两种,其中等高线图最常用,位移相关谱全部采用等高线图。与等高线地图相似,等高线图最中心的圆圈表示峰的位置,圆圈的数目表示峰的强度;最外圈表示信号的某一定强度的截面,其内第二、

笔记

第三、第四圈分别表示强度依次增高的截面。这种图的优点是易于找出峰的频率，作图快；缺点是低强度的峰可能漏画。另外，在二维谱中常有假峰（artefact，artifact）出现，这在看图时应注意。

二维核磁共振谱包括 J 分辨谱（J resolved spectroscopy）和二维化学位移相关谱（2-dimensional chemical shift correlation spectroscopy，2D-COSY）。2D-COSY 谱是 2D-NMR 谱中最重要、最常用的测试技术，又分为同核和异核相关谱两种。相关谱的二维坐标 F_1 轴（垂直轴）和 F_2 轴（水平轴）都表示化学位移。二维核磁共振谱的种类很多，这里仅就在天然化合物结构研究中常用的 2D-NMR 谱分类介绍如下。

1. $^1H\text{-}^1H$ COSY　也称氢-氢化学位移相关谱，是同一个偶合体系中质子之间的偶合相关谱，可以确定质子的 δ 值及质子之间的偶合关系和连接顺序。常用 $^1H\text{-}^1H$ COSY 90°，为正方形的等高线图，F_1、F_2 轴均为 ^1H-NMR 谱。图谱中有两类相关峰：对角线峰和交叉峰，交叉峰有两组，分别在对角线两侧并以对角线为中线对称。对角线上的峰为一维谱，对角线两边相应的交叉峰与对角线上的峰连成正方形，该正方形对角线上的两峰即表示有偶合相关关系。$^1H\text{-}^1H$ COSY 反映 ^2J、^3J 的偶合关系，有时也会出现反映长程偶合的相关峰，可以确定同碳上 H 及相邻碳上 H 之间的偶合关系。例如，在化合物 1-甲基-2-乙二醇基-α-D-芹糖苷的 $^1H\text{-}^1H$ COSY 谱（图 1-10）中可见糖基上氢与氢的偶合关系，其中，芹糖的端基氢 $\delta 4.84$（1H，d，$J=4.8$Hz）与 C-2 位氢 $\delta 3.92$

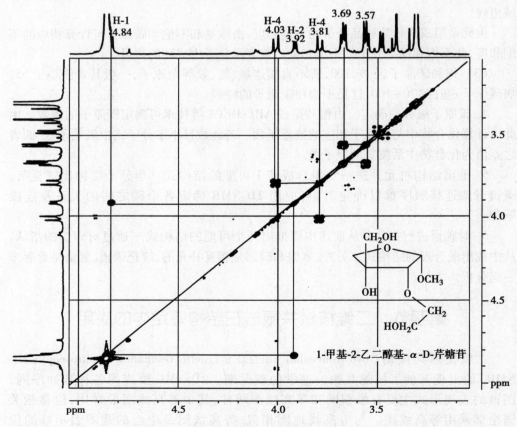

图 1-10　1-甲基-2-乙二醇基-α-D-芹糖苷的 $^1H\text{-}^1H$ COSY 谱

(1H,d,*J*=4.6Hz)有交叉峰,C-4 位上两个氢 δ4.03(1H,d,*J*=9.7Hz)和 δ3.81(1H,d,*J*=9.7Hz)之间有交叉峰;此外,乙二醇基上两个亚甲基 δ3.69(2H,d,*J*=5.0,4.4Hz)和 δ3.57(2H,d,*J*=5.0,4.4Hz)之间有交叉峰,据此可以归属氢信号。

2. DQF-COSY　即双量子滤波 COSY,图谱外观与¹H-¹H COSY 谱相同,但克服了¹H-¹H COSY 谱中当大小峰的峰面积悬殊时,弱峰之间的偶合关系表现不出来的缺点。在 DQF-COSY 谱中强的单峰(如甲基、甲氧基以及溶剂峰等)受到抑制,弱峰之间表现出较好的相关峰。

3. HMQC 和 HSQC　HMQC 谱是通过¹H 核检测的异核多量子相关谱(¹H detected heteronuclear multiple quantum coherence)的简称;HSQC 谱是检出¹H 的异核单量子相关谱(¹H detected heteronuclear single quantum coherence)的简称。与 HMQC 谱相比,HSQC 谱的噪声小,图谱较干净。

HMQC 和 HSQC 均对¹H 采样,灵敏度高,把¹H 核与其直接相连的¹³C 关联起来,以确定 C-H 偶合关系($^1J_{C-H}$)。在 HSQC 谱中,F_1 轴为¹³C 化学位移,F_2 轴为¹H 化学位移。直接相连的¹³C 与¹H 将在对应的¹³C 和¹H 化学位移的交点处给出相关信号。由相关信号分别沿两轴画平行线,就可将相连的¹³C 与¹H 信号予以直接归属。图中交叉峰表示¹³C-¹H 的相关性,从中可以得到各个碳的级数类型,从每个氢的信号峰出发,可以找到与其直接相连的碳信号峰,季碳没有相关峰。例如,在杨梅素-3-*O*-(2″-*O*-没食子酰基)-*β*-D-葡萄糖苷的 HSQC 谱(图 1-11)中,可找到各碳、氢的相关峰,由此很容易确定各碳氢的归属。

4. HMBC　HMBC 谱是通过¹H 核检测的异核多键相关谱(¹H detected heteronu-

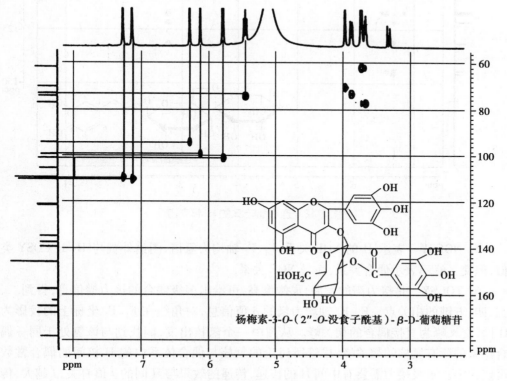

图 1-11　杨梅素-3-*O*-(2″-*O*-没食子酰基)-*β*-D-葡萄糖苷的 HSQC 谱

clear multiple bond correlation)的简称,它把^{1}H 核和与其远程偶合的^{13}C 核关联起来。在 HMBC 谱中,F_1 轴为^{13}C 化学位移,F_2 轴为^{1}H 化学位移,HMBC 可以高灵敏地检测^{1}H-^{13}C 远程偶合,显示$^nJ_{C-H}(n\geqslant2)$的信息,不显示$^1J_{C-H}$的偶合信息,能够高灵敏地检测到$^2J_{C-H}$和$^3J_{C-H}$的信号,可以跨过季碳,甚至杂原子,得到分子结构中碳链骨架的信息、有关季碳的结构信息,及因含有杂原子而被切断的偶合系统的结构信息。例如,连翘酯苷 E 的 HMBC 谱(图 1-12)中显示,葡萄糖$\delta4.26(1H,d,J=7.8Hz)$与苷元 C-8($\delta72.8$)有远程相关,鼠李糖的端基氢$\delta4.74$与葡萄糖的 C-6'($\delta68.1$)有远程相关,因此确定糖链通过葡萄糖与苯乙醇苷元 C-8 位碳相连,两个糖的连接为葡萄糖(6→1)鼠李糖,由葡萄糖 C-6 向低场位移约 6 也证明了这一点。

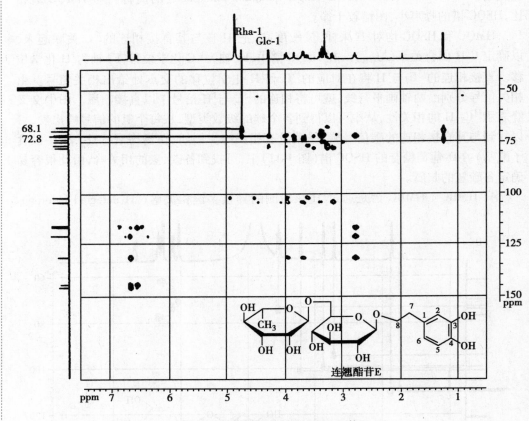

图 1-12 连翘酯苷 E 的 HMBC 谱

5. NOESY 表示^{1}H 的 NOE 关系,F_1、F_2 轴均为氢谱,图谱外观与^{1}H-^{1}H COSY 类似,但交叉峰不表示偶合关系,而是 NOE 关系。

6. TOCSY 是接力谱的发展,灵敏度高,可给出多级偶合的接力谱信息,得到二、三、四、五键的相关点。F_1、F_2 轴均为氢的δ值信息,对角线在F_1、F_2 坐标上的投影为 H 谱,交叉峰为直接偶合的相关峰。从图中一个氢核出发,能找到与该氢处于同一偶合体系的所有氢核的相关峰,尽管所讨论的氢核与偶合体系内的 H 核间的偶合常数可能为零。多级接力需要有中间 H 的传递,传递的效果与 H 间的J值有关,J越大,传递越远,相关点越多。

笔记

7. HSQC-TOCSY 属于组合的二维 NMR 谱,用一种较长的脉冲序列,得到综合 HSQC 和 TOCSY 两种 2D-NMR 的结果。对于复杂化学结构中 C、H 信号的归属非常有用,例如对含有糖数目较多的皂苷类化合物,NMR 图谱中糖区的信号常常堆积得非常严重,糖链部分的解析和数据归属很困难,HSQC-TOCSY 谱将起到重要作用。如 HSQC-TOCSY 谱包含$^1J_{C-H}$、C、H 远程相关和^1H-^1H COSY 的信息,从一个氢信号峰出发,可找到该氢所处的偶合体系中所有与该氢有偶合关系的碳,尽管偶合常数可能为零;反之亦然。

第五节 其他波谱法在结构鉴定中的应用

一、有机质谱法

质谱(mass spectrometry,MS)是把样品用离子源电离生成的离子按质荷比(m/z)排列而得到的谱线。与红外光谱、紫外光谱和核磁共振谱不同,质谱(MS)是表征碎片离子的质量谱,而不是吸收光谱。质谱仪按应用范围可分为同位素质谱仪、无机质谱仪和有机质谱仪,有机化合物结构解析主要应用有机质谱仪。质谱仪包括进样系统,离子源,质量分析器(又称磁分析器),离子收集、检测和记录系统。质谱法的优点是用微量样品(1μg)就能得到大量的结构信息。近年来,新的离子源不断出现,使质谱在确定天然化合物的分子量和元素组成、由裂解碎片检测官能团、辨认化合物类型、推导确定碳骨架等方面发挥着重要的作用。

有机质谱按主要离子源的电离方式及特点主要分为以下几类:

1. 电子轰击质谱(electron impact mass spectrometry,EI-MS) EI 是目前应用最普遍、发展最成熟的电离方法。一般采用 70V 的电子束,在电离室中,对已气化的样品分子进行轰击,大多数分子电离后生成缺 1 个电子的分子离子,并可以继续发生键的断裂形成"碎片"离子。EI 的特点是样品需汽化,能得到较多的碎片离子信息,为解析化合物结构提供较多的信息。但当样品相对分子质量较大或对热稳定性差时,常常得不到分子离子峰,因而不能测定这些样品的相对分子质量。后来开发的各种离子源技术基本上都是为了弥补电子轰击离子源的不足。

2. 化学电离质谱(chemical ionization mass spectrometry,CI-MS) 化学电离中样品经加热汽化后,进入反应室,与反应气体(甲烷、氨等)发生离子-分子反应,使样品分子实现电离。利用化学电离源,即使是不稳定的化合物,也能得到较强的准分子离子峰,即 M±1 峰,从而有利于确定其分子量。化学电离的特点是样品需汽化,准分子离子峰的强度高,便于推算分子量;但此法的缺点是碎片离子峰较少,可提供的有关结构方面的信息少,不适用于难以汽化或遇热不稳定的样品。

3. 场解吸质谱(field desorption mass spectrometry,FD-MS) 样品被沉积在电极上,在电场的作用下,样品分子不经汽化直接得到准分子离子。FD-MS 特别适用于难以汽化和热稳定性差的固体样品分析,如有机酸、甾体类、糖苷类、生物碱、氨基酸、肽和核苷酸等。此法的特点是形成的 M+ 没有过多的剩余内能,减少了分子离子进一步裂解的概率,增加了分子离子峰的丰度,碎片离子峰相对减少。因此用于极性物质的测定,可得到明显的分子离子峰或[M+H]+峰,但碎片离子峰较少,对提供结构信息受到一些局限。为提高灵敏度,可在样品中加入微量的带阳离子的 K+、Na+ 等碱金属的化合物,这样会产生明显的准分子离子峰、[M+Na]+、[M+K]+ 和碎片离子峰。

4. 快原子轰击质谱(fast atom bombardment mass spectrometry,FAB-MS)和液体二次离子质谱(liquid secondary ion mass spectrometry,LSI-MS)　是以高能量的初级离子轰击表面,再对由此产生的二次离子进行质谱分析。这两种技术均采用液体基质(如甘油)负载样品,其差异仅在于初级高能量粒子不同,前者使用中性原子束,后者使用离子束。样品若在基质中的溶解度小,可预先用能与基质互溶的溶剂(如甲醇、乙腈、水、二甲亚砜、二甲基甲酰胺等)溶解,然后再与基质混匀。此方法常用于大分子极性化合物,特别是对糖苷类化合物的研究。除得到分子离子峰外,还可得到糖和苷元的结构碎片峰,从而弥补了 FD-MS 的不足。但准分子离子组成复杂,除质子转移以外还可能加和基质分子及金属离子。另外,基质也会产生相应的峰。

5. 基质辅助激光解吸电离质谱(matrix-assisted laser desorption mass spectrometry,MALDI-MS)　是将样品溶解于在所用激光波长下有强吸收的基质中,利用激光脉冲辐射分散在基质中的样品使其解离成离子,并根据不同质核比的离子在仪器无场区内飞行和到达检测器时间,即飞行时间的不同而形成质谱。此种质谱技术适用于结构较为复杂、不易气化的大分子,如多肽、蛋白质等的研究,可得到分子离子、准分子离子和具有结构信息的碎片离子。

6. 电喷雾电离质谱(electrospray ionization mass spectrometry,ESI-MS)　ESI 是一种使用强静电场的电离技术。样品溶液被喷成在溶剂蒸气中的无数细微带电荷的液滴,液滴在进入质谱仪之前,沿一不断被抽真空的管子运动,溶剂不断蒸发,样品分子和溶剂从液滴中排除,产生的离子可能带单电荷或多电荷。ESI 为很软的电离方法,通常没有碎片离子峰,只有整体分子的峰,既可分析大分子,也可分析小分子。例如,4,4′,8′-三羟基-3,3′-二甲氧基-9′-木脂内酯的(+)ESI-MS(图 1-13)中只出现准分子离子峰,测得 m/z 397[M+Na]+,故分子量为 374。

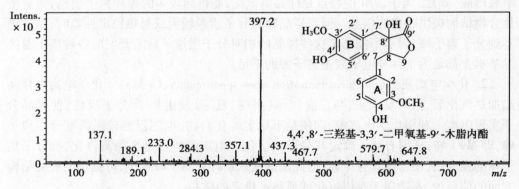

图 1-13　4,4′,8′-三羟基-3,3′-二甲氧基-9′-木脂内酯的 ESI-MS 谱

对于分子量在 1000Da 以下的小分子,会产生[M+H]+ 或[M−H]− 离子,选择相应的正离子或负离子形式进行检测,就可得到物质的分子量。而分子量高达 20 000Da 的大分子会生成一系列多电荷离子,通过数据处理系统能得到样品的分子量。

7. 串联质谱(tandem mass spectrometry,MS-MS)　串联质谱可简称为 MS-MS,随着串联级数的增加进而表示为 MS^n,其中 n 表示串联级数。这是一种用质谱作质量分离的质谱技术,它可以研究母离子和子离子的关系,获得裂解过程的信息,用于确定前体离子和产物离子的结构。近年来,国内亦有将此技术用于鉴定中药有效部位各种成分的化学结构的研究报道。从一级 MS 中得到有效部位中各成分的分子离子,再通过对各分子离子进行二级至三级质谱分析,从而实现对有效部位中各种成分在未加分离的情况下分别进行鉴定的目的。

二、紫外光谱

分子吸收波长范围在 200~400nm 区间的电磁波产生的吸收光谱称为紫外吸收光谱(ultraviolet absorption spectrum),简称紫外光谱(UV)。在天然化合物的结构解析中,紫外光谱主要用于提供分子芳香结构和共轭体系信息。

化合物吸收紫外-可见光时,使价电子从低能级向高能级跃迁。$\sigma \rightarrow \sigma^*$ 跃迁和 $n \rightarrow \sigma^*$ 跃迁吸收峰一般小于 200nm,而由共轭体系中双键或三键的 π 电子吸收紫外线后产生的 $\pi \rightarrow \pi^*$ 跃迁吸收峰出现在紫外或可见区,但是孤立双键或三键吸收一般在小于 200nm 的远紫外区。$n \rightarrow \pi^*$ 跃迁由—CO 与直接相连的具有未共用电子对的杂原子如—COOH、—CONH$_2$、—CN 等基团,吸收紫外线后产生,出现在近紫外区或可见区,虽然吸收强度弱,但对有机化合物的结构分析很有用,例如饱和酮在 280nm 出现的吸收就是 $n \rightarrow \pi^*$ 跃迁所致。

紫外吸收光谱中吸收峰的 λ_{max} 取决于共轭程度的大小以及助色团的种类和数目,共轭体系增加将导致吸收波长增加(红移)。共轭双键数目越多,红移现象越明显;共轭体系连有—OH、—OR、—SH、—SR 等助色团时,可使发色团 λ_{max} 红移,同时吸收强度也增加。此外,测试溶剂也对 λ_{max} 有影响,并且对吸收强度和光谱形状均有影响,所以一般应注明所用溶剂。

UV 是研究不饱和有机化合物结构的常用方法之一。通过 UV 可以确定未知化合物是否含有与某一已知化合物相同的共轭体系,可查找有关光谱文献进行核对,此时一定要注意测定溶剂等条件与文献一致。当未知化合物与已知化合物的紫外光谱形状一致时,可以认为两者具有相同的共轭体系,但是分子结构不一定完全相同。由于UV 只能反映分子中的发色团和助色团,即共轭体系的特征,而不能反映整个分子的结构,因此,对于在紫外区没有吸收的饱和烷烃类化合物,UV 不能提供结构信息,必须依靠其他波谱才能鉴定其结构。

三、红外光谱

红外吸收光谱是物质的分子吸收了红外辐射后,引起分子的振动-转动能级跃迁而形成的光谱,因为出现在红外区,所以称为红外光谱(infrared spectrum,IR)。红外光根据波长可分为近红外区(波长 0.75~2.5μm)、中红外区(波长 2.5~15.4μm)、远红外区(波长 15.4~830μm)。中红外区是有机化合物红外吸收的最重要范围,常见的商品仪器波数范围为 4000~650cm^{-1} 或 4000~400cm^{-1}。

(一)基本原理

用来测定红外图谱的样品均要求必须有足够的纯度,否则会造成严重的干扰,影响图谱解析。通常从中药中分离得到的样品是固体,偶尔有液体样品。固体样品不能直接测定,常用溴化钾压片法测定,而液体样品通常用 CS$_2$ 或 CCl$_4$ 作溶剂制成稀溶液来测定。

红外光谱图中的横坐标一般以波数为刻度,而纵坐标一般采用透光率,所以红外图谱中的吸收峰为倒峰。红外吸收强度决定于跃迁概率,而振动跃迁概率正比于跃迁偶极矩,即振动时偶极矩变化的大小。因此,分子中含有杂原子时,其红外吸收峰一般都较强。反之,化学键两端原子极性差别不大的 C—C 键的红外吸收峰则较弱。

引起基团频率位移的因素大致可分成两类,即外部因素和内部因素。外部因素包括物态效应和溶剂效应,前者是指试样状态、测定条件的不同,后者是指测试溶剂的极性。在极性溶剂中,溶质的极性基团的伸缩振动频率往往随着溶剂的极性增加而降低,但吸收强度增加。此外,溶液的浓度和温度变化也能引起谱带的变化,因此在进行红外测定时,注明所用的溶剂是十分重要的。内部效应主要是指电效应,包括诱导效应、共轭效应和偶极场效应,三者均属于电效应,均是由于化学键的电子分布不均匀而引起的。此外,基团吸收峰还受氢键、所处环张力的大小、振动偶合和立体障碍的影响。

以 $C=O$ 为例,酮羰基的伸缩振动频率(v)在 1715cm^{-1} 左右。当 $C=O$ 上的烷基被电负性基团如卤素取代时,由于取代基的吸电子作用,使电子云由氧原子转向双键的中间,增加了 $C=O$ 键中间的电子云密度,因而增加了此键的力常数,所以 $C=O$ 的振动频率升高(1800cm^{-1})。当 $C=O$ 与含有孤对电子的原子连接时,如—NH—CO—,因氮原子的共轭作用,使 $C=O$ 上的电子云更移向氧原子,$C=O$ 双键上的电子云密度降低,力常数减小,所以 $C=O$ 频率降低;另一方面,虽然此化合物中由于 N 原子的吸电子作用存在诱导效应,但比共轭效应影响小,因此 $C=O$ 的频率与饱和酮相比还是有所降低,出现在 1650cm^{-1} 左右。而在饱和酯中,$C=O$ 伸缩频率为 1735cm^{-1},比酮(1715cm^{-1})高,这是因为—OR 基的诱导效应比共轭效应大,所以 $C=O$ 的频率升高。

(二)常见官能团的特征吸收峰

有机化合物的各种基团在红外光谱的特定区域会出现相应的吸收峰,其位置大致固定,综合吸收峰位置、谱带宽度、谱带形状及相关峰的存在,可从谱图中推断各种基团的存在与否。通常将中红外区(4000~400cm^{-1})分成官能团区(3700~1333cm^{-1})和指纹区(1333~650cm^{-1})。官能团的特征吸收大多出现在官能团区,而一些有关的分子结构特征,如几何异构、同分异构则出现在指纹区。下面介绍天然化合物结构中常见的各种官能团的特征吸收。

1. 烷烃类 红外吸收光谱中,有价值的特征峰是 v_{C-H} 3000~2850cm^{-1}(s)和 δ_{C-H} 1470~1375cm^{-1}。饱和化合物的碳氢伸缩振动均在 3000cm^{-1} 以下区域,不饱和化合物的碳氢伸缩振动均在 3000cm^{-1} 以上区域,由此可以区分饱和及不饱和化合物。

2. 烯烃类 烯烃红外光谱特征是 $v_{C=C}$1695~1540cm^{-1}(w),3095~3000cm^{-1}(m)和 $\gamma_{=C-H}$ 1010~667cm^{-1}(s)。

(1)$v_{=C-H}$:凡是未全部取代的双键,在 3000cm^{-1} 以上区域应有$=C—H$键的伸缩振动吸收峰。结合碳碳双键特征峰可以确定是否为不饱和化合物。

(2)碳碳双键的伸缩振动:$v_{C=C}$ 吸收在 1680~1620cm^{-1},结构类型不同,吸收强度不等。单取代和二取代末端烯的吸收频率较低,反式二取代及三取代、四取代烯烃吸收频率较高。

笔记

（3）环烯碳碳双键的伸缩振动:不论是环内碳碳双键还是环外碳碳双键,伸缩振动频率都高度依赖于环的张力。大环的环内碳碳双键因无张力,伸缩振动与 Z 型二取代烯碳碳双键的伸缩振动类似。对于有张力环,从六元环烯到四元环烯,张力逐渐增大,碳碳双键的伸缩振动频率逐渐降低。环丙烯尽管张力最大,但碳碳双键的伸缩振动频率增高。

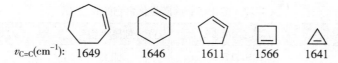

$$v_{C=C}(cm^{-1}): \quad 1649 \qquad 1646 \qquad 1611 \qquad 1566 \qquad 1641$$

（4）sp^2 碳-氢的面外弯曲振动:该振动频率在 $1000 \sim 650cm^{-1}$,其大小取决于 sp^2 碳-氢的数量及连接方式,因而可用于识别 C═C 取代类型。

单取代末端烯（$R—CH═CH_2$）的碳-氢有两类面外弯曲振动,一类是处于反位的两个 sp^2 碳-氢的面外弯曲振动,频率在 $1000 \sim 980cm^{-1}$;另一类是末端的亚甲基的两个 sp^2 碳-氢的面外弯曲振动,约为 $890cm^{-1}$。这两类振动发生相互偶合,结果在 990、$910cm^{-1}$ 附近出现两个很强的（$—CH═CH_2$）面外弯曲振动带。受取代基的影响,这两个吸收带会发生移动。尤其是当烯键的 α 碳有卤素或羰基等强吸电子基团时,吸收带的移动更明显。乙烯基 $\delta_{═C-H}$ 的倍频带在 $1820cm^{-1}$ 附近。这样,只要根据 990、$910cm^{-1}$ 附近的两个强峰,并参考 $1820cm^{-1}$ 附近的弱峰,就不难鉴别单取代末端烯。

二取代末端烯的 sp^2 碳-氢的面外弯曲振动为 $890cm^{-1}$ 左右,有强吸收。它的倍频峰在 $1780cm^{-1}$ 附近。E-二取代烯烃（E-$R_1CH═CHR_2$）在 $980 \sim 950cm^{-1}$ 有 sp^2 碳-氢面外弯曲振动,为强吸收带。

3. 芳烃的特征吸收带

（1）芳环的 $v_{═C-H}$:在光栅光谱中,芳环的碳-氢伸缩振动可在 $3100 \sim 3000cm^{-1}$ 出现 3 个吸收带;棱镜光谱由于分辨率较低,仅在 $3030cm^{-1}$ 附近出现 1 个吸收带。当分子中含有较大的饱和烷基时,与芳环的碳-氢伸缩振动对应的 3 个峰可能作为饱和碳-氢伸缩振动峰的肩峰出现在左侧。

（2）芳环的 $v_{C=C}$:芳环的骨架伸缩振动是以 1600、1500 和 $1450cm^{-1}$ 左右出现 3 个吸收峰为特征。其中 1600 和 $1500cm^{-1}$ 两个峰可以作为芳核的特征吸收峰。从强度上讲,$1500cm^{-1}$ 峰比 $1600cm^{-1}$ 峰强。芳核与双键或三键共轭时,或与含孤电子对的取代基共轭时,$1600cm^{-1}$ 处的峰发生裂分,显示为 1600 和 $1580cm^{-1}$ 两个峰。

具有对称性的苯衍生物,往往观察不到 $1600cm^{-1}$ 处的振动峰,或者这个峰的信号很弱。$1450cm^{-1}$ 处的振动峰的峰强度可能因为芳环上连有取代基而变弱,例如苯胺和硝基苯,$1450cm^{-1}$ 处的峰很弱。需要注意的是,苯环的 $1450cm^{-1}$ 峰会和甲基和亚甲基的变形振动峰（$1465cm^{-1}$ 左右）重叠,因此,对于含烷基的苯衍生物来说,$1450cm^{-1}$ 峰无实用价值。

（3）芳环的 $\delta_{═C-H}$:芳环取代基的位置和数目是芳环结构特征的一个重要方面,芳环碳-氢面外弯曲振动的峰位、峰数和强度是鉴定芳环取代特征的最直观的参数。芳环碳-氢面外弯曲振动峰出现在 $900 \sim 650cm^{-1}$。不论为何种取代芳烃,只要相邻的芳氢数相等,芳环碳-氢面外弯曲振动频率就接近。该振动吸收频率的分布具有从孤立芳氢到 5 个相邻芳氢的碳-氢弯曲振动频率逐渐减小的特点。

笔记

4. 羰基化合物的特征吸收带 羰基化合物主要是指醛、酮、羧酸及羧酸衍生物。羰基的伸缩振动峰大都出现在 $1870 \sim 1540cm^{-1}$，均为强峰。虽然该区域内还有 $C = C$、$C = N$ 和 $N = O$ 等基团振动吸收，但谱带强度弱得多，容易区分。

羰基化合物类型不同，羰基的化学环境也不同，特征频率就不同。常见饱和脂肪族羰基化合物的 $\upsilon_{C=O}$ 频率见表 1-12。

表 1-12 饱和脂肪族羰基化合物的 $\upsilon_{C=O}$ 值

羰基类型	$\upsilon_{C=O}$（cm^{-1}）	羰基类型	$\upsilon_{C=O}$（cm^{-1}）
酸酐	1810,1760	酯类	1735
醛类	1725	酮类	1715
羧酸	1710	酰胺	1690

（1）酸酐：酸酐 $C = O$ 的吸收有 $1810cm^{-1}$ 及 $1760cm^{-1}$ 两个峰，两个吸收峰的出现是由于两个羰基振动的偶合所致。可以根据这两个峰的相对强度判别酸酐是环状的或是线型的。线型酸酐的两峰强度接近相等，高波数峰仅较低波数峰稍强；但环状酸酐的低波数峰却较高波数峰强。

（2）酯类：酯类中的 $C = O$ 基的吸收出现在 $1750 \sim 1725cm^{-1}$，且吸收很强，而且羰基吸收的位置不受氢键的影响。在各种不同极性的溶剂中测定，谱带位置无明显移动。当羰基和不饱和键共轭时吸收向低波数移动，而吸收强度几乎不受影响。

（3）醛、酮类：饱和脂肪醛类的羰基出现在 $1740 \sim 1720cm^{-1}$，若与双键相连则羰基吸收向低波数移动。醛和酮的 $C = O$ 伸缩振动吸收位置差不多，虽然醛的羰基吸收位置要较相应的酮高 $10 \sim 15cm^{-1}$，但不易根据这一差异来区分这两类化合物。然而用 $C-H$ 伸缩振动吸收区却很容易区别它们。在 $C—H$ 伸缩振动的低频侧，醛有两个中等强度的特征吸收峰，分别位于 $2820cm^{-1}$ 和 $2740 \sim 2720cm^{-1}$，后者较尖锐（由醛基质子 $\upsilon_{C—H}$ 与 $\delta_{C—H}$ 倍频的费米共振产生），和其他 $C—H$ 伸缩振动吸收不相混淆，极易识别。因此根据 $C = O$ 伸缩振动吸收以及 $2720cm^{-1}$ 峰就可判断有无醛基存在。

（4）羧酸：由于氢键作用，羧酸通常都以 2 分子缔合体的形式存在，其吸收峰出现在 $1725 \sim 1700cm^{-1}$ 附近。羧酸在四氯化碳稀溶液中，单体和二缔合体同时存在，单体的吸收峰通常出现在 $1760cm^{-1}$ 附近。

（三）红外光谱的 9 个区段

通常将红外光谱划分为 9 个区段（表 1-13）。根据红外光谱特征，可初步推测化合物中可能存在的特征基团，为进一步确定化合物的结构提供信息。

在解析红外光谱时，除了红外吸收峰的位置，还要注意峰的强度和峰形。可先观察官能团区，找出该化合物存在的官能团，然后再查看指纹区。对任意一个官能团来讲，由于存在伸缩振动和多种弯曲振动，任何一种官能团都会在红外图谱的不同区域显示出几个相关的吸收峰。所以，只有当几处应该出现吸收峰的地方都显示吸收峰时，才能得出该官能团存在的结论。以甲基为例，在 $2960cm^{-1}$、$2870cm^{-1}$、$1460cm^{-1}$ 和 $1380cm^{-1}$ 处都应有 $C—H$ 的吸收峰出现。以长链 CH_2 为例，在 $2920cm^{-1}$、$2850cm^{-1}$、$1470cm^{-1}$ 和 $720cm^{-1}$ 处都应出现吸收峰。当分子中存在酯基时，能同时见到羰基吸收和 $C-O-C$ 吸收（$1050 \sim 1300cm^{-1}$）的两个吸收峰。

表 1-13 红外光谱的 9 个重要区段

区段	波长（μm）	波数（cm^{-1}）	基团及振动类型
1	2.7~3.3	3700~3000	v_{O-H}，v_{N-H}
2	3.0~3.3	3300~3000	$v_{=CH}$（—C≡C-H、$\overset{H}{\underset{}{C=C}}$、Ar-H）
3	3.3~3.7	3000~2700	v_{C-H}（CH_3、CH_2、CH、CHO）
4	4.2~4.9	2400~2100	$v_{C≡C}$，$v_{C≡N}$
5	5.3~6.1	1900~1650	$v_{C=O}$（酸酐、酰氯、酯、醛、酮、羧酸、酰胺）
6	5.9~6.2	1675~1500	$v_{C=C}$，$v_{C=N}$
7	6.8~7.7	1475~1300	δ_{C-H}
8	7.7~10.0	1300~1000	v_{C-O}（酚、醇、醚、酯、羧酸）
9	10.0~15.4	1000~650	$\gamma_{=CH}$（烯氢、芳氢）

四、旋光光谱、圆二色光谱

大多数天然有机化合物往往存在手性中心，构成手性化合物。尽管核磁共振谱、质谱、红外光谱和紫外光谱在有机化合物的结构确定中发挥着不可替代的作用，但对于手性化合物绝对构型的解决，往往表现得力不从心。单纯的核磁共振谱能够解决结构测定中大多数的相对构型问题，对于绝对构型的确定，需要借助价格昂贵的手性试剂，对仪器、操作都有较高的要求，且所测定化合物的范围有很大限制。目前，测定绝对构型最常用的方法是旋光光谱（optical rotatory dispersion，ORD）、圆二色谱（circular dichroism，CD）和单晶 X 射线衍射（X-ray diffraction）。前两者在常用有机溶剂中测定，样品用量小，可测定非晶体化合物，操作简单，数据易处理。

（一）旋光光谱

当平面偏振光通过手性物质时，能使其偏振平面发生旋转，产生所谓的"旋光性"。旋光现象的产生是因为组成平面偏振光的左旋圆偏振光和右旋圆偏振光在手性物质中传播时，其折射率不同，即两个方向的圆偏振光在此介质中的传播速度不同，导致偏振面的旋转。同时，不同波长的平面偏振光在该手性物质中的折射率不同，因此造成偏振面的旋转角度不同。偏振光的波长越短，旋转角度越大。如果用不同波长（200~760nm）的平面偏振光照射光活性物质，以波长 λ 对比旋光度 [α] 或摩尔旋光度 [φ] 作图，所得曲线即为旋光光谱。

因为手性化合物的结构不同，其旋光光谱的谱线形状也不同。通常，旋光光谱的谱线主要分为两大类：正常的平滑谱线和异常的 Cotton 效应谱线。后者又包括简单的 Cotton 效应谱线和复合 Cotton 效应谱线。平坦的旋光谱线不存在峰和谷，如图 1-14 中谱线 1、2 和 3；简单 Cotton 效应谱线则只包含一个峰和一个谷，如图 1-14 的谱线 4 和 5；而复合 Cotton 效应谱线则包含多个峰和谷，如图 1-14 的谱线 6 和 7。谱线由长波长向短波长处上升的称为正性谱线，图 1-14 中的谱线 1、4、6 和 7 都是正性谱线；而谱线由长波长向短波长处下降的称为负性谱线，如图 1-14 中的谱线 2、3 和 5。

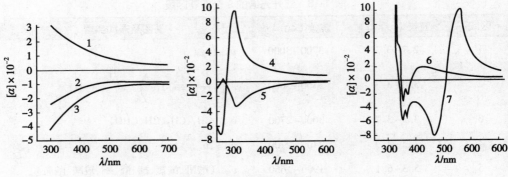

图 1-14　旋光光谱谱线

（二）圆二色谱

手性化合物不仅对组成平面偏振光的左旋和右旋圆偏振光的折射率不同，还对二者的吸收系数不同，这种性质被称作"圆二色性"。若用 ε_L 和 ε_R 分别表示左旋和右旋圆偏振光吸收系数，它们之间的差值可表示为 $\Delta\varepsilon = \varepsilon_L - \varepsilon_R$，$\Delta\varepsilon$ 被称作吸收系数差。若以 $\Delta\varepsilon$ 对波长作图，则可得到圆二色谱。由于左旋和右旋圆偏振光的吸收系数不同，透射出的光则不再是平面偏振光，而是椭圆偏振光，因此圆二色谱中的纵坐标亦可以摩尔椭圆度 $[\theta]$ 代替 $\Delta\varepsilon$，二者的关系是 $[\theta] = 3300\Delta\varepsilon$。

如果样品在一定波长范围内（200~700nm）没有特征吸收，则 $\Delta\varepsilon$ 的变化很微小，尽管在旋光光谱中会出现平滑的谱线，但圆二色谱的谱线不具有特征性，往往是一条接近水平的直线。当样品存在吸收时，则会给出 Cotton 效应谱线。同旋光光谱一样，圆二色谱也分为呈现峰的正性谱线和呈现谷的负性谱线（图 1-15）。同时，旋光光谱和圆二色谱谱线的正负性是一致的，如图 1-16 为（+）-樟脑的旋光光谱和圆二色谱谱线。通常钟形的圆二色谱谱线比 S 形的旋光光谱谱线简单，容易分析，因此在手性化合物绝对构型的确定方面应用得更加广泛。

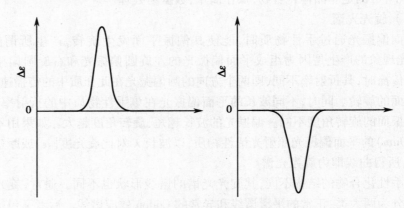

图 1-15　圆二色谱的谱线

目前，圆二色谱主要包括针对紫外可见光区的电子圆二色谱（electronic circular dichroism，ECD）和针对红外线范围的振动圆二色谱（vibrational circular dichroism，VCD），前者是基于分子的电子能级跃迁产生，而后者则是基于分子的振转能级跃迁产生，我们通常所说的圆二色谱多指 ECD。

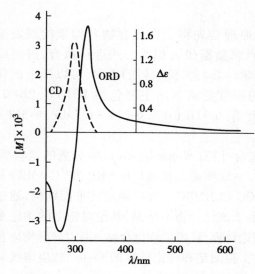

图 1-16 （+）-樟脑的旋光光谱和圆二色谱

（三）八区律

所谓圆二色谱和旋光光谱的八区律,指用来表征饱和醛或酮特征的一个半经验规律。此外,亦有 α,β-不饱和环酮的八区律,共轭双烯或共轭不饱和环酮的螺旋规律,以及 Klyne 内酯扇形区规律等,此处以饱和酮的八区律为例简要介绍八区律的内容。羰基有两个相互垂直的对称面,本身不具有手性。当其存在于手性分子中时,由于不对称因素的干扰,羰基氧原子非共用电子对固有的 n→π* 能级跃迁受到影响,造成谱线在 270~310nm 范围内出现 Cotton 效应的转折。Cotton 效应的符号和谱型取决于羰基所处的非对称环境,手性中心距离羰基越近,效应越显著;反之,效应较微弱。同时,手性中心构型和构象的变化,也会影响到 Cotton 效应谱线的谱型和符号。

如图 1-17 所示,羰基位于被分成八个区域的三个节面中心,如果该羰基属于 1 个手性分子的一部分,那么该分子的其他部分则位于这八个区域内。其中,前上右,前下左,后下右,后上左为正性 Cotton 效应区,相应地前下右,前上左,后上右,后下左为负性 Cotton 效应区,而处于节面内的基团作用为零。由于羰基碳原子是 sp² 杂化,3 个杂化轨道间的夹角约为 120°,所以决定了手性分子除羰基外其他部分主要分布在后四区,如环己酮,1、2、4、6 位碳原子分布于节面上,而 3 位和 5 位碳原子则分别落入后上左和后上右区域。

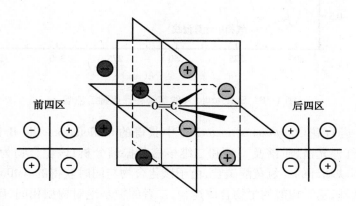

图 1-17 八区律示意图

（四）圆二色谱在天然产物绝对构型确定中的应用

随着量子化学的不断发展,已经能够通过计算手性化合物的激发态能量来获得理论的圆二色谱。因此,通过比较圆二色谱的理论计算值和实验值,可以确定手性分子的绝对构型。随着量子化学算法的不断改进,这种方法的可靠性已经被越来越多的实例所证实。

　　利用量子化学方法计算圆二色谱的原理是先将手性化合物各构象的激发态能量、旋转强度、振动强度等计算出来,再将数据代入相关公式进行拟合,进而得到手性化合物的模拟谱图。对比量子化学计算与实验测得的谱图,可以确定该化合物的绝对构型。计算圆二色谱常用的密度泛函方法主要包括 B3LYP,PBE0,MPW1PW91,B3PW91 等,常用的基组有 6-31G(d),6-311 + G(d),6-311 + G(2d,p)等。

　　Scaparvin A 为一个从地钱类植物粗疣合叶苔(*Scapania parva*)中分离的笼状顺-克罗烷型二萜类化合物,借助高分辨质谱,一维核磁共振谱(¹H-NMR 和¹³C-NMR)及广泛的二维核磁共振谱(¹H-¹H COSY,HSQC 和 HMBC),可以确定其平面结构,通过 NOESY 谱分析则能够得到其相对构型。由于该化合物不结晶,其绝对构型的确定采用了圆二色谱。通过时间依赖密度泛函理论计算,获得了该化合物一对对映异构体在气相及甲醇中的圆二色谱(图 1-18),经过实验测定和理论计算的 Cotton 效应谱线对比,确定了该化合物的绝对构型。

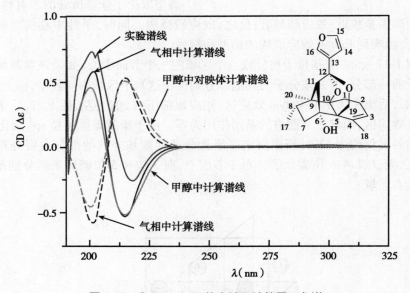

图 1-18　Scaparvin A 的实验和计算圆二色谱

　　从传统中药红花(*Carthamus tinctorius*)中获得的 Saffloflavoneside B 为白色粉末,经紫外光谱、红外光谱、质谱及一维和二维核磁共振谱分析,该化合物为一个在 5-位和 6-位骈合了呋喃环的二氢黄酮碳苷,由于该化合物与同时获得的 Saffloflavoneside A 含有相同的糖基,基于相似的生物合成途径,二者的糖基绝对构型相同,即 3″*S*,4″*R* 和 5″*R*。但该化合物中 2-位碳原子存在手性,可以用圆二色谱确定其绝对构型。该化合物的一对非对映异构体经 MMFFF94 力场系统分析构象,在 B3LYP/6-31G(d)水平上利用时间依赖密度泛函理论计算得到优化的构象,通过最低能量构象的 Boltzmann 权重生成计算的谱图。如图 1-19,实验谱图与 2*S* 的计算谱图一致,因此可以推断该化合物 2-位构型为 *S*。

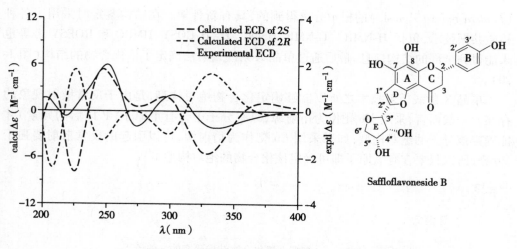

图 1-19 Saffloflavoneside B 及其圆二色谱

五、X 射线衍射法

单晶 X 射线衍射法（X-ray diffraction method）是一种很好的测定化合物分子结构的方法。该法通过测定化合物晶体对 X 射线的衍射谱，再通过计算机用数学方法解析衍射谱，还原为分子中各原子的排列关系，最后获得每个原子在某一坐标系中的分布，从而给出化合物化学结构。

随着科学技术的发展，特别是核磁共振技术的发展，使得天然化合物的结构分析变得更加容易。但是，有些天然产物结构复杂，比如一些从海洋天然产物中分离得到的化合物分子比较大，而且含有多个手性中心，这时单独依靠核磁共振技术鉴定结构就会有些困难，然而只要有一颗晶体（约 0.2mg），单晶 X 射线衍射分析就可以解决这个难题。结晶 X 射线衍射法测定出的化学结构可靠性大，不仅能测定出化合物的一般结构，还能测定出化合物结构中的键长、键角、构象、绝对构型等结构细节。因此，结晶 X 射线衍射法在测定中药中微量、新骨架化合物的结构时非常有用，并且还是测定手性碳的绝对构型最有效、最便捷的方法。

例如 reflexan A 的结构鉴定。该化合物是从樟科 Lauraceae 山胡椒属植物山橿

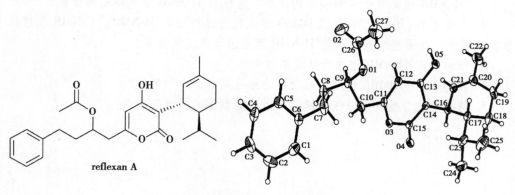

图 1-20 reflexan A 的晶体结构图

(*Lindera reflexa* Hemsl.) 的根中分离得到的,具有新骨架。在结构鉴定时采用了各种核磁共振技术,包括[1]H-NMR、^{13}C-NMR、HSQC、^{1}H-^{1}H COSY、HMBC 和 ROESY 谱等也未能得到全部的结构信息,最后通过单晶 X 射线衍射法确定了该化合物的结构(图 1-20)。

单晶 X 射线衍射技术之所以能够确定化合物绝对构型,是由于反常散射现象的存在。一般而言,采用 Mo 靶作为衍射源,只有分子中含有重原子(P 以后的元素)才能确定该分子的绝对构型;如果采用 Cu 靶作为衍射源,可以引起的反常散射要强于 Mo 靶,所以只要含有氧原子即可确定该化合物的绝对构型。

学习小结

1. 学习内容

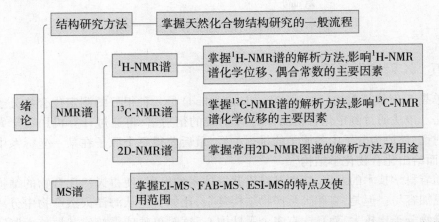

2. **学习方法**　天然化合物结构研究主要依靠 NMR 的方法,可以提供化合物结构中碳原子、氢质子的数目、类型、化学环境、连接方式等结构信息;MS、IR、UV 作为辅助手段,在涉及化合物立体构型时,还需要借助于 ORD、CD 或单晶 X 射线衍射等方法。此外,化学方法也可以提供一定的结构信息。

(冯卫生)

复习思考题

1. ^{1}H-NMR 谱能够提供哪些结构信息? 怎样从[1]H-NMR 谱中得到偶合常数?

2. 氘代甲醇、氘代丙酮、氘代 DMSO 和氘代三氯甲烷的[1]H-NMR、^{13}C-NMR 化学位移值是多少? 在哪些溶剂中测定[1]H-NMR 可能出现活泼氢信号?

3. 如何确定[1]H-NMR 谱中的活泼氢信号?

4. HSQC 谱和 HMBC 谱在天然化合物结构确定中有何用途?

5. 糖苷类化合物测定分子量通常采用哪些类型的质谱离子源?

第二章

酚酸类化合物

学习目的

通过本章的学习,掌握常见小分子酚酸类和苯乙醇苷类化合物的波谱特征和解析方法。

学习要点

小分子酚酸类化合物的苯环上常见取代基团的种类、取代方式、取代位置及相应的波谱特征;苯乙醇苷类化合物侧链末端常见取代基团的种类及波谱特征。

第一节　波　谱　规　律

小分子酚酸是指含有一个苯环的酚类和芳香有机酸类化合物,多数具有 C_6-C_1、C_6-C_2 和 C_6-C_3 骨架。此类化合物在中草药中分布非常广泛,几乎每种药用植物中均含有该类成分。酚酸在苯环上经常有—OH、—OCH_3、—COOH、C_3 侧链等取代基,其中—OH 和—COOH 能够与糖或醇结合成苷或酯。具有 C_3 侧链的酚酸习惯上称为简单苯丙素类化合物,包括苯丙酸类、苯丙醇类、苯丙醛类化合物等。

苯乙醇苷类化合物是苯乙醇和糖结合在一起形成的苷,是中药中成分较多的一类化学成分,如连翘、石胆草中均含有该类成分。在苯乙醇苷的结构中,糖基上往往连有咖啡酰基、阿魏酰基、香草酰基或其他糖基,组成结构复杂的苯乙醇苷类化合成分。

一、简单苯取代类化合物波谱特征

小分子酚酸类化合物结构简单,一般根据 ^{1}H-NMR 和 ^{13}C-NMR 即可确定其结构。苯环上取代基的引入对芳氢(芳碳)化学位移的影响具有加和性,符合取代苯上芳氢(芳碳)位移规律(常见取代基位移效应详见第一章)。根据苯环上芳氢的峰形和偶合常数($J_{邻}$ = 7.5～9.0Hz, $J_{间}$ = 1.5～2.5Hz)来判断取代的数目和在苯环上的取代位置。^{13}C-NMR 中,苯环上的—COOH $\delta165.0～180.0$,若与醇结合成酯,则 $\delta_{C=O}$ 向高场位移 0～2,如没食子酸 $\delta_{C=O}$ 166.8,没食子酸乙酯 $\delta_{C=O}$ 165.8。

二、简单苯丙素类化合物波谱特征

简单苯丙素类化合物通过桂皮酸(C_6-C_1)途径生成,莽草酸为其生物前体,对羟基桂皮酸是生物合成途径中一个关键的中间体,因而多数在苯环 4 位有羟基取代,常见 1,4-二取代、1,3,4-三取代或 1,3,4,5-四取代模式,反映在氢谱中,出现芳氢的 AA′BB′、ABX 或 AB 系统。苯丙酸类、苯丙醛类 ^{13}C-NMR 均具有羰基碳特征信号,依据 δ_{-COOH} 165.0~182.0、δ_{-CHO} 185.0~208.0 很容易区分苯丙酸和苯丙醛;苯丙醇类碳链末端为 δ61.0~64.0 伯醇基连氧饱和碳信号,若末端醇羟基和酸形成酯,则该碳向低场位移,出现在 δ68.0~72.0。当苯丙酸类成酯后,羰基碳信号稍向高场位移,但变化不大,仍为 δ167.0 左右。

天然苯丙酸和丹酚酸类的前体物质——丹参素类是该类成分重要的结构类型,多数具有显著的生理活性。以下总结苯丙酸和丹参素类化合物的 NMR 波谱特征。

（一）^{1}H-NMR

苯丙酸类化合物氢谱中芳环质子、侧链双键上的烯烃质子、糖苷上端基质子是其解析重点,可以获得重要的结构信息。苯丙酸类成分的关键前体是对羟基桂皮酸,苯环经羟化、醚化等反应,形成咖啡酸、阿魏酸等衍生物,它们结构差别主要在于苯环取代基种类和位置的不同;一般芳环质子信号在 δ6.00~7.50,可以通过 ^{1}H-NMR 中芳氢之间的偶合常数来判断取代基的位置。丹参素可看作为咖啡酸侧链与水加成的产物,因而侧链 α 和 β 碳、氢信号与苯丙酸类差别显著。

苯丙酸类化合物侧链多有 α,β 双键结构,可通过烯烃质子的偶合常数来判断顺、反异构体。在 ^{1}H-NMR 中,若 α、β 氢的偶合常数 $J_{\alpha-\beta}$ 为 12.0~18.0Hz,可判断为反式取代双键;多数苯丙酸具有反式双键,偶合常数经常为 16.0Hz 左右。α、β 双键如为顺式取代则结构不如反式时稳定,$J_{\alpha-\beta}$ 在 6~12Hz。另外,苯丙酸侧链上双键 α、β 氢的化学位移受末端羰基共轭效应影响较大,α 氢高场 δ_{α} 为 6.2~6.5,β 氢低场 δ_{β} 为 7.4~7.7。若末端羰基被还原为羟甲基后,α、β 氢的差别不大,$\delta_{\alpha-\beta}$ 为 6.3~6.7。丹参素 α 氢连有羟基,表现为连氧饱和脂肪氢信号,δ_{α} 为 4.1~4.3;β 氢受苯环和 α 羟基吸电效应影响,δ_{β} 为 2.6~2.8。苯丙酸类的 α、β 邻位二氢相互偶合,各表现为二重峰;而丹参素 α、β 氢偶合复杂,包括 β 氢偕偶及 α、β 邻偶等情况,因而经常表现为多重峰。

（二）^{13}C-NMR

^{13}C-NMR 中,苯丙酸类化合物的特征信号是:受羰基共轭效应影响的侧链烯碳信号 δ_{α} 为 114~115,δ_{β} 为 142~147;以及末端羰基信号在 δ167 左右。丹参素侧链 α、β 双键饱和后,羰基信号将向低场位移 10,至 δ177 左右。另外,丹参素 β 碳为 sp^3 杂化碳特征信号（δ 值 30~45）,α 碳为 sp^3 杂化的连氧碳信号（δ 值 60~85）。

简单苯丙素类化合物波谱规律,见表 2-1。

三、苯乙醇苷类化合物波谱特征

苯乙醇苷类化合物是指苯乙醇和糖（最常见的糖是葡萄糖）端基碳结合形成的氧苷。在苯乙醇苷的结构中,葡萄糖的 C-2~C-6 羟基往往与咖啡酰基、阿魏酰基以及香草酰基等形成酯苷,或与鼠李糖、芹菜糖等结合形成双糖苷或三糖苷。中药连翘中含有的连翘酯苷 A、B 和 C（forsythoside A、B 和 C）即属于该类成分。

表2-1 简单苯丙素类化合物波谱规律

苯环				侧链				
取代基 (—OR)	No.	δ_H	J(Hz)	结构 类型	No.	δ_H	J(Hz)	δ_C
1,4-	2,6	7.3~7.5(d)	7~9	苯 丙 酸	7(β)	7.4~7.7(d)	15.9~16.0 (反式)	142~147
	3,5	6.7~6.9(d)	7~9		8(α)	6.2~6.5(d)	15.9~16.0 (反式)	114~115
1,3,4-	2	7.0~7.3(d)	1~3		9(C=O)			167~168
	5	6.7~6.9(d)	7~9	丹 参 素	7(β)	2.6~2.8(m)		30~45
	6	7.0~7.1(dd)	7~9, 1~3		8(α)	4.1~4.3(m)		60~85
1,3,4,5-	2,6	6.6~6.8(s)			9(C=O)			177

forsythoside A R1=rha R2=OH R3=H
forsythoside B R1=api R2=rha R3=H
forsythoside C R1=rha R2=OH R3=OH

苯乙醇苷结构中苯乙醇基作为苷元,其结构中侧链乙氧基上的2个CH_2的NMR信号为其特征信号。α(8)位CH_2由于直接与氧原子相连,C、H均出现在较低场,δ71~72,其上的2个H发生裂分,分别出现在δ3.9、3.6,表现为多重峰;β(7)位CH_2虽不与氧原子相连,但连接在苯环上,故较其他CH_2处于较低场,δ35.0~36.5。^{1}H-NMR谱中在δ2.7附近出现1个2H的三重峰,J=7.6Hz,有时峰形较复杂,表现为m峰。

在苯乙醇苷的结构中,糖基上往往连有咖啡酰基、阿魏酰基、香草酰基或糖基,常见的糖基有葡萄糖基、芹糖基。

咖啡酰基

香草酰基

芹糖在苯乙醇苷中往往连在葡萄糖基的2、3或4位,属于五碳糖,其特征是C-3为季碳,C-5为仲碳。^{13}C-NMR中出现C-1的δ109~110、C-2的δ77~78、C-3的δ78~79、C-4的δ74~75和C-5的δ67~68。^{1}H-NMR谱芹糖的端基H出现在δ5.23,为单氢宽单峰,有时裂分明显,$J\leq$2.5Hz。

咖啡酰基和阿魏酰基的特征峰是—CH=CH—COOH的信号峰,^{1}H-NMR谱在不饱和区的δ6.3、7.5处出现2个单质子d峰,根据偶合常数可以判断双键的构型(多数情况下是反式构型，J 值 16~17Hz）；^{13}C-NMR 谱中在高场区 δ167 处出现羰基的信号，反式双键上碳原子 δ115~116（C-α）、145~146（C-β）。苯环上的 H 呈现 1 组 ABC 系统，若为阿魏酰基，则比咖啡酰基多出 1 个甲氧基的 NMR 信号，δ_H 3.7~3.8（3H,s），δ_C 56~57。

香草酰基在 ^{13}C-NMR 谱低场区 δ166~169 出现 1 个羰基的信号，在 ^{1}H-NMR 谱不饱和区也出现 1 组 ABC 系统。另外，—OCH$_3$ 与阿魏酰基上的—OCH$_3$ 相似，δ_H 3.7~3.8（3H,s），δ_C 56~57。

苷元与糖的连接位置、糖与糖的连接位置以及糖与咖啡酰基、阿魏酰基、香草酰基的连接位置可以通过 HMBC 谱解决。

第二节 结构解析实例

实例 1

从桑科（Moraceae）桑属（*Morus*）植物桑白皮（*Morus alba* L.）的干燥根皮中分离得到化合物 1，为白色片状晶体。^{1}H-NMR 谱（图 2-1）中可见 5 个芳氢信号：δ8.00（2H,t,J=7.8Hz,H-2,6），7.57（1H,t,J=7.8Hz,H-4），7.45（2H,t,J=7.8Hz,H-3,5）提示苯环为单取代模式。^{13}C-NMR 谱（图 2-2）中低场区 δ169.9 为酸或酯羰基碳信号，δ131.9

化合物1：苯甲酸

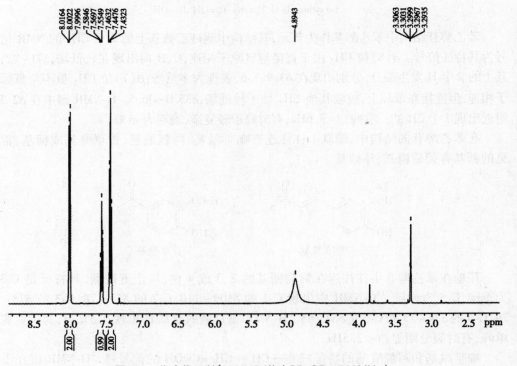

图 2-1 化合物 1 的 ^{1}H-NMR 谱（CD$_3$OD，500MHz）

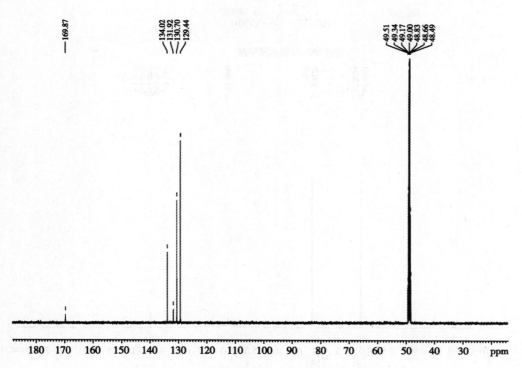

图 2-2　化合物 1 的 ^{13}C-NMR 谱（CD$_3$OD，125MHz）

（C-2,6）、129.4（C-3,5）为两组化学等价芳环碳信号，δ134.0（C-4）、130.7（C-1）为其余两个芳环碳信号。综上，推断化合物 1 为苯甲酸（benzenecarboxylic acid）。

实例2

从卷柏科（Selaginellaceae）卷柏属（*Selaginella*）植物旱生卷柏（*Selaginella stautoniana*）中分离得到化合物 2，无色结晶，m. p. 213～214℃。易溶于乙醇、乙醚和丙酮，微溶于水和三氯甲烷，不溶于二硫化碳，遇三氯化铁-铁氰化钾试剂显蓝色，提示含有酚羟基。^{1}H-NMR 谱（CD$_3$OD，500MHz）（图 2-3）中仅在芳香区出现 4 个芳氢信号，δ7.89（2H，d，$J=8.9$Hz）和 6.82（2H，d，$J=8.9$Hz）为苯环 AA′BB′取代的特征信号峰，提示苯环应为对位二取代。^{13}C-NMR 谱（图 2-4）中共有 7 个碳信号，δ116.0、133.0 为 AA′BB′取代苯环上两组化学等价芳环碳信号；δ122.6、163.3 为其余两个芳环碳信号，苯环上连氧碳信号出现在 δ140～165，因此 δ163.3 为苯环上连氧碳信号；δ170.2 为羧基碳信号。综合以上信息，确定化合物 2 为对羟基苯甲酸（*p*-hydroxybenzoic acid）。

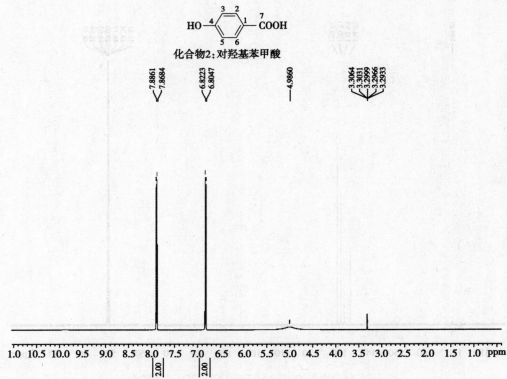

图 2-3 化合物 2 的 ^{1}H-NMR 谱（CD$_3$OD，500MHz）

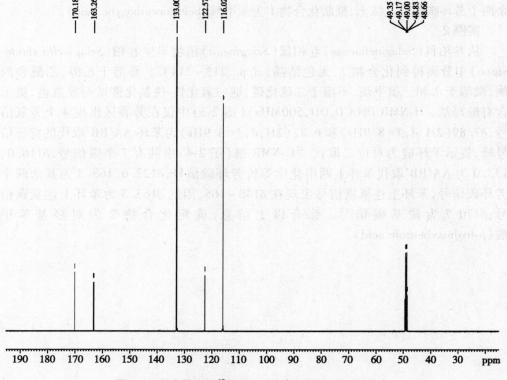

图 2-4 化合物 2 的 ^{13}C-NMR 谱（CD$_3$OD，125MHz）

实例3

从桑科（Moraceae）桑属（*Morus*）植物桑白皮（*Morus alba* L.）的干燥根皮中分离得到化合物3，为白色针状晶体。三氯化铁-铁氰化钾反应呈阳性，提示含有酚羟基。^{1}H-NMR谱（图2-5）中出现3个芳氢信号：δ7.54（1H，dd，$J=8.4，1.8$Hz），7.55（1H，d，$J=1.8$Hz）和6.82（1H，d，$J=8.4$Hz）构成ABX偶合系统，提示苯环为三取代；此外，δ3.88（3H，s）为苯环上的甲基氢信号。^{13}C-NMR谱（图2-6）中共有8个碳信号，δ170.1为羰基碳信号，152.7（C-3），148.6（C-4），125.3（C-1），123.1（C-6），115.8（C-5），113.8（C-2）为苯环骨架碳信号；δ56.4为甲氧基碳信号。综上分析，确定化合物3为香草酸（vanillic acid）。NMR数据归属见表2-2。

化合物3：香草酸

表2-2 化合物3的NMR数据（CDOD）

No.	δ_H（J，Hz）	δ_C	No.	δ_H（J，Hz）	δ_C
1	—	125.3	5	6.82（1H，d，8.4）	115.8
2	7.55（1H，d，1.8）	113.8	6	7.54（1H，dd，8.4，1.8）	123.1
3	—	152.7	7		170.1
4	—	148.6	—OCH$_3$	3.88（3H，s）	56.4

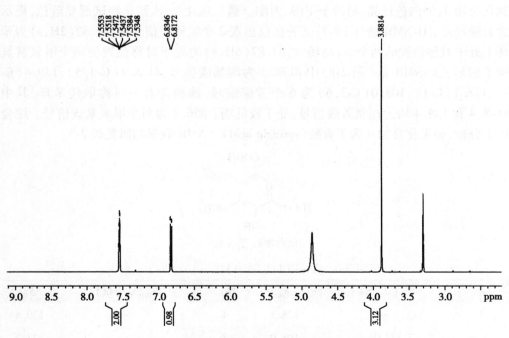

图2-5 化合物3的^{1}H-NMR谱（CD$_3$OD，500MHz）

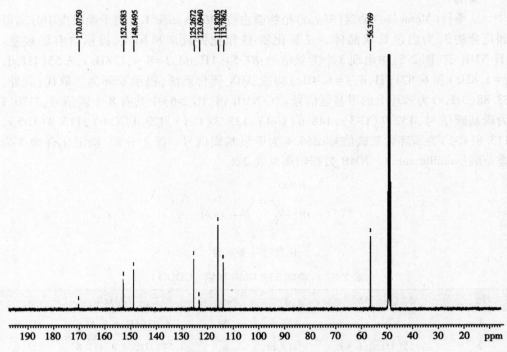

图 2-6　化合物 3 的 ^{13}C-NMR 谱（CD$_3$OD，125MHz）

实例 4

从桑科（Moraceae）桑属（Morus）植物桑白皮（Morus alba L.）的干燥根皮中分离得到化合物 4，为白色针晶，易溶于甲醇、丙酮。遇三氯化铁-铁氰化钾试剂显蓝色，提示含有酚羟基。^{1}H-NMR 谱（图 2-7）芳香区仅出现 2 个氢质子信号峰，δ7.32（2H,s）为苯环上处于对称位置的两个氢；高场区，δ3.87（6H,s）为处于对称位置的两个甲氧基氢质子信号。^{13}C-NMR 谱（图 2-8）中 δ174.3 为羰基碳信号，δ148.4（C-3,5）、139.4（C-4）、128.1（C-1）、108.0（C-2,6）为 6 个芳碳信号，推测含有一对称取代苯环，其中 δ148.4 和 139.4 均为连氧芳碳信号，处于较低场。δ56.7 为两个甲氧基碳信号。综合以上分析，确定化合物 4 为丁香酸（syringic acid）。NMR 数据归属见表 2-3。

化合物4：丁香酸

表 2-3　化合物 4 的 NMR 数据（CD$_3$OD）

No.	δ$_H$（J，Hz）	δ$_C$	No.	δ$_H$（J，Hz）	δ$_C$
1	—	128.1	4	—	139.4
2,6	7.32（2H,s）	108.0	7	—	174.3
3,5	—	148.4	—OCH$_3$	3.87（6H,s）	56.7

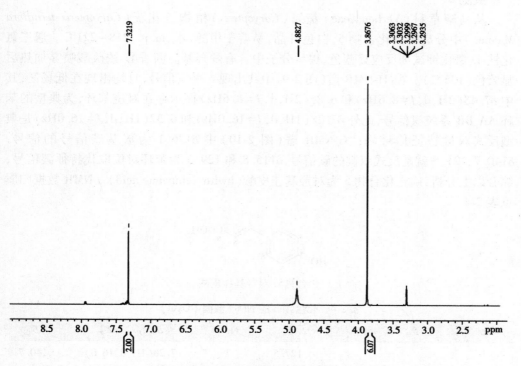

图 2-7　化合物 4 的 ^{1}H-NMR 谱（CD$_3$OD，500MHz）

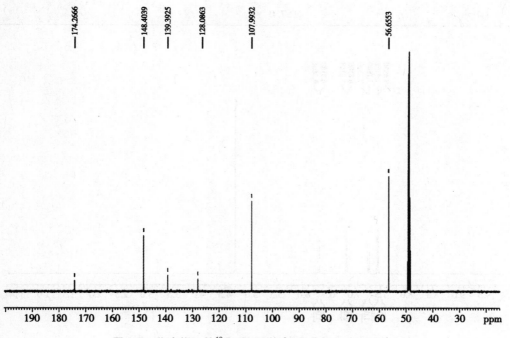

图 2-8　化合物 4 的 ^{13}C-NMR 谱（CD$_3$OD，125MHz）

实例5

从马鞭草科（Verbenaeeae）莸属（*Caryopteris*）植物三花莸（*Caryopteris terniflora* Maxim.）中分离得到化合物5，白色针晶，易溶于甲醇，水，m. p. 218~221℃。遇三氯化铁-铁氰化钾试剂反应显蓝色，提示分子中含有酚羟基。茴香醛-浓硫酸喷雾加热后显紫色（105℃）。在 ^{1}H-NMR 谱（图 2-9）中共出现 6 个氢信号，且均出现在低场区，其中 $\delta7.45(2H,d,J=8.6Hz)$ 和 $6.85(2H,d,J=8.6Hz)$ 提示存在对位苯环，为典型的苯环 AA′BB′ 系统氢信号，此外 $\delta7.28(1H,d,J=16.0Hz)$ 和 $6.32(1H,d,J=16.0Hz)$ 是典型反式双键特征信号峰；^{13}C-NMR 谱（图 2-10）中 $\delta176.1$ 为羰基碳信号的信号，$\delta140.7$、121.5 就是反式双键的碳信号，$\delta115.8$ 和 129.6 为苯环对位取代特征碳信号，综合以上分析，确定化合物5为对羟基桂皮酸（hydroxycinnamic acid）。NMR 数据归属见表 2-4。

化合物5：对羟基桂皮酸

表 2-4 化合物 5 的 NMR 数据（D_2O）

No.	δ_H（J, Hz）	δ_C	No.	δ_H（J, Hz）	δ_C
1	—	127.5	7	7.28(1H,d,16.0)	140.7
2,6	7.45(2H,d,8.6)	129.6	8	6.32(1H,d,16.0)	121.5
3,5	6.85(2H,d,8.6)	115.8	9	—	176.1
4	—	157.0			

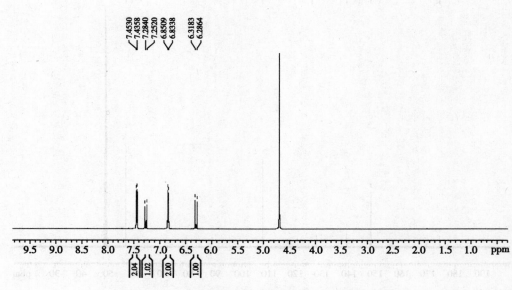

图 2-9 化合物 5 的 ^{1}H-NMR 谱（D_2O，500MHz）

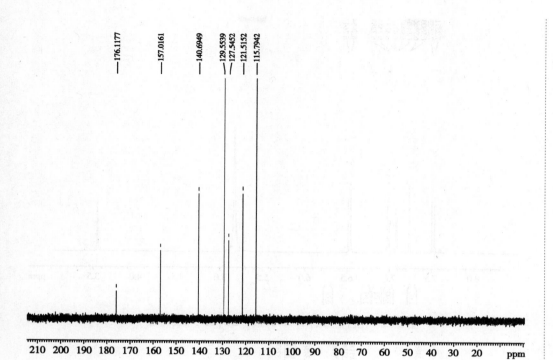

图 2-10　化合物 5 的^{13}C-NMR 谱（D$_2$O，125MHz）

实例 6

从桑科（Moraceae）桑属（Morus）植物桑白皮（Morus alba L.）的干燥根皮中分离得到化合物 6，为淡黄色粉末，易溶于甲醇、丙酮。三氯化铁-铁氰化钾显色为蓝色，提示结构中含有酚羟基；茴香醛-浓硫酸喷雾显紫色（105℃）。^{1}H-NMR 谱（图 2-11）中不饱和区出现 5 个氢信号峰，其中 δ7.27（1H，d，J=15.9Hz）和 6.28（1H，d，J=15.9Hz）为典型反式邻位烯氢，另外 3 个芳氢 δ6.99（1H，d，J=1.8Hz）、6.84（1H，dd，J=8.2，1.8Hz）和 6.73（1H，d，J=8.2Hz）为苯环上氢信号，根据偶合常数可判断为 ABX 偶合系统，即苯环上三取代模式。^{13}C-NMR 谱（图 2-12）中 δ176.2 为羧基中羰基碳的信号峰，其余 8 个碳信号均为 sp^2 杂化碳，为苯环上的 6 个碳和双键上 2 个烯碳（δ141.5 和 114.6）的信号，这与氢谱中两个烯氢相吻合；另外，δ147.9 和 146.5 处的两个碳信号说明苯环上存在邻二酚羟基。综合以上解析，确定化合物 6 为咖啡酸（caffeic acid）。NMR 数据归属见表 2-5。

化合物6：咖啡酸

57

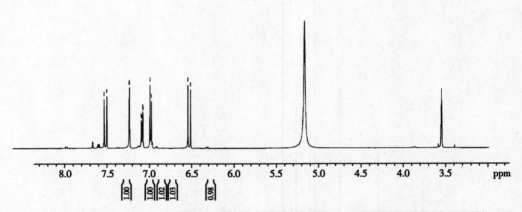

图 2-11 化合物 6 的 ¹H-NMR 谱（CD₃OD，500MHz）

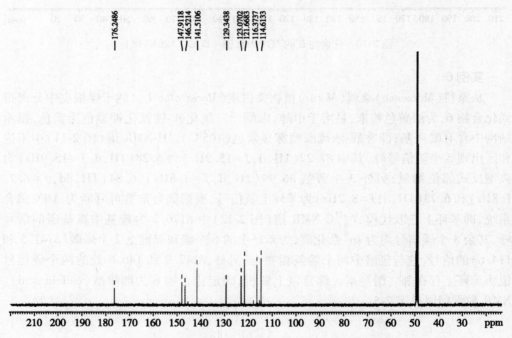

图 2-12 化合物 6 的 ¹³C-NMR 谱（CD₃OD，125MHz）

表 2-5 化合物 6 的 NMR 数据（CD₃OD）

No.	δ_H（J，Hz）	δ_C	No.	δ_H（J，Hz）	δ_C
1	—	129.3	6	6.84（1H，dd，8.2，1.8）	123.1
2	6.99（1H，d，1.8）	116.4	7	7.27（1H，d，15.9）	141.5
3	—	146.5	8	6.28（1H，d，15.9）	114.6
4	—	147.9	9	—	176.2
5	6.73（1H，d，8.2）	121.7			

实例7

从唇形科植物丹参($Salvia\ miltiorrhiza$ Bge.)的干燥根中分离得到化合物7,为白色针状结晶,m. p. 84~86℃,三氯化铁反应呈黄绿色。红外光谱(KBr,cm^{-1})显示—COOH(1732cm^{-1},2750~2550cm^{-1})和—OH(3450~3150cm^{-1})的存在。^{1}H-NMR谱(图2-13)低场区可见3个芳氢信号,分别为δ6.90(1H,d,J=8.0Hz)、6.87(1H,d,J=2.0Hz)和6.78(1H,dd,J=8.0,2.0Hz)构成ABX偶合系统,提示苯环为三取代;高场区另有3个脂肪氢信号,为δ3.02(1H,dd,J=14.0,4.0Hz)、2.80(1H,dd,J=14.0,8.0Hz)和4.24(1H,dd,J=8.0,4.0Hz),根据其偶合常数可判断δ3.02和2.80处为同碳偕偶氢,δ3.02和4.24处为邻碳上顺式偶合氢,δ2.80和4.24处为邻碳上反式偶合氢;结合化学位移,δ4.24氢处于较低场,推测其连含氧取代基,故可推断结构中存在—CH$_2$—CH—O—片段。^{13}C-NMR谱(图2-14)共9个碳信号,δ183.1为羰基碳信号;δ42.0和75.4为脂碳信号,其中δ75.4为连氧碳信号,以上信息提示末端带有羧基的饱和脂肪侧链的存在。δ133.4、119.4、144.6、146.1、118.6和124.2为芳碳信号,提示存在苯环。综合以上解析,确定化合物7为丹参素(danshensu)。NMR数据归属见表2-6。

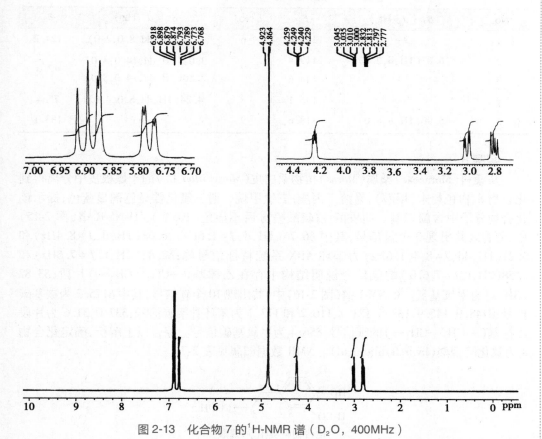

化合物7:丹参素

图2-13 化合物7的^{1}H-NMR谱(D$_2$O,400MHz)

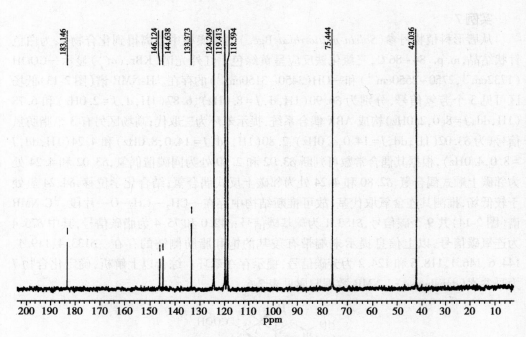

图 2-14　化合物 7 的 ^{13}C-NMR 谱（D_2O，100MHz）

表 2-6　化合物 7 的 NMR 数据（D_2O）

No.	δ_H（J，Hz）	δ_C	No.	δ_H（J，Hz）	δ_C
1	—	133.4	6	6.78(1H,dd,8.0,2.0)	124.2
2	6.87(1H,d,2.0)	119.4	7	3.02(1H,dd,14.0,4.0)	42.0
3		144.6		2.80(1H,dd,14.0,8.0)	
4	—	146.1	8	4.24(1H,dd,8.0,4.0)	75.4
5	6.90(1H,d,8.0)	118.6	9	—	183.1

实例 8

从桑科(Moraceae)桑属(Morus)植物桑白皮(Morus alba L.)的干燥根皮中分离得到化合物 8,白色粉末(甲醇),易溶于丙酮,三氯甲烷。遇三氯化铁显色剂显蓝色,提示该化合物分子中含酚羟基。茴香醛-浓硫酸喷雾后不显色(105℃)。^{1}H-NMR 谱(图 2-15)中,芳香区共出现 3 个氢信号,其中 δ6.76(1H,d,J=1.6Hz)、6.68(1H,d,J=8.4Hz)和6.21(1H,dd,J=8.4,1.6Hz)为苯环 ABX 系统特征信号峰;δ2.82(2H,t,J=7.6Hz)和2.58(2H,t,J=7.6Hz)的氢信号说明结构中存在乙撑基(—CH$_2$—CH$_2$—)片段;δ3.82(3H,s)为甲氧基氢。^{13}C-NMR 谱(图 2-16)中,共出现 10 个碳信号,其中 δ175.3 为羰基碳信号;δ148.9、145.9、133.5、121.7、116.2 和 113.1 为苯环骨架碳信号;δ37.0,31.6 为片段乙撑基(—CH$_2$—CH$_2$—)的碳信号;δ56.4 为甲氧基碳信号。综合以上解析,确定化合物8 为氢化阿魏酸(hydroferulic acid)。NMR 数据归属见表 2-7。

化合物8:氢化阿魏酸

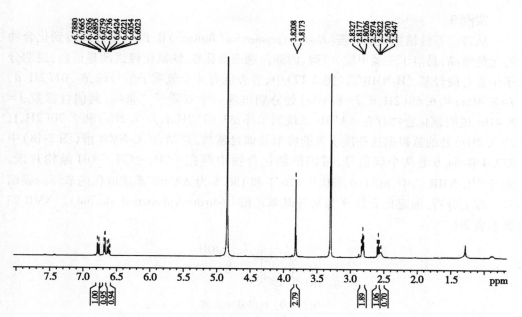

图 2-15 化合物 8 的 ¹H-NMR 谱（CD₃OD，500MHz）

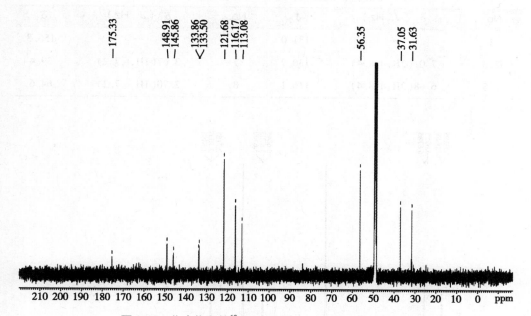

图 2-16 化合物 8 的 ¹³C-NMR 谱（CD₃OD，125MHz）

表 2-7 化合物 8 的 NMR 数据（CD₃OD）

No.	δ_H (J , Hz)	δ_C	No.	δ_H (J , Hz)	δ_C
1	—	133.5	6	6.21(1H,d,8.4,1.6)	121.7
2	6.76(1H,d,1.6)	113.1	7	2.82(2H,t,7.6)	31.6
3	—	148.9	8	2.58(2H,t,7.6)	37.0
4	—	145.9	9	—	175.3
5	6.68(1H,d,8.4)	116.2		3.82(3H,s)	56.4

实例9

从苦苣苔科植物旋蒴苣苔[*Boea hygrometrica*(Bunge.)R. Br.]中分离得到化合物9,无色结晶,易溶于三氯甲烷,甲醇,丙酮。遇三氯化铁-铁氰化钾试剂显蓝色,说明分子中含有酚羟基。^{1}H-NMR 谱(图 2-17)中,芳香区有 4 个氢质子信号峰,δ7.01(2H,d,$J=8.4$Hz)和6.68(2H,d,$J=8.4$Hz)处分别出现一个双质子二重峰,其偶合常数 $J=8.4$Hz,说明该化合物存在 AA′BB′ 系统的苯环;δ3.67(2H,t,$J=7.2$Hz)和2.70(2H,t,$J=7.2$Hz)处的氢根据这些质子氢的峰形及偶合常数,并结合[13]C-NMR 谱(图 2-18)中δ39.4 和64.6 处两个碳信号,可以推断化合物中存在—CH_2—CH_2—OH 结构片段。此外,^{13}C-NMR 谱中,δ131.0、130.9、116.1 和156.8 为 AA′BB′ 系统取代的苯环的碳信号。综上分析,确定化合物 9 为对羟基苯乙醇(4-hydroxyphenethyl alcohol)。NMR 归属见表 2-8。

化合物9:对羟基苯乙醇

表 2-8　化合物 9 的 NMR 数据（CD_3OD）

No.	δ_H (J, Hz)	δ_C	No.	δ_H (J, Hz)	δ_C
1	—	131.0	4	—	156.8
2,6	7.01(2H,d,8.4)	130.9	7	3.67(1H,t,7.2)	39.4
3,5	6.68(2H,d,8.4)	116.1	8	2.70(1H,t,7.2)	64.6

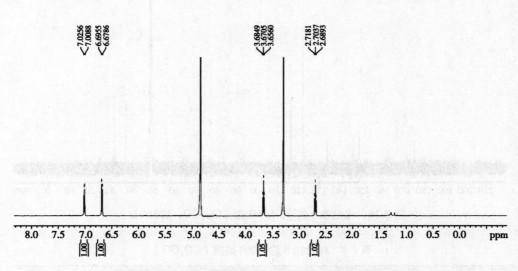

图 2-17　化合物 9 的[1]H-NMR 谱（CD_3OD，500MHz）

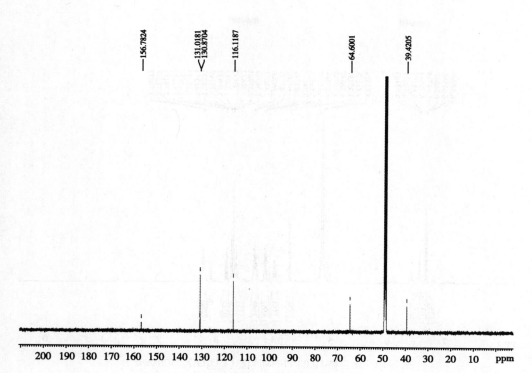

图 2-18　化合物 9 的 ^{13}C-NMR 谱（CD$_3$OD，125MHz）

实例 10

从卷柏科植物江南卷柏（*Selaginella moellendorffii* Hieron.）中分离得到化合物 10，为淡黄色粉末，易溶于甲醇、丙酮。茴香醛-浓硫酸喷雾显紫色（105℃）。三氯化铁-铁氰化钾显色为蓝色，提示含有酚羟基。^{1}H-NMR 谱（图 2-19）中显示有 3 个芳氢信号 δ6.68（1H，d，*J* = 2.0Hz）、6.66（1H，d，*J* = 8.0Hz）和 6.54（1H，dd，*J* = 2.0，8.0Hz）形成了苯环的 ABX 系统；δ4.28（1H，d，*J* = 7.8Hz）为糖的端基氢信号；δ2.78（2H，m）为苯乙醇苷类化合物 7 位氢的特征信号峰，δ4.00 和 3.68 处各出现 1 个单氢多重峰，为连氧的亚甲基（C-8）上的 2 个氢信号。^{13}C-NMR 谱（图 2-20）中出现 6 个芳碳信号峰，另外还有一组葡萄糖的特征信号峰（δ104.3、78.1、77.9、75.1、71.6 和 62.7），δ36.5 为 7 位碳信号峰。HMBC 谱（图 2-21）中，葡萄糖端基氢 δ4.28 与 71.6 处的碳相关，说明葡萄糖连在 8 位。综合以上分析，确定化合物 10 为 3,4-二羟基苯乙基-8-*O*-β-D-葡萄糖苷（3,4-dihydroxyphenyl-ethyl-8-*O*-β-D-glucopyranoside）。NMR 数据归属见表 2-9。

化合物10：3,4-二羟基苯乙基-8-*O*-β-D-葡萄糖苷

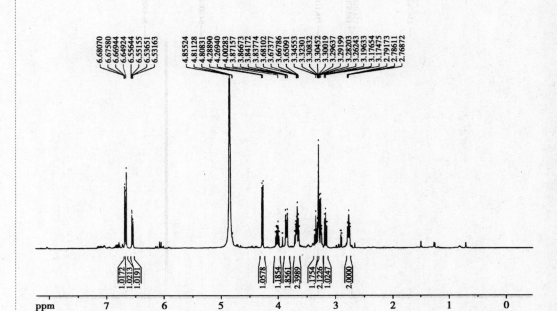

图 2-19 化合物 10 的 ¹H-NMR 谱（CD₃OD，400MHz）

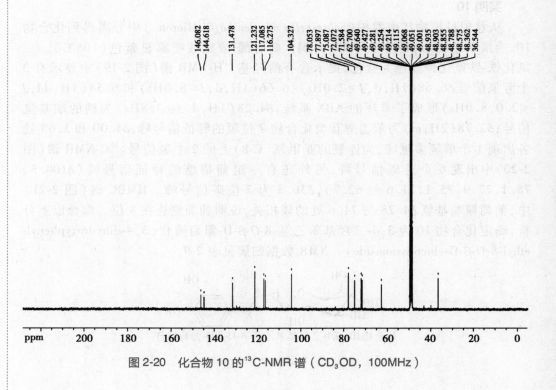

图 2-20 化合物 10 的 ¹³C-NMR 谱（CD₃OD，100MHz）

笔记

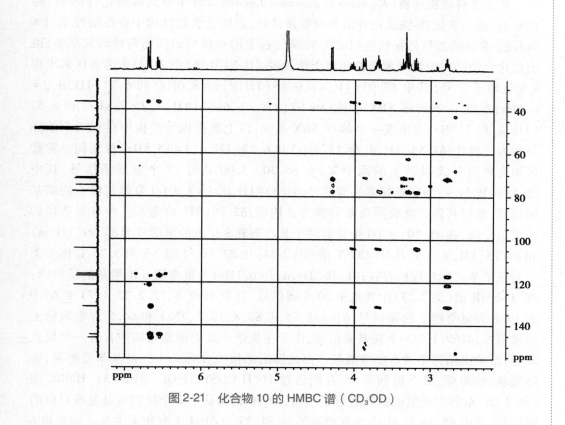

图 2-21 化合物 10 的 HMBC 谱（CD₃OD）

表 2-9 化合物 10 的 NMR 数据（CD₃OD）

No.	δ_H (J, Hz)	δ_C	No.	δ_H (J, Hz)	δ_C
1		131.5	Glc		
2	6.68(1H,d,2.0)	117.1	1′	4.28(1H,d,7.8)	104.3
3	—	146.1	2′	3.18(1H,t,8.6)	75.1
4	—	144.6	3′	3.37(1H,m)	77.9
5	6.66(1H,d,8.0)	116.3	4′	3.30(1H,m)	71.6
6	6.54(1H,dd,8.0,2.0)	121.2	5′	3.28(1H,m)	78.1
7	2.78(2H,m)	36.5	6′	3.85,3.66(each 1H,m)	62.7
8	4.00,3.68(each 1H,m)	71.6			

实例11

从玄参科植物地黄（*Rehmannia glutinosa* Libosch.）叶中分离得到化合物11，棕色粉末，遇三氯化铁-铁氰化钾试剂喷雾显蓝色，说明化合物结构中存在酚羟基，1%茴香醛-浓硫酸加热显粉红色（105℃），薄层板上酸水解检识到葡萄糖和鼠李糖，说明此化合物结构中含有葡萄糖和鼠李糖片段。^{1}H-NMR谱（图2-22）中芳香区共出现8个氢质子信号，其中$\delta 7.03$（1H，s）、6.86（1H，d，$J = 8.0$Hz）和6.77（1H，d，$J = 8.0$Hz）形成一个苯环ABX系统；$\delta 6.67$（1H，s）、6.64（1H，d，$J = 7.8$Hz）和6.52（1H，d，$J = 7.8$Hz）也形成一个苯环ABX系统，以上数据说明结构中存在两个苯环且均为三取代，$\delta 7.55$（1H，d，$J = 15.8$Hz）和6.28（1H，d，$J = 15.8$Hz）根据偶合常数可知为典型反式双键上的两个氢；在$\delta 5.30 \sim 3.00$共有17个氢质子信号，其中$\delta 5.18$（1H，br. s）为鼠李糖端基氢信号，$\delta 4.33$（1H，d，$J = 7.9$Hz）为葡萄糖上的端基氢信号，根据其偶合常数判断葡萄糖为β构型；$\delta 2.76$（2H，t）为苯乙醇苷元7位的特征信号峰，在$\delta 5.30 \sim 3.00$中含有两个苯乙醇苷8位上的氢信号即$\delta 3.99$（1H，m）和$\delta 3.75$（1H，m）；在^{1}H-^{1}H COSY谱（图2-24）中$\delta 2.76$与$\delta 3.99$和3.75有相关关系验证了苯乙醇片段的存在；$\delta 1.26$（3H，d，$J = 6.1$Hz）为鼠李糖6位甲基的信号峰；在^{13}C-NMR谱（图2-23）中共给出29个碳信号，其中$\delta 102.5$、72.2、72.1、73.8、69.9和17.8为鼠李糖上的碳信号，$\delta 104.1$、75.4、83.8、70.2、75.1和64.5为葡萄糖上的碳信号，$\delta 169.1$为一个羧基碳信号，由于在氢谱中我们推测结构中含有一个反式双键，推测出结构中含有咖啡酰基。由此得出结构中含有3,4-二羟基苯乙醇基，咖啡酰基，葡萄糖，鼠李糖四部分，我们通过^{1}H-^{1}H COSY，HSQC（图2-25），HMBC谱（图2-26）对各个碳氢的数据进行了归属，HSQC谱指认了2个糖的端基氢所对应的碳信号，其中$\delta 5.18$与$\delta 102.5$有相关关系，$\delta 4.33$与$\delta 104.1$有相关关系。葡萄糖6位碳信号$\delta 64.5$向低场位移了2 ppm，以及其氢信号$\delta 4.50$和$\delta 4.37$在HMBC谱中与$\delta 169.1$有远程相关关系，说明咖啡酰基连在葡萄糖的6位上。此外在HMBC谱中显示$\delta 4.33$与$\delta 72.3$有远程相关关系，说明葡萄糖连在苯乙醇苷元8位上。综合以上分析，确定化合物11为异毛蕊花糖苷（isoacteoside）（表2-10）。

化合物11：异毛蕊花糖苷

表 2-10　化合物 11 的 NMR 数据（CD₃OD）

No.	δ_H (J, Hz)	δ_C	No.	δ_H (J, Hz)	δ_C
1	7.03(1H,s)	127.5	Glc		
2	—	115.0	1″	4.33(1H,d,7.9)	104.1
3	—	146.5	2″		75.4
4	6.77(1H,d,8.0)	149.3	3″	3.0~4.0(4H,m)	83.8
5	6.86(1H,d,8.0)	116.5	4″		70.2
6	7.55(1H,d,15.8)	123.2	5″		75.1
7	6.28(1H,d,15.8)	147.1	6″	4.50(1H,d,11.3) 4.37(1H,d,11.3)	64.5
8	7.03(1H,s)	114.7	Rha		
9	—	169.1	1‴	5.18(1H,br. s)	102.5
1′	—	131.4	2‴		72.2
2′	6.67(1H,s)	116.3	3‴	3.0~4.0(4H,m)	72.1
3′	—	144.3	4‴		73.8
4′	—	145.8	5‴		69.9
5′	6.64(1H,d,7.8Hz)	117.0	6‴	1.26(3H,d,6.1)	17.8
6′	6.52(1H,d,7.8Hz)	121.2			
7′	2.76(2H,t)	36.5			
8′	3.99(1H,m),3.75(1H,m)	72.3			

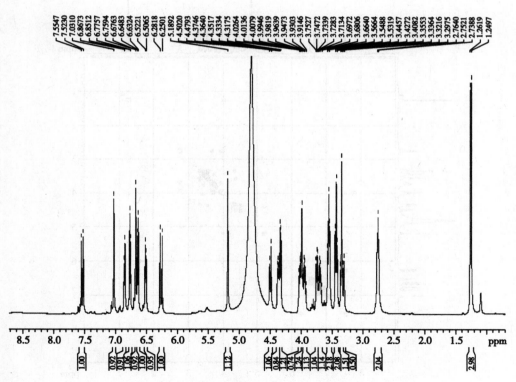

图 2-22　化合物 11 的 ¹H-NMR 谱（CD₃OD，500MHz）

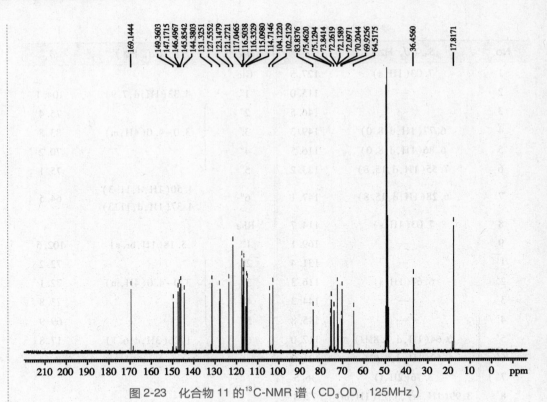

图 2-23　化合物 11 的 ¹³C-NMR 谱（CD₃OD，125MHz）

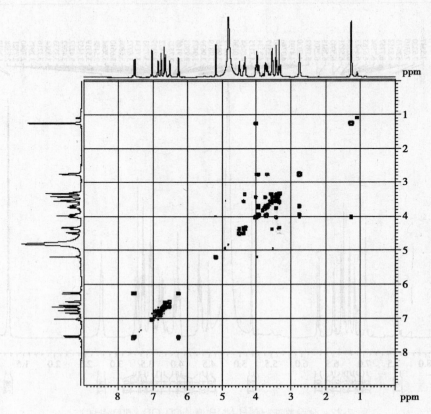

图 2-24　化合物 11 的 ¹H-¹H COSY 谱（CD₃OD）

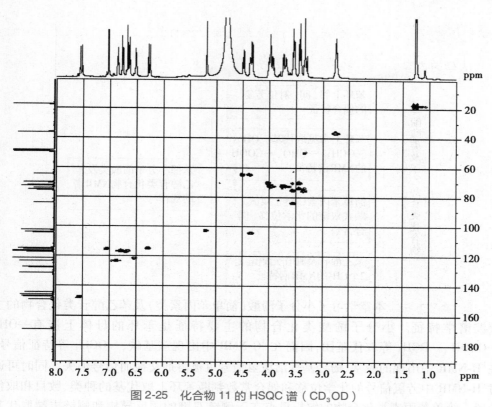

图 2-25 化合物 11 的 HSQC 谱（CD₃OD）

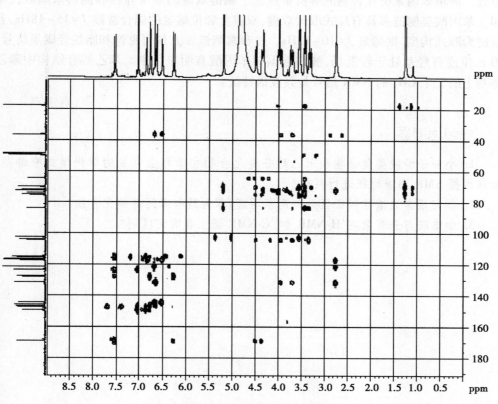

图 2-26 化合物 11 的 HMBC 谱（CD₃OD）

笔记

学习小结

1. **学习内容**

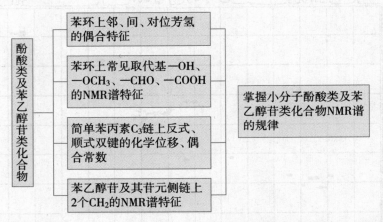

2. **学习方法** 本章学习了小分子酚酸（简单苯丙素类）及苯乙醇苷类化合物的主要波谱学特征。小分子酚酸类化合物的主要特征是苯环的母体上连有—OH、—COOH、—OCH$_3$等取代基团，因而在^{13}C-NMR中出现羰基碳、—OCH$_3$等特征信号，在^{1}H-NMR中出现的羧基、酚羟基等活泼氢信号可被溶剂交换而信号消失。同时可通过^{1}H-NMR中芳氢信号的化学位移和偶合常数判断苯环上取代基的种类、数目和取代位置。简单苯丙素类化合物的解析重点在于侧链双键的顺反异构和侧链末端取代基团。苯丙酸类侧链多具有反式取代双键，双键上邻位烯氢的偶合常数 $J = 15 \sim 18$ Hz，若双键为顺式构型，则烯氢 $J = 10 \sim 12$ Hz。丹参素侧链 α、β 位可见饱和脂烷烃碳氢信号，因 α 位连有羟基处于较低场，波谱数据与苯丙酸有明显区别。苯乙醇苷结构中苯乙醇基上的 2 个 CH$_2$ 的 NMR 信号是其波谱特征。

（舒尊鹏）

复习思考题

1. 小分子酚酸类化合物和苯乙醇苷类化合物在苯环上常见的取代模式有哪些？如何根据 NMR 图谱特征进行判断？

2. 如何根据波谱学特征区分判断苯丙醛、苯丙酸和苯丙醇类化合物？

3. 咖啡酸与丹参素在^{1}H-NMR 和^{13}C-NMR 谱上各有何区别？

第三章

糖苷类化合物

 学习目的

通过本章的学习,掌握常见糖苷类化合物的解析方法,了解常见糖基的波谱特征。

学习要点

糖苷类化合物中糖的数目、种类、连接顺序、连接位置、苷键构型的确定方法。

第一节 波 谱 规 律

糖苷类化合物的分子中均含有糖(基),经典的结构研究有甲基化、水解、Klyne 经验公式计算等方法,近年来多采用以核磁共振法为主的波谱法进行结构研究。对于结构比较简单的苷类,可以直接通过 ^{1}H-NMR 与 ^{13}C-NMR 确定结构,而对于结构复杂的苷类,常常需要借助于 ^{1}H-^{1}H COSY、HSQC、HMBC、NOESY、TOCSY 确定结构。有时可结合质谱法解析糖的结构。

糖苷类化合物的结构研究一般包括以下几个步骤。

（一）分子式的测定

近年来多采用质谱分析方法测定分子量和分子式。糖苷类化合物常采用场解析质谱(FD-MS)、快原子轰击质谱(FAB-MS)等方法获得分子离子峰,高分辨快原子轰击法(HR-FAB-MS)能够直接测定糖苷类化合物的分子式。

（二）糖和糖基的鉴定

1. **糖基数目的确定** 利用质谱法(MS)测定苷和苷元分子量,然后计算其差值,可获得糖基的分子量进而可计算糖的数目。

^{13}C-NMR 谱中,$\delta 90.0 \sim 112.0$ 与 $\delta 60.0 \sim 80.0$ 两个区域的碳信号也有助于推断糖基数目。糖的端基碳一般为半缩醛结构,δ 值常出现在 $90.0 \sim 112.0$;其他连氧碳在 $\delta 60.0 \sim 80.0$(甲基糖在高场、糖醛酸在低场还另有相应信号),观测端基碳区域碳的数目,结合连氧碳区碳的数目,可推测糖的数目。例如葡萄糖在端基碳区 1 个峰,连氧碳区 5 个峰,可推测为一个糖。

与 ^{13}C-NMR 谱对应,在 ^{1}H-NMR 谱中,$\delta 4.00 \sim 6.00$ 与 $\delta 3.00 \sim 5.50$ 区间分别可以观测到端基半缩醛碳上的氢信号(端基 H)和连氧碳上的氢信号。在活泼氢没有被交换的情况下,在这个区域可以观测到糖上醇羟基信号。观测端基 H 的数目并结合连氧碳上的氢信号,可推测糖的数目。

制成全乙酰化或全甲基化衍生物后,可根据在^{1}H-NMR谱中出现的乙酰氧基或甲氧基信号的数目推测所含糖的数目。

2. **糖基种类的确定**　经典方法是将苷用稀酸或酶进行水解,使其生成苷元和各种单糖,然后再采用 PC、TLC 或 GLC 等方法对水解液中的单糖种类进行鉴定。

对于单糖和低聚糖及其苷类化合物,可直接通过解析苷与糖的一维或二维 NMR 谱进行鉴定。在^{13}C-NMR谱中,不同种类的糖化学位移有明显的区别,可用作确定糖的种类。^{1}H-NMR谱有一定的辅助作用。NOESY谱对鉴定苷中组成糖的种类也很有帮助。表3-1、表3-2分别列举了常见糖及其甲苷的^{1}H-NMR谱和^{13}C-NMR谱的化学位移数据。

表 3-1　部分单糖及单糖甲苷的^{1}H-NMR谱数据（δ）

糖（苷）	H-1	H-2	H-3	H-4	H-5	H-6
β-D-葡萄糖	4.64	3.25	3.50	3.42	3.46	3.72,3.90
α-D-葡萄糖	5.23	3.54	3.72	3.42	3.84	3.76,3.84
β-D-半乳糖	4.52	3.45	3.59	3.89	3.65	3.64,3.72
α-D-半乳糖	5.22	3.78	3.81	3.95	4.03	3.69,3.69
β-D-甘露糖	4.89	3.95	3.66	3.60	3.38	3.75,3.91
α-D-甘露糖	5.18	3.94	3.86	3.68	3.82	3.74,3.84
β-L-鼠李糖	4.85	3.93	3.59	3.38	3.39	1.30
α-L-鼠李糖	5.12	3.92	3.81	3.45	3.86	1.28
β-L-夫糖	4.55	3.46	3.63	3.74	3.79	1.26
α-L-夫糖	5.20	3.77	3.86	3.81	4.20	1.21
甲基-β-D-葡萄糖苷	4.27	3.15	3.38	3.27	3.36	3.82,3.62
甲基-α-D-葡萄糖苷	4.70	3.46	3.56	3.29	3.54	3.77,3.66
甲基-β-D-半乳糖苷	4.20	3.39	3.53	3.81	3.57	3.69,3.74
甲基-α-D-半乳糖苷	4.73	3.72	3.68	3.86	3.78	3.67,3.61
甲基-β-D-甘露糖苷	4.47	3.88	3.53	3.46	3.27	3.83,3.63
甲基-α-D-甘露糖苷	4.66	3.82	3.65	3.53	3.51	3.79,3.65
甲基-β-L-鼠李糖苷	4.16	3.74	3.72	3.89	3.55,3.77	—
甲基-α-L-鼠李糖苷	4.52	3.43	3.57	3.85	3.82,3.57	—
甲基-β-L-木糖苷	4.21	3.14	3.33	3.51	3.88,3.21	—
甲基-α-L-木糖苷	4.67	3.44	3.53	3.47	3.59,3.39	—

表 3-2　部分单糖及单糖甲苷的^{13}C-NMR谱数据（δ）

糖（苷）	C-1	C-2	C-3	C-4	C-5	C-6
β-D-葡萄糖	96.8	75.2	76.7	70.7	76.7	61.8
α-D-葡萄糖	93.0	72.4	73.7	70.7	72.3	61.8
β-D-半乳糖	97.4	72.9	73.8	69.7	75.9	61.8
α-D-半乳糖	93.2	69.3	70.1	70.3	71.3	62.0
β-D-甘露糖	94.5	72.1	74.0	67.7	77.0	62.0
α-D-甘露糖	94.7	71.7	71.2	67.9	73.3	62.0

笔记

续表

糖（苷）	C-1	C-2	C-3	C-4	C-5	C-6
β-L-鼠李糖	94.4	72.2	73.8	72.8	72.8	17.6
α-L-鼠李糖	94.8	71.8	71.0	73.2	69.1	17.7
β-D-阿拉伯糖	93.4	69.5	69.5	69.5	63.4	—
α-D-阿拉伯糖	97.6	72.9	73.5	69.6	67.2	—
β-D-木糖	97.5	75.1	76.8	70.2	66.1	—
α-D-木糖	93.1	72.5	73.9	70.4	61.9	—
甲基-β-D-葡萄糖苷	104.0	74.1	76.8	70.6	76.8	61.8
甲基-α-D-葡萄糖苷	100.0	72.2	74.1	70.6	72.5	61.6
甲基-β-D-半乳糖苷	104.5	71.7	73.8	69.7	76.0	62.0
甲基-α-D-半乳糖苷	100.1	69.2	70.5	70.2	71.6	62.2
甲基-β-D-甘露糖苷	102.3	71.7	74.5	68.4	77.6	62.6
甲基-α-D-甘露糖苷	102.2	71.4	72.1	68.3	73.9	62.5
甲基-β-L-鼠李糖苷	102.4	71.8	74.4	73.4	73.4	17.9
甲基-α-L-鼠李糖苷	102.1	71.2	71.5	74.3	69.5	17.9

3. 苷元和糖、糖和糖之间连接位置的确定　　分析¹³C-NMR 谱中的苷化位移（苷元中与糖相连的碳原子，一般称为 α 碳原子，与其相邻的碳原子信号因苷化发生位移，而其他距苷键较远的碳原子信号几乎不变），是确定苷元和糖之间连接位置的有效方法。将苷和苷元的¹³C-NMR 谱相比较，可辨别苷元中与糖的连接位置。与苷元相连的糖上的碳原子（常常是端基碳）也会发生苷化位移。从表 3-2 中可以看出，糖的端基与苷元（或其他糖）连接后，端基碳的化学位移向低场移动。在确定了糖的种类后，糖和糖之间的连接位置可通过与相应单糖的苷化位移进行推测。

2D-NMR 谱中 HMBC 谱对于确定苷元和糖之间的连接位置非常有用，可以观察到糖上与苷键相连的氢（糖端基氢）和苷元 α 碳原子之间的相关峰，糖上与苷键相连的碳原子（糖端基碳）和苷元 α 碳上的氢之间的相关峰。用同样方法可以确定糖与糖之间的连接位置。

4. 糖与糖之间连接顺序的确定

（1）MS 法：糖苷类化合物用 EI-MS 法测定时常需制备成全乙酰化物、全甲基化物或三甲基硅醚化物等进行测定，根据分子离子峰与碎片离子峰的差推测糖的连接顺序。

在 FD-MS 或 FAB-MS 谱中，会出现脱去不同程度糖基的碎片离子峰，可依此推断糖的连接顺序。例如，如果出现［M-132］，则表明末端连接有分子量为 150 的糖（如木糖、核糖、阿拉伯糖等五碳糖，糖基分子量为 132）；如果出现［M-162］⁺，则表明末端连接有分子量为 180 的糖（如葡萄糖、半乳糖、甘露糖等，糖基分子量为 162）；如果出现［M-162］、［M-162-132］，并能确定糖的种类是阿拉伯糖与葡萄糖，当苷元中只有 1 个位置被取代时，推测分子首先脱去葡萄糖基，再脱去阿拉伯糖基，由此可确定化合物为具有葡萄糖-阿拉伯糖基的二糖苷，并且葡萄糖基处于末端。

（2）NMR 法：应用 HMBC 谱法确定糖与糖之间的连接顺序。与确定苷元与糖的

笔记

连接位置一样,在确定了糖的种类与连接位置后,利用不同糖的碳、氢信号之间的相关峰确认连接顺序。

（三）苷键构型的确定

^{1}H-NMR 谱中,糖与苷元相连时,与其他氢比较,端基氢常位于较低磁场。在糖的优势构象中,凡是 H-2′为 a 键的糖,如木糖、葡萄糖、半乳糖等,当端基与苷元形成 β-苷键时,其 H-1′为 a 键,此时 H-1′与 H-2′为 aa 键偶合系统,$J_{a-a}=6.0\sim9.0$Hz,呈现为一个二重峰。当形成 α-苷键时,H-1′为 e 键,则 H-1′与 H-2′为 ae 键偶合系统,$J_{a-e}=2.0\sim3.5$Hz。因此,对于 H-2′为 a 键的糖,可根据偶合常数 J 值确定苷键的构型。

^{13}C-NMR 谱中,糖与苷元连接后,糖中端基碳原子的化学位移明显增加,而其他碳原子的化学位移变化不大。在某些 α-构型和 β-构型的苷中,其端基碳原子的化学位移常常相差较大,可以判断苷键的构型。表 3-3 列出一些常见糖的 α-和 β-甲基吡喃糖苷的化学位移(在实际应用中,因溶剂及苷元结构的不同,δ 值有一定差异)。

表 3-3　部分 α -和 β -甲基吡喃糖苷端基碳的化学位移

甲基吡喃糖苷	构型		甲基吡喃糖苷	构型	
	α -	β -		α -	β -
D-木糖[△]	100.6	105.1	D-半乳糖	100.5,101.3[*]	104.9,106.6[*]
D-核糖	103.1	108.0	D-甘露糖	102.2,102.6[*]	102.3,102.7[*]
L-阿拉伯糖	105.1	101.0	D-岩藻糖	105.8[*]	101.6[*]
D-葡萄糖	100.6	104.6	L-鼠李糖	102.6[*]	102.6[*]

注:[*] 溶剂为 C_5D_5N;[△] 呋喃甲糖苷

从表 3-3 可以看出,绝大多数的甲基单糖苷,其 α-和 β-构型的端基碳原子的 ^{13}C-NMR 化学位移值都相差约 4,因此可利用糖的化学位移值来确定其苷键构型。D-甘露糖甲苷和 L-鼠李糖甲苷的端基碳的 δ 值在确定苷键构型时虽无意义,但它们的 C-3 和 C-5 的化学位移值有一定差异,α-构型苷中 C-3 和 C-5 的 δ 值均较 β-构型苷的化学位移低 $1.5\sim3.0$。

第二节　结构解析实例

实例 1

从蓼科植物虎杖(*Polygonum cuspidatum* Sieb. et Zucc.)中分离得到化合物 1,为无色方晶,易溶于水,可溶于甲醇。Molish 反应阳性。^{1}H-NMR 谱(图 3-1)中,$\delta3.00\sim5.50$ 显示积分面积为 12 的 10 组氢信号。^{13}C-NMR 谱(图 3-2)中出现 12 个碳信号,其中 2 个位于 $\delta92.0\sim96.0$,其他位于 $\delta60.0\sim80.0$,呈明显的 2 个六碳糖特征。根据碳谱 δ 值并结合 ^{1}H-NMR 谱中 $\delta5.24$(1H,d,$J=3.6$Hz)和 4.65(1H,d,$J=7.9$Hz)确定为 α、β 构型异构的葡萄糖。由于糖的端基为半缩醛羟基碳,与 2 个氧相连,因此碳、氢信号化学位移与其他位置的信号相比处于低场。葡萄糖 H-2 处于 a 键,与 β-构型的葡萄糖形成 aa 偶合,偶合常数通常为 $6.0\sim9.0$Hz;与 α-构型的葡萄糖形成 ae 偶合,偶合常数通常为 $2.0\sim3.5$Hz。^{1}H-NMR 谱中 $\delta4.65$(1H,d)信号的偶合常数为 7.9Hz,系 β-D-葡萄糖的端基信号;$\delta5.24$(1H,d)信号的偶合常数为 3.6Hz,系 α-D-葡萄糖的端基信号。

该化合物在薄层色谱中,与 D-葡萄糖 R_f 值一致并且斑点显相同颜色。根据以上数据确定化合物 1 为 α-D-葡萄糖(α-D-glucose)与 β-D-葡萄糖(β-D-glucose)的混合物。利用 HSQC 谱(图 3-3)与 HMBC 谱(图 3-4)归属其波谱信号,见表 3-4。

化合物1：α-D-葡萄糖　　　　　　β-D-葡萄糖

表 3-4　化合物 1 的 NMR 数据（D_2O）

No.	α-D-葡萄糖		β-D-葡萄糖	
	δ_H（J, Hz）	δ_C	δ_H（J, Hz）	δ_C
1	5.24（1H,d,3.6）	92.0	4.65（1H,d,7.9）	95.8
2	3.38（1H,m）	71.4	3.25（1H,m）	74.0
3	3.71（1H,m）	72.7	3.49（1H,m）	75.7
4	3.72（1H,m）	69.6	3.54（1H,m）	69.5
5	3.44（1H,m）	71.4	3.49（1H,m）	75.9
6	3.85（1H,m） 3.75（1H,m）	60.5	3.91（1H,m） 3.77（1H,m）	60.7

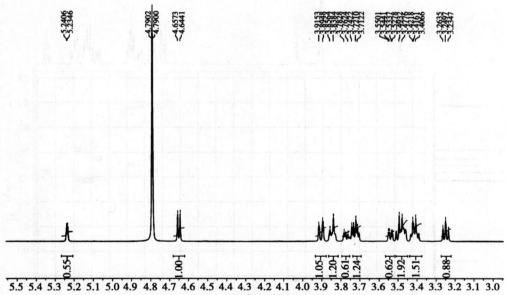

图 3-1　化合物 1 的 ^{1}H-NMR 谱（D_2O，600MHz）

在C结合的信息色谱中，当C醚端基糖 R~H，一般非其具有偶合相关信息，如果没出 1 量出 向上位置为 α-D-吡喃葡萄糖，C 为 β-D-吡喃葡萄糖(见 D₂O溶液)可能通过偶合化(值比)，图 3 由 HSQC 图谱(图 3-3)中多个偶合偶合关系可以归属出相应各个官团及其信号。见表 3-1。

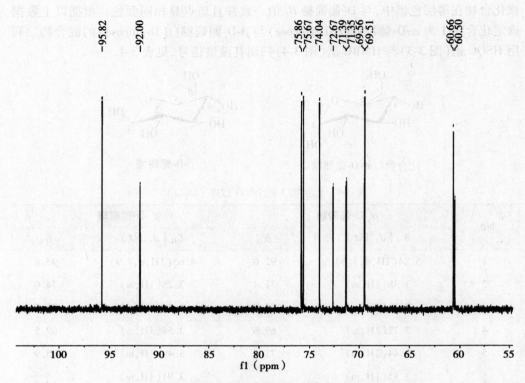

图 3-2　化合物 1 的 ¹³C-NMR 谱（D₂O，150MHz）

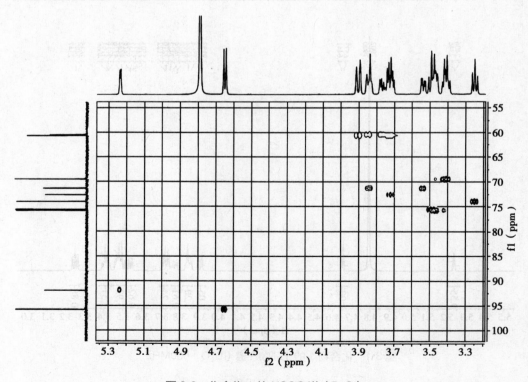

图 3-3　化合物 1 的 HSQC 谱（D₂O）

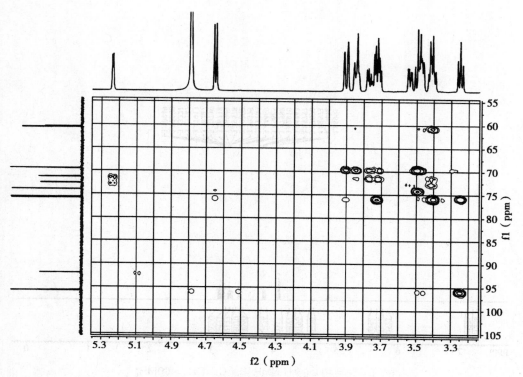

图3-4　化合物1的HMBC谱（D$_2$O）

实例2

从卷柏科植物中华卷柏［*Selaginella sinensis*（Desv.）Spring］中分离得到化合物2，为白色颗粒状结晶，易溶于甲醇。茴香醛-硫酸试剂显灰黄色（105℃）。^{1}H-NMR谱（图3-5）中，δ4.10（1H，d，$J=7.5$Hz）为糖的端基氢信号，偶合常数为7.5Hz提示H-1与H-2为aa偶合。δ3.47（3H，s）为1个甲氧基的氢信号。此外，δ3.10～3.87还有5个氢信号。^{13}C-NMR谱（图3-6）中，显示δ106.1（C-1）、77.8（C-3）、74.8（C-2）、71.2（C-4）和66.9（C-5）一组碳信号，提示化合物为五碳糖。δ57.2为甲氧基上的碳信号。通过与五碳糖的碳谱数据比较，我们确定该化合物糖基为β-D-吡喃木糖。与β-木糖相比（本章第一节），化合物2的C-1明显向低场位移，说明存在苷化位移，故确定其结构为β-甲基-D-吡喃木糖苷（β-methyl-D-xylopyranoside）。NMR数据见表3-5。

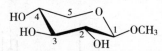

化合物2：β-甲基-D-吡喃木糖苷

表3-5　化合物2的NMR数据（CD$_3$OD）

No.	δ_H	δ_C	No.	δ_H	δ_C
1	4.10（1H，d，$J=7.5$Hz）	106.1	5		66.9
2		74.8	—OCH$_3$	3.47（3H，s）	57.2
3	3.10～3.87（5H）	77.8			
4		71.2			

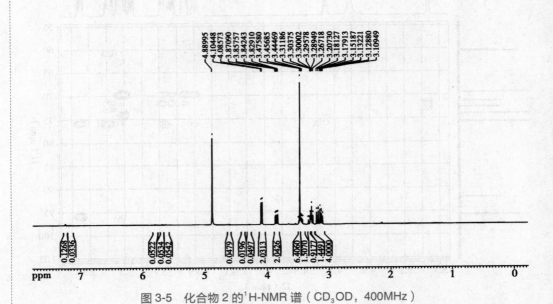

图 3-5 化合物 2 的 ^{1}H-NMR 谱（CD$_3$OD，400MHz）

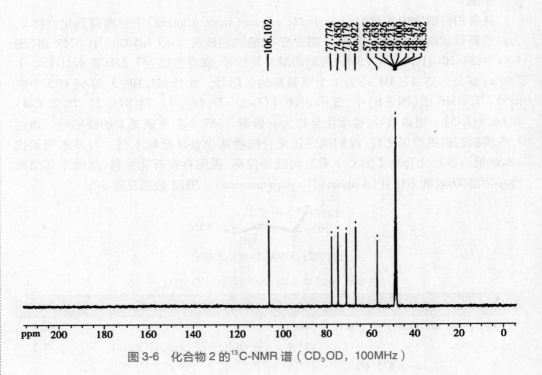

图 3-6 化合物 2 的 ^{13}C-NMR 谱（CD$_3$OD，100MHz）

实例 3

从景天科植物大花红景天[*Rhodiola crenulata*(Hook. f. et Thoms.)H. Ohba]中分离得到化合物 3,为无色针晶,易溶于甲醇。三氯化铁反应显蓝色。^{1}H-NMR 谱(图 3-7)中 $\delta 6.60\sim7.20$ 与[13]C-NMR 谱(图 3-8)中 $\delta 110.0\sim160.0$ 信号均表明结构中有苯环并有酚羟基。其中[1]H-NMR 谱 $\delta 7.04(2H,d,J=8.3Hz)$、$6.66(2H,d,J=8.3Hz)$各有 2 个氢信号且相互偶合,说明存在 1,4-取代苯环结构。^{13}C-NMR 谱 $\delta 156.0$、130.2、129.0 和 115.4 显示 4 个碳信号,并且 $\delta 130.2$、115.4 这 2 个信号强度明显高于另外 2 个,也表明苯环为对位取代。^{13}C-NMR 谱中 $\delta 60.0\sim105.0$ 呈糖基信号特征,从碳信号数目与化学位移,结合[1]H-NMR 谱相应化学位移和积分面积分析,应为一个葡萄糖。^{13}C-NMR 谱中 $\delta 103.3$ 与[1]H-NMR 谱 $\delta 4.16(1H,d,J=7.8Hz)$应为氧苷中糖端基碳与氢信号,偶合常数 $J=7.8Hz$,呈典型 β-D-葡萄糖苷特征(葡萄糖 H-2′信号为 a 键与 β-型 H-1′信号可形成 aa 偶合)。此外,^{13}C-NMR 谱中 $\delta 70.4$、35.3 两个碳信号应分别为与氧、苯环相连的碳信号。HSQC 谱及放大谱(图 3-9、图 3-10)可确定直接相关的碳、氢信号。HMBC 谱(图 3-11)中可以观测到酚羟基氢信号 $\delta 9.15(1H,s)$与苯环上的季碳信号 $\delta 156.0$ 和芳碳 $\delta 115.4$ 相关,说明对位取代的苯环上的一个取代基为—OH。苯环上的含氧取代使相应碳向低场移动近 30 ppm,而使相邻碳向高场移动约 10ppm。芳氢信号 $\delta 7.04(2H,d,J=8.3Hz)$与碳信号 $\delta 35.3$[由 HSQC 谱可知该碳上的氢信号为 2.73(2H,m)]相关,说明与苯相连的另一取代基为—CH$_2$。通过苯环上的另一个季碳信号 $\delta 129.0$,找到与—CH$_2$ 相关的另一个—CH$_2$[$\delta_C 70.4$,$\delta_H 3.87(1H,m)$、$3.56(1H,m)$,见 HMBC 放大图 1(图 3-12)],由此推测苷元为对羟基苯乙醇。HMBC 谱放大图 2(图 3-13)中,通过糖的端基氢 $\delta 4.16(1H,d,J=7.8Hz)$确定与糖端基相连的是乙基上的碳 $\delta 70.4$,因此苷元乙醇基的另一端连接糖基。综上分析,鉴定化合物 3 为红景天苷(salidroside)。NMR 谱数据归属见表 3-6。

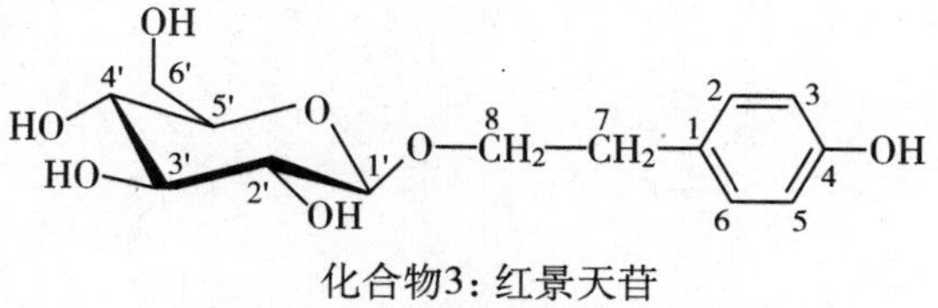

化合物3:红景天苷

表 3-6　化合物 3 的 NMR 数据(DMSO-d_6)

No.	δ_H (*J*, Hz)	δ_C	No.	δ_H (*J*, Hz)	δ_C
1	—	129.0	1′	4.16(1H,d,7.8)	103.3
2,6	7.04(2H,d,8.3)	130.2	2′	2.95(1H,m)	73.9
3,5	6.66(2H,d,8.3)	115.4	3′	3.13(1H,m)	77.2
4	—	156.0	4′	3.04(1H,m)	70.5
7	2.73(2H,m)	35.3	5′	3.08(1H,m)	77.3
8	3.87(1H,m) 3.56(1H,m)	70.4	6′	3.66(1H,m) 3.43(1H,m)	61.5
4-OH	9.15(1H,s)	—	2′-OH	4.96(1H,d,5.0)	—
3′-OH	4.91(1H,d,4.8)	—	4′-OH	4.88(1H,d,5.2)	—
6′-OH	4.47(1H,t,5.9)				

笔记

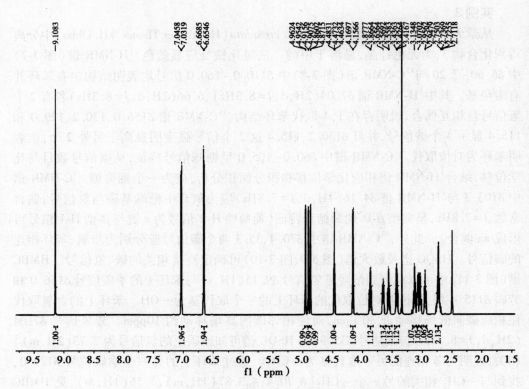

图 3-7　化合物 3 的 ¹H-NMR 谱（DMSO-d_6，600MHz）

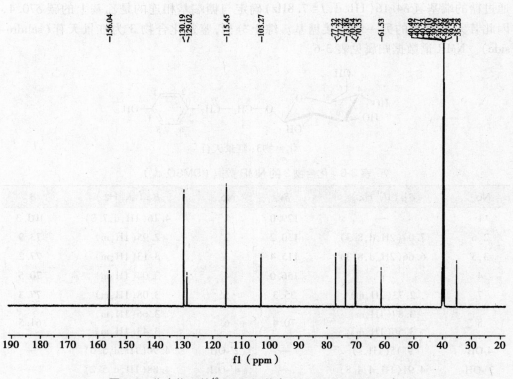

图 3-8　化合物 3 的 ¹³C-NMR 谱（DMSO-d_6，150MHz）

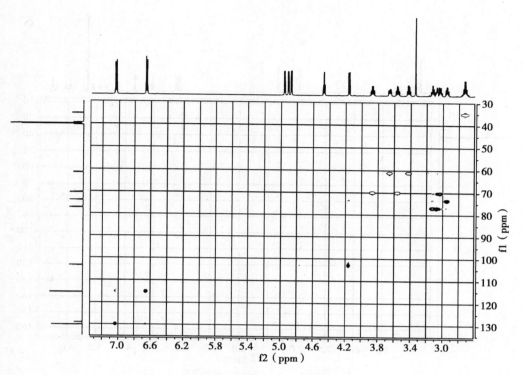

图 3-9　化合物 3 的 HSQC 谱（DMSO-d_6）

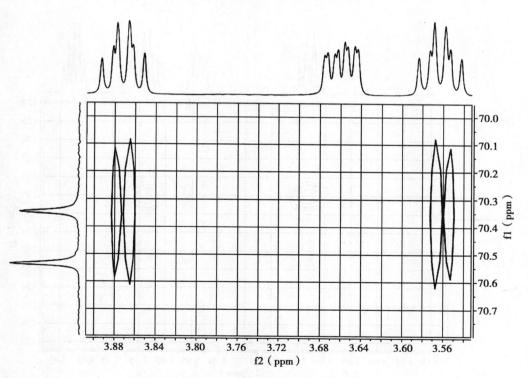

图 3-10　化合物 3 的 HSQC 谱局部放大图（DMSO-d_6）

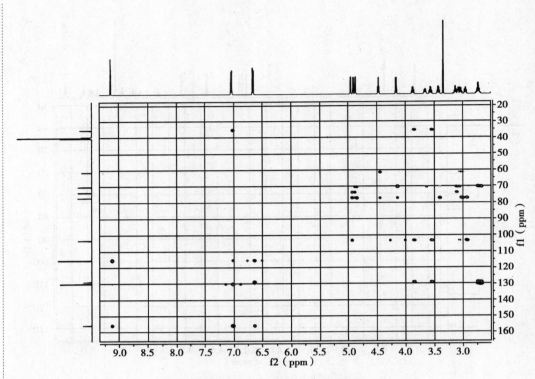

图 3-11　化合物 3 的 HMBC 谱（DMSO-d_6）

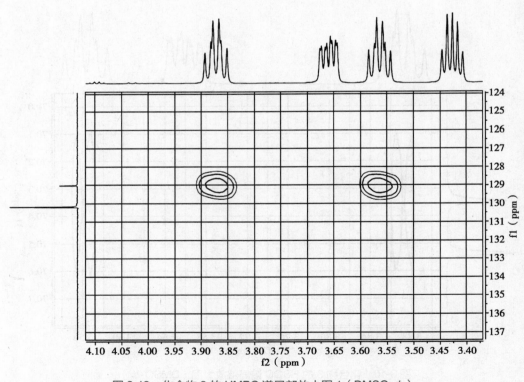

图 3-12　化合物 3 的 HMBC 谱局部放大图 1（DMSO-d_6）

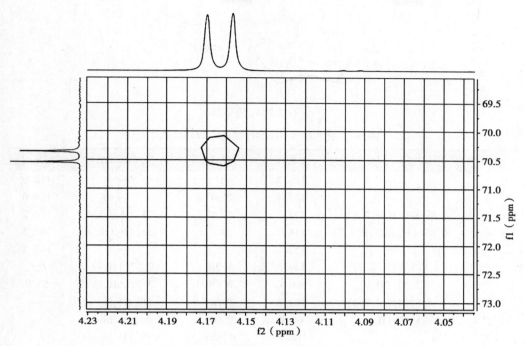

图 3-13 化合物 3 的 HMBC 谱局部放大图 2（DMSO-d_6）

实例 4

从石蒜科植物仙茅（*Curculigo orchioides* Gaertn.）的根茎中分离得到化合物 4，为无色结晶，易溶于甲醇。Molish 反应阳性。^{1}H-NMR 谱（图 3-14）中 $\delta 6.50 \sim 9.10$ 与 ^{13}C-NMR 谱（图 3-15）中 $\delta 104.0 \sim 160.0$ 信号均表明结构中有 2 个苯环，其中 ^{1}H-NMR 谱 $\delta 6.98$（1H，d，$J = 8.8$Hz）、6.82（1H，d，$J = 2.9$Hz）和 6.65（1H，dd，$J = 8.8$，2.9Hz）提示其中一个苯环为 1，2，5-三取代。$\delta 7.38$（1H，t，$J = 8.4$Hz）、6.73（2H，d，$J = 8.4$Hz）提示另一苯环为邻三取代，并具有对称性。^{1}H-NMR 谱中 $\delta 3.10 \sim 4.62$ 与 ^{13}C-NMR 谱中 $\delta 60.0 \sim 103.0$ 信号呈葡萄糖信号特征。^{13}C-NMR 谱中 $\delta 102.6$ 与 ^{1}H-NMR 谱 $\delta 4.62$（1H，d，$J = 7.4$Hz）应为氧苷中糖端基碳与氢信号，根据端基氢偶合常数与碳信号的化学位移推测为 β-D-葡萄糖苷。此外，^{13}C-NMR 谱中 $\delta 61.4$、165.5 两个碳信号应分别为与氧相连碳和酯羰基的碳信号。HSQC 谱（图 3-16）可确定直接相连的碳与氢。在 HMBC 谱（图 3-17）中，氢信号 $\delta 3.78$（6H，s）与芳香碳 $\delta 156.6$ 相关，并且通过该碳与芳氢相关，由此判断这是邻三取代苯，取代基中两侧基团是—OCH$_3$。酯羰基碳信号 $\delta 165.5$ 与芳氢信号 $\delta 6.73$（2H，d，$J = 8.4$Hz）相关，进一步确定邻三取代苯中间的取代基为酯羰基。与氧相连碳 $\delta 61.4$ 与 1，2，5-三取代苯环上的氢信号 $\delta 6.98$（1H，d，$J = 8.8$Hz）、6.82（1H，d，$J = 2.9$Hz）相关，并且酚羟基信号 $\delta 9.07$（1H，s）和糖端基氢信号 $\delta 4.62$（1H，d，$J = 7.4$Hz）也分别与这个苯环上的碳 $\delta 152.3$、147.4 相关，说明该苯环上的 3 个取代基分别为—CH$_2$、—OH 和—OGlc。通过—CH$_2$ 上的氢信号 $\delta 5.32$（2H，s）可以观测到与之相关的碳信号还有酯碳基碳 $\delta 165.5$。据此确定化合物 4 为仙茅苷（curculigoside A）。NMR 谱数据归属见表 3-7。

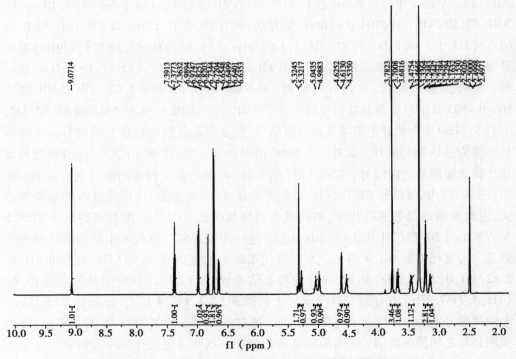

化合物4：仙茅苷

表 3-7 化合物 4 的 NMR 数据（DMSO-d_6）

No.	δ_H（J，Hz）	δ_C	No.	δ_H（J，Hz）	δ_C
1	—	126.7	1'	—	112.6
2	—	147.4	2',6'	—	156.6
3	6.98(1H,d,8.8)	117.2	3',5'	6.73(2H,d,8.4)	104.2
4	6.65(1H,dd,8.8,2.9)	114.7	4'	7.38(1H,t,8.4)	131.3
5	—	152.3	7'	—	165.5
6	6.82(1H,2.9)	114.3	5-OH	9.07(1H,s)	—
7	5.32(2H,s)	61.4	2',6'-OCH₃	3.78(6H,s)	55.9
1"	4.62(1H,d,7.4)	102.6	2"-OH	5.28(1H,br. s)	—
2"	3.15(1H,m)	69.8	3"-OH	5.04(1H,br. s)	—
3"	⎫	76.6	4"-OH	4.99(1H,br. s)	—
4"	3.24(3H,m)	73.4	6"-OH	4.53(1H,br. s)	—
5"	⎭	77.0			
6"	3.69(1H,m) 3.47(1H,m)	60.8			

图 3-14 化合物 4 的 ¹H-NMR 谱（DMSO-d_6，600MHz）

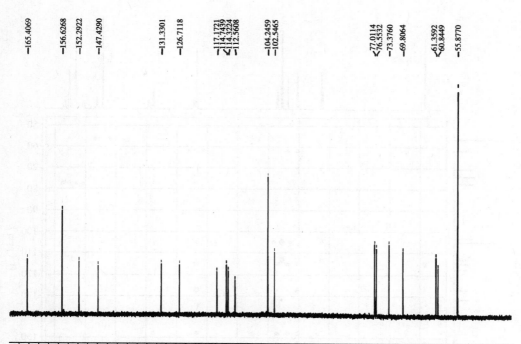

图 3-15　化合物 4 的 ^{13}C-NMR 谱（DMSO-d_6，150MHz）

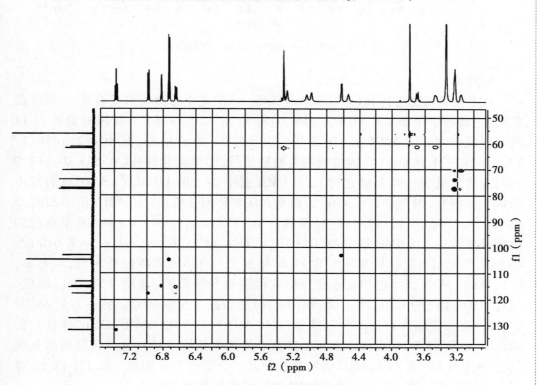

图 3-16　化合物 4 的 HSQC 谱（DMSO-d_6）

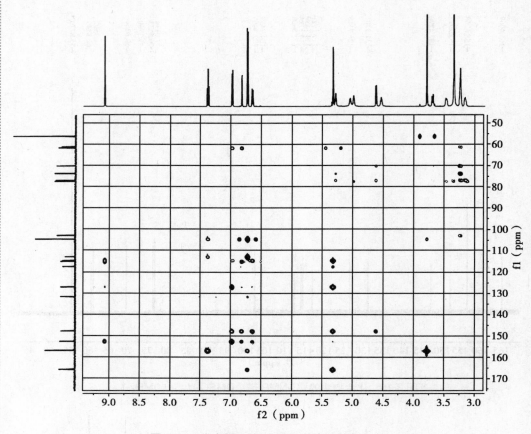

图 3-17　化合物 4 的 HMBC 谱（DMSO-d_6）

实例 5

从毛茛科植物金莲花（*Flos trollii* chinensis）的花中分离得到化合物 5，为淡黄色粉末，易溶于甲醇。^{1}H-NMR 谱（图 3-18）中，$\delta 3.20 \sim 4.64$ 出现积分面积为 11 的 8 组氢信号。^{13}C-NMR 谱（图 3-19）显示有 21 个碳信号，其中 $\delta 82.3$、79.1、73.8、71.3、71.0 和 61.7 为吡喃葡萄糖基信号，并呈碳苷特征（在 $\delta 95.0 \sim 112.0$ 之间未出现氧苷的端基碳信号）。^{1}H-NMR 谱中 $\delta 4.69$（1H，d，$J = 8.4$ Hz）为苷中糖端基氢信号，偶合常数 8.4 Hz，为典型 β-D-葡萄糖苷特征。^{13}C-NMR 谱中 $\delta 182.5$（C-4）、164.4（C-2）、102.9（C-3）及其余 10 个芳碳信号 $\delta 97.0 \sim 165.0$ 呈典型的黄酮骨架特征。^{1}H-NMR 谱中 $\delta 8.03$（2H，d，$J = 8.6$ Hz）、6.89（2H，d，$J = 8.6$ Hz）为 4′-氧取代黄酮类化合物 B 环上的 2′，6′和 3′，5′氢信号，其碳信号 $\delta 129.4$（C-2′，6′）、116.2（C-3′，5′）也相互重叠并比其他碳信号强度高，表明 B 环为 4′-取代。通过 HSQC 谱（图 3-20）确认 $\delta 6.78$（1H，s）为黄酮 3 位氢信号。另一芳氢 $\delta 6.27$（1H，s）应为黄酮 A 环上的芳氢信号，表明 A 环为三取代。利用 HMBC 谱和它的局部放大图（图 3-21、图 3-22）可逐步确定黄酮中各信号的归属。通过糖端基氢信号 $\delta 4.69$（1H，d，$J = 8.4$ Hz）确定糖与苷元结合部位在黄酮的 8 位上。综上，鉴定化合物 5 为牡荆苷（vitexin）。NMR 谱数据归属见表 3-8。

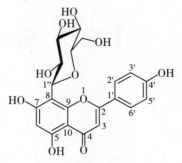

化合物5：牡荆苷

表 3-8 化合物 5 的 NMR 数据（DMSO-d_6）

No.	δ_H (J, Hz)	δ_C	No.	δ_H (J, Hz)	δ_C
1	—	—	1′	—	122.0
2	—	164.4	2′,6′	8.03(2H,d,8.6)	129.4
3	6.78(1H,s)	102.9	3′,5′	6.89(2H,d,8.6)	116.2
4	—	182.5	4′	—	161.6
5	—	160.8	1″	4.69(1H,d,8.4)	73.8
6	6.27(1H,s)	98.6	2″	3.84(1H,m)	71.3
7	—	163.0	3″	3.25(1H,m)	79.1
8	—	105.0	4″	3.39(1H,m)	71.0
9	—	156.4	5″	3.25(1H,m)	82.3
10	—	104.5	6″	3.77(1H,m) 3.53(1H,m)	61.7
5-OH	13.17(1H,s)	—	2″-OH	4.69(1H,d,6.6)	—
7-OH	10.83(1H,s)	—	3″,4″-OH	4.99(2H,m)	—
4′-OH	10.34(1H,s)	—	6″-OH	4.60(1H,t,5.3)	—

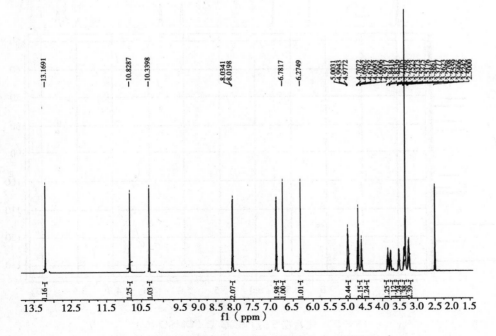

图 3-18 化合物 5 的 ^{1}H-NMR 谱（DMSO-d_6，600MHz）

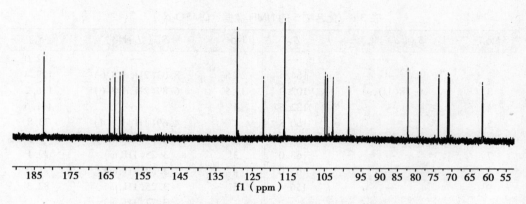

图 3-19　化合物 5 的 ^{13}C-NMR 谱（DMSO-d_6，150MHz）

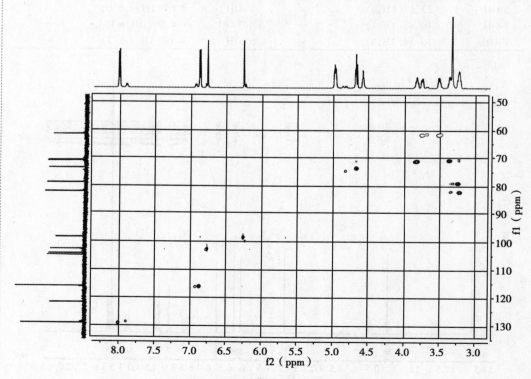

图 3-20　化合物 5 的 HSQC 谱（DMSO-d_6）

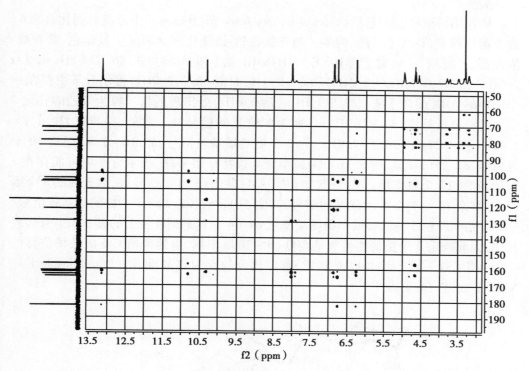

图 3-21 化合物 5 的 HMBC 谱（DMSO-d_6）

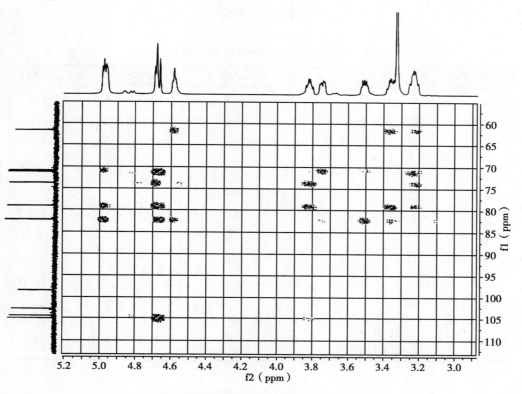

图 3-22 化合物 5 的 HMBC 谱局部放大图（DMSO-d_6）

实例6

从卷柏科植物江南卷柏(*Selaginella moellendorffii* Hieron.)中分离得到化合物6，为淡黄色粉末，易溶于甲醇、丙酮。与三氯化铁-铁氰化钾试剂反应显蓝色，茴香醛-浓硫酸试剂喷雾显紫色（105℃）。^{1}H-NMR 谱（图 3-23）中，$\delta 6.67$（1H, d, $J = 2.0$Hz）、6.67（1H, d, $J = 8.2$Hz）和 6.55（1H, dd, $J = 8.2, 2.0$Hz）提示分子中存在一个苯环的 ABX 偶合系统。$\delta 2.78$（2H, t, $J = 6.4$Hz）处出现的信号峰为苯乙醇苷元7位上的特征信号峰，$\delta 3.97$（2H, m）处为 8 位氢的信号峰。此外，$\delta 4.74$（1H, d, $J = 1.4$Hz）和 4.27（1H, d, $J = 7.8$Hz）为 2 个糖的端基氢信号，$\delta 3.10 \sim 3.80$ 还有 10 个氢信号，$\delta 1.25$（3H, d, $J = 6.3$Hz）为鼠李糖 6 位特征信号峰，提示分子中可能存在 1 个葡萄糖和 1 个鼠李糖。^{13}C-NMR 谱（图 3-24）共出现 20 个信号峰，除苷元的 8 个碳以外，其余 12 个为 2 个六碳糖的信号，其中 $\delta 104.5$、102.2 有 2 个糖的端基碳信号。HMBC 谱（图 3-25）显示，鼠李糖的端基氢 $\delta 4.74$ 与葡萄糖 6 位上的碳 $\delta 68.1$ 有远程相关，因此确定 2 个糖的连接为葡萄糖（6→1）鼠李糖，由葡萄糖 C-6 向低场位移约 4 也证明了这一点。综合以上解析，确定化合物 6 为连翘酯苷 E（forsythoside E）。NMR 谱数据归属见表 3-9。

化合物6：连翘酯苷E

表 3-9 化合物 6 的 NMR 数据（CD₃OD）

No.	δ_H（J, Hz）	δ_C	No.	δ_H（J, Hz）	δ_C
1	—	131.4	5	6.67（1H, d, 8.2）	116.3
2	6.67（1H, d, 2.0）	117.1	6	6.55（1H, dd, 8.2, 2.0）	121.3
3	—	146.1	7	2.78（2H, t, 6.4）	36.7
4	—	144.7	8	3.97（2H, m）	72.2
Glc			Rha		
1'	4.27（1H, d, 7.8）	104.5	1"	4.74（1H, d, 1.4）	102.2
2'		75.1	2"		72.4
3'		76.8	3"		72.2
4'	3.0~4.0（4H, m）	71.7	4"	3.0~4.0（4H, m）	74.0
5'		78.0	5"		69.8
6'	3.82（1H, m） 3.62（1H, m）	68.1	6"	1.25（3H, d, 6.3）	18.0

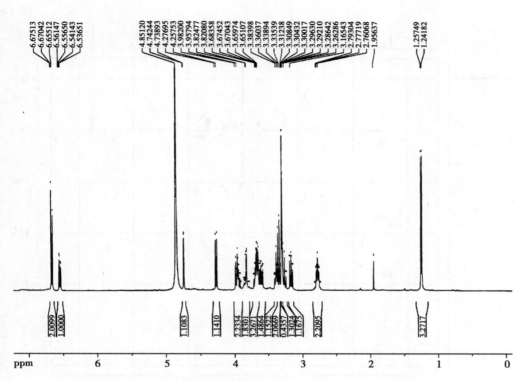

图 3-23 化合物 6 的 ^{1}H-NMR 谱（CD$_3$OD，400MHz）

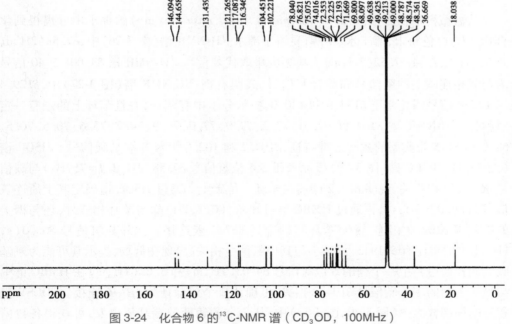

图 3-24 化合物 6 的 ^{13}C-NMR 谱（CD$_3$OD，100MHz）

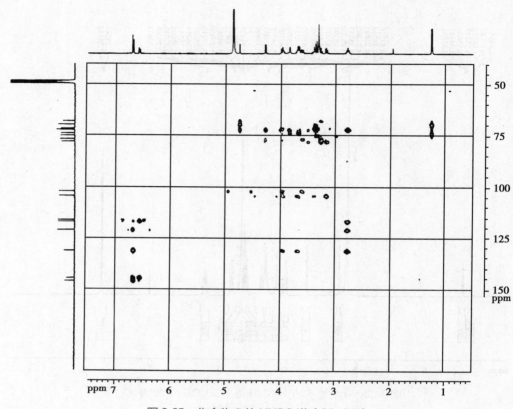

图 3-25　化合物 6 的 HMBC 谱（CD$_3$OD）

实例 7

从蔷薇科植物山杏（*Prunus armenica* L. var. *ansu* Maxim.）的种子中分离得到化合物 7，为白色粉末，溶于水、甲醇，易溶于沸水。^{1}H-NMR 谱（图 3-26）中，δ7.58（2H，d，J=7.7Hz）、7.44~7.52（3H，m）为典型的单取代苯信号。^{1}H-NMR 谱 δ3.00~5.40 信号为与氧相连碳上的氢信号和醇羟基信号，表明有糖。^{13}C-NMR 谱（图 3-27）中，δ129.4 和 127.8 信号明显高于 δ134.3 和 130.0，提示分子中有苯环，并且苯环上的碳有一定对称性。^{13}C-NMR 谱 δ104.2、102.0、77.2、77.0、77.0、76.9、74.2、73.6、70.5、70.5、68.9 和 61.5 为典型的龙胆二糖特征，δ104.2 和 102.0 为氧苷端基碳信号。HSQC 谱（图 3-28）、HMBC 谱（图 3-29）显示苯环 2,6 位氢信号 δ7.58（2H，d，J=7.7Hz）与碳信号 δ67.2 远程相关，说明 δ67.2 碳连在苯环 1 位碳上。通过 HSQC 谱确定其上所连氢信号为 δ6.00（1H，s），再通过 HMBC 谱可知 δ6.00（s，1H）除与苯环相连外，还与糖上的端基碳 δ102.0 相连，说明苯环与糖通过 δ67.2 碳连接。此外与氢信号 δ6.00（s，1H）相关的碳还有 δ119.3，该碳不与其他氢信号相关，出现在低场，提示其可能为氰基碳。同样通过其中一个糖的 6 位氢信号 δ4.03（1H，m）和 3.62（1H，m）在 HMBC 谱中与另一个糖的端基碳信号 δ104.2 相关，可确认 2 个葡萄糖为 1β→6 连接。TOCSY 谱和它的局部放大图（图 3-30、图 3-31）中，从 2 个葡萄糖的端基氢出发，可获得各自糖基中各氢的接力相关信号，依此归属各糖基的信号。综合以上信息并结合 HSQC 谱与 HMBC 谱，确定化合物 7 为苦杏仁苷（amygdalin）。NMR 谱数据归属见表 3-10。

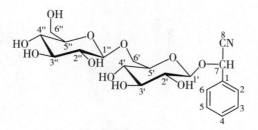

化合物7：苦杏仁苷

表 3-10　化合物 7 的 NMR 数据（DMSO-d_6）

No.	δ_H (J, Hz)	δ_C	No.	δ_H (J, Hz)	δ_C
1	—	134.3	1″	4.41（1H,d,7.8）	104.2
2,6	7.58（2H,d,7.7）	129.4	2″	3.02（1H,m）	74.2
3,5	7.44~7.52（2H,m）	127.8	3″	3.22（1H,m）	76.9
4	7.44~7.52（1H,m）	130.0	4″	3.10（1H,m）	70.5
7	6.00（1H,s）	67.2	5″	3.10（1H,m）	77.2
8	—	119.3	6″	3.69（1H,m） 3.44（1H,m）	61.5
1′	4.24（1H,d,6.1）	102.0	2′-OH	5.31（1H,d,3.3）	—
2′	3.10（1H,m）	73.6	3′,4′-OH	5.09（1H,d,4.2）	—
3′	3.37（1H,m）	77.0	2″-OH	5.00（1H,d,4.1）	—
4′	3.10（2H,m）	70.5	3″-OH	4.96（1H,d,4.9）	—
5′		77.0	4″-OH	4.91（1H,d,5.0）	—
6′	4.03（1H,m） 3.62（1H,m）	68.9	6″-OH	4.49（1H,t,5.9）	—

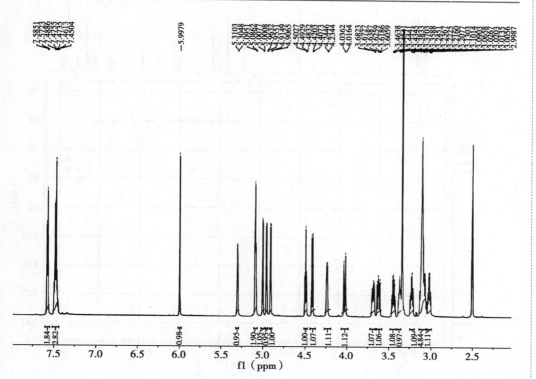

图 3-26　化合物 7 的 ^{1}H-NMR 谱（DMSO-d_6，600MHz）

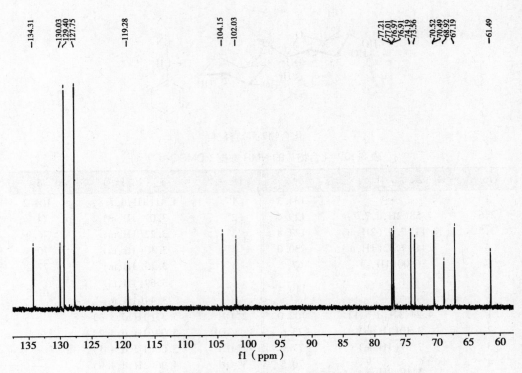

图 3-27 化合物 7 的 ^{13}C-NMR 谱（DMSO-d_6，150MHz）

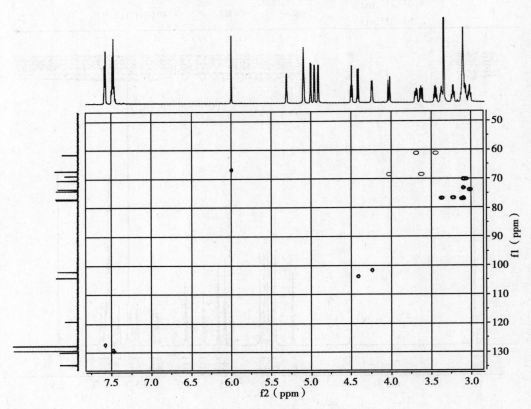

图 3-28 化合物 7 的 HSQC 谱（DMSO-d_6）

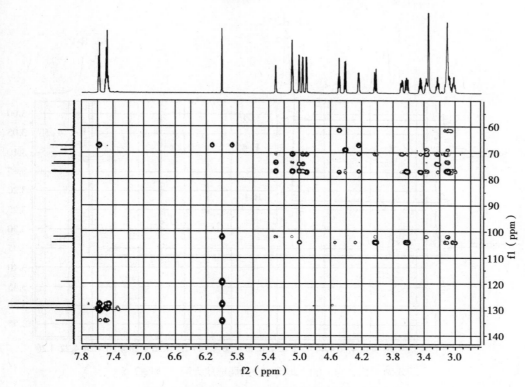

图 3-29　化合物 7 的 HMBC 谱（DMSO-d_6）

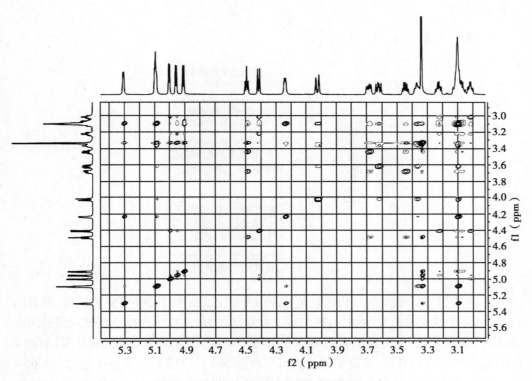

图 3-30　化合物 7 的 TOCSY 谱（DMSO-d_6）

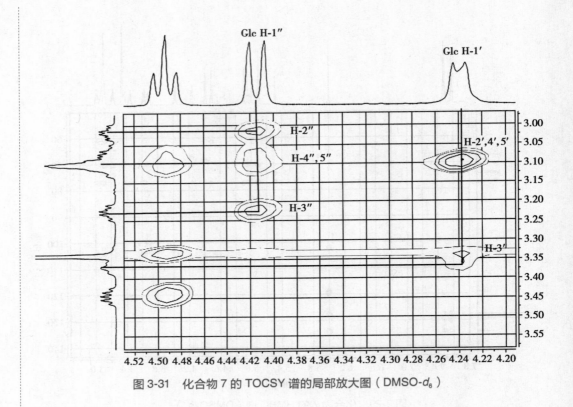

图 3-31 化合物 7 的 TOCSY 谱的局部放大图（DMSO-d_6）

学习小结

1. 学习内容

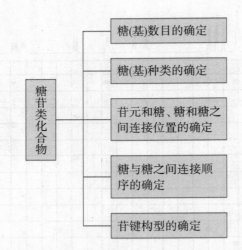

2. 学习方法

苷类的结构研究包括组成苷的苷元结构的测定,糖的种类、数目的测定,苷元和糖连接位置的测定,糖与糖之间连接位置、连接顺序以及苷键构型的测定等几方面的内容。确定糖的数目可以根据糖端基碳($\delta 95.0 \sim 112.0$)、端基氢($\delta 4.0 \sim 6.0$)信号数目进行判断;确定糖的种类可以根据$\delta 60.0 \sim 112.0$区间的碳信号、$\delta 3.00 \sim 5.50$区间的氢信号数目进行判断;结合^{1}H-^{1}H COSY 谱、HSQC 谱、HMBC 谱、TOCSY

谱、HSQC-TOCSY 谱、NOESY 谱等二维 NMR 谱对糖（基）的种类、连接位置、顺序和苷键构型进行判断。

（李　强）

复习思考题

1. 糖与糖的连接位置如何确定？
2. 如何判断苷类化合物中糖基的数目？
3. 判断糖基连接顺序的方法有哪些？
4. 哪些方法可以确定糖的种类？
5. 含糖（基）的化合物 NMR 特征是什么？

第四章

香豆素类化合物

📖 **学习目的**

　　通过本章的学习,掌握简单香豆素、呋喃香豆素、吡喃香豆素的波谱规律及其波谱解析的方法。

学习要点

　　简单香豆素类、呋喃香豆素类、吡喃香豆素类化合物的 NMR 特征和质谱裂解规律。

第一节　波谱规律

　　香豆素类化合物是一类具有苯骈 α-吡喃酮母核的天然产物的总称,主要包括简单香豆素、呋喃香豆素和吡喃香豆素。本节主要总结这 3 类香豆素的[1]H-NMR、^{13}C-NMR 和 MS 波谱规律。

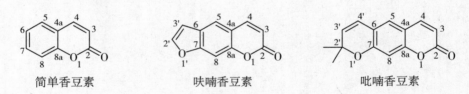

简单香豆素　　　　　呋喃香豆素　　　　　吡喃香豆素

一、简单香豆素的 NMR 谱规律

　　在[1]H-NMR 谱中,香豆素类成分最显著的吸收特征是 H-3、H-4 分别出现在 $\delta 6.10\sim6.50$ 和 $\delta 7.50\sim8.20$,成为一组 d 峰($J=9.0\sim10.0\text{Hz}$)。苯环上的 5、6、8 位质子信号和一般芳环质子信号特征类似,化学位移在 $\delta 6.0\sim8.0$。

　　在 7 位取代香豆素中,H-5 与 H-6 为邻位偶合($J=7.0\sim9.0\text{Hz}$),H-6 与 H-5 邻位偶合($J=7.0\sim9.0\text{Hz}$)、与 H-8 间位偶合($J=1.0\sim3.0\text{Hz}$),从而呈现 dd 峰。如为 5、7 取代香豆素,则 H-6 与 H-8 呈现间位偶合质子信号。如为 6、7 取代香豆素,则 H-5 与 H-8 分别呈现单峰信号,线型呋喃或吡喃香豆素类属于此种取代模式。如为 7、8 位取代,则只有 H-5 与 H-6 呈现邻位偶合的质子信号,角型呋喃或吡喃香豆素属于此种取代模式。香豆素类母核 H-4 与 H-8 在高分辨谱上能观察到远程偶合($J=0.6\sim1.0\text{Hz}$)(表 4-1)。

表 4-1 常见简单香豆素 ^{1}H-NMR 化学位移和偶合常数（Hz）

取代类型	7-羟基	7,8-二氧代	6,7-二氧代	6,7,8-三氧代
H-3	6.2(d, J=9Hz)	6.1~6.2(d, J=9Hz)	6.14~6.26(d, J=9Hz)	6.19(d, J=9Hz)
H-4	8.2(d, J=9Hz)	7.8(d, J=9Hz)	7.60~7.82(d, J=9Hz)	7.8(d, J=9Hz)
H-5	7.7(d, J=9Hz)	7.25~7.38(d, J=8Hz)	6.77~6.90(s)	6.78(s)
H-6	6.9(dd, J=9,2.5Hz)	6.95(d, J=8Hz)		
H-8	7.0(d, J=2.5Hz)		6.38~7.04(s)	

在 ^{13}C-NMR 谱中，香豆素母核有 9 个碳原子，化学位移在 δ100.0~160.0（表 4-2）。香豆素母核碳的化学位移受取代基影响较大，如母核碳原子连有含氧取代，直接连碳化学位移向低场位移+30 左右，其邻位和对位碳向高场位移-13 和-8。C-2 羰基碳受环上取代基影响较小，常在 δ160.0 附近。C-3、C-4 因常无取代，其化学位移亦较有规律，如一般 C-3 的 δ 值出现在 110.0~115.0，C-4 的 δ 值出现在 140.0~145.0 的区域内。C-7 由于常连接羟基或其他含氧基团，加上羰基共轭的影响，信号均向低场移动，一般在 δ160.0 左右。C-8 受 C-7 位含氧基团和内酯环上氧的供电子效应的双重影响，往往在高场，δ 值在 103.0 左右。C-8a 因连有氧原子，处于低场，δ 值在 149.0~155.0，C-4a 向高场位移，δ 值在 110.0~115.0。

表 4-2 香豆素母核 ^{13}C-NMR 化学位移

	C-2	C-3	C-4	C-5	C-6	C-7	C-8	C-8a	C-4a
δ	160.4	116.4	143.6	128.1	124.4	131.8	116.4	153.9	118.8

二、呋喃香豆素和吡喃香豆素的 NMR 谱规律

呋喃香豆素的呋喃环上有 2 个质子信号（H-2′ 和 H-3′）较为特征，相互偶合以一组 dd 峰出现，H-3′ 的双峰因为远程偶合可能加宽，易同 H-2′ 区别。H-2′ 一般 δ7.50~7.70，H-3′ 一般在 δ6.70~7.20，具有特征偶合常数（J=2.0~2.5Hz）。线型呋喃香豆素的 H-3′ 往往接近 δ6.70，角型呋喃香豆素的 H-3′ 往往接近 δ7.20。但如果呋喃环转化为二氢呋喃环后，上述特征信号消失。

吡喃香豆素吡喃环中 C-2′ 上往往存在两个同碳甲基，在 δ1.40 附近形成 2 个 3H 的强单峰，H-3′ 和 H-4′ 的烯质子相互偶合以两组 d 峰出现，H-3′ 一般在 δ5.30~5.80，H-4′ 一般在 δ6.30~6.90，偶合常数为 5.0~10.0Hz。

三、环上取代基

香豆素类化合物中环上取代侧链最常见的有甲基、乙基和异戊烯基，此外可能还有乙酰氧基、当归酰氧基、千里光酰氧基。可在归属母核的质子后，进行判断。

四、香豆素的质谱规律

香豆素类化合物在 EI-MS 中大多具有强的分子离子峰,基峰是失去 CO 的苯骈呋喃离子。由于香豆素类分子中一般具有多个和芳环连接的氧原子、羟基、甲氧基,故其质谱经常出现一系列连续失去 CO、OH 或 H_2O、甲基或甲氧基的碎片离子峰。

此外,香豆素类成分经常具有异戊烯基、乙酰氧基、五碳不饱和酰氧基等常见官能团,在裂解过程中也会出现一系列特征碎片离子峰。这些离子峰信号均是香豆素类化合物质谱的主要特征。

母体香豆素产生失去 CO 的苯骈呋喃离子。

$$146(76\%) \xrightarrow{-CO} 118(100\%) \xrightarrow{-CO} C_7H_6^{+\cdot}\ 90(43\%) \longrightarrow C_7H_5^{+}\ 89(35\%)$$

取代香豆素出现一系列失去 CO 峰。

$$176(100\%) \xrightarrow{-CO} 148(82\%) \xrightarrow{-CH_3^{\cdot}} 133(83\%)$$

$$\xrightarrow{-CO} C_7H_5O^{+}\ 105(12\%) \xrightarrow{-CO} C_6H_5^{+}\ 77(27\%)$$

第二节 结构解析实例

实例 1

从芸香科植物芸香(*Ruta graveolens* L.)的全草中分离得到化合物 1,为无色针状结晶,易溶于乙醇、三氯甲烷和乙酸,紫外线灯下显蓝色荧光。遇三氯化铁-铁氰化钾试剂显蓝色,提示含有酚羟基。EI-MS 谱(图 4-1)中出现很强的分子离子峰 *m/z* 162 和碎片离子 *m/z* 134［M-CO］+、105［M-2CO-H］+,显示出特征的香豆素类化合物的裂解过程。^{1}H-NMR 谱(图 4-2)中发现除溶剂和水峰信号外,只有 5 个不饱和氢信号,其中 δ6.16(1H,d,*J*=9.4Hz)、7.82(1H,d,*J*=9.4Hz)为香豆素吡喃酮环上 H-3 和 H-4 特征信号,两者邻位偶合,分别裂分为双峰,H-4 位于羰基的 β 位出现在低场,H-3 位于羰基的 α 位出现在高场;δ7.43(1H,d,*J*=8.5Hz)、6.69(1H,d,*J*=2.3Hz)和 6.77(1H,dd,*J*=8.5,2.3Hz)为香豆素苯环氢信号,其中 δ6.77 与 7.43 质子为邻位偶合,δ6.69 与 6.77 质子为间位偶合,从化学位移值和偶合常数值可判断为苯环 H-5、H-8 和 H-6。同时 7 位应含有 1 个羟基,从而造成 H-6 和 H-8 处于高场。故而判断化合物 1 为 7 位羟基取代香豆素。

^{13}C-NMR 谱（图 4-3）中，发现除溶剂峰信号外，共有 9 个碳信号，均出现在 δ102.0~162.2，其中 δ163.3 为内酯环羰基的特征信号，δ103.4 为香豆素 C-8 的特征信号，C-8 受到 7-OH 氧和内酯环上氧的双重供电子效应的影响，处于高场。δ114.6 和 146.1 为香豆素内酯环双键的特征吸收峰。综上所述，该化合物是 7-羟基香豆素，即伞形花内酯（umbelliferone）。该化合物的 C-6 和 C-4a 的 δ 值较为接近，根据季碳信号丰度较低，判断 δ112.3 为 C-4a。NMR 谱数据归属见表 4-3。

化合物1：伞形花内酯

表 4-3　化合物 1 的 NMR 谱数据（CD$_3$OD）

No.	δ_H（J，Hz）	δ_C	No.	δ_H（J，Hz）	δ_C
2	—	163.3	7	—	163.7
3	6.16（1H，d，9.4）	114.6	8	6.69（1H，d，2.3）	103.4
4	7.82（1H，d，9.4）	146.1	4a	—	112.3
5	7.43（1H，d，8.5）	130.7	8a	—	157.2
6	6.77（1H，dd，8.5，2.3）	113.1			

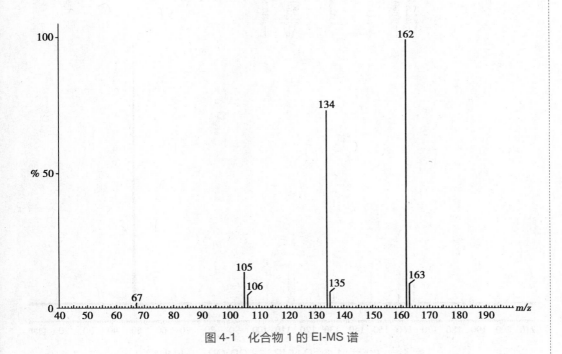

图 4-1　化合物 1 的 EI-MS 谱

No, Sul는로 对 he 대부 25 MPa 기타 부분 2, fe 강 종 국민 모자 모. 평 목표에서
3.10이 0 cel. 3 m 0 cel. 5 가.ppm 0 m 대 및 모 모 및 제 5ev 평 목표에서 304 로 제 모 관 cm cm 평 목료에서
te. te 3 5 제 10.8 모 제 및 대부 제 로 제 cm 제 cm 은료. Pz cm cm cm 모. 모 모 로 로
te 제 3 평 을 cm 제 ez cm 2 모 9 제 cm 를 K 로 및 를 5 제 및 로 cm 로 및 Cel. 로 여기 이 4 모 관리
모 대료에 te.te모데-tez cm 대부 2 5m 여기 및 ez. Cz모 Cz 여기 및 을 평 y 5 평 평. mz y 5 대 관리
4 은 cm y z 제 te 2 5 데 cz Cz, mz z 5 제 KT 을 평 목표 및 로 2-4 를.

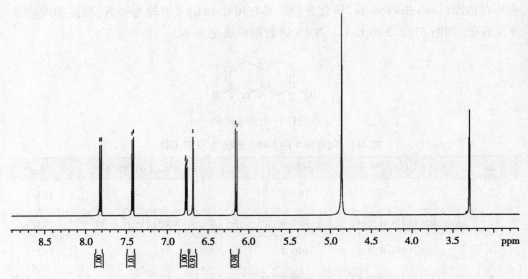

图 4-2　化合物 1 的^{1}H-NMR 谱（CD$_3$OD，500MHz）

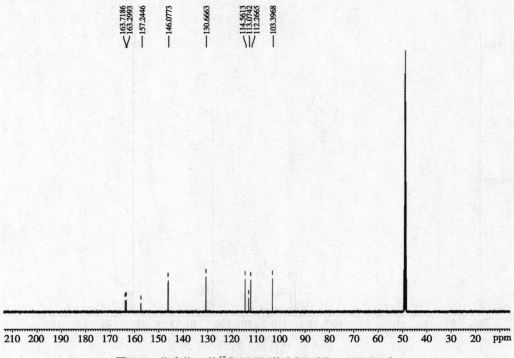

图 4-3　化合物 1 的^{13}C-NMR 谱（CD$_3$OD，125MHz）

实例2

从木犀科（Oleaceae）梣属（*Fraxinus*）植物白蜡树（*Fraxinus chinensis* Roxb）的干燥树叶中分离得到化合物2，淡黄色棱状晶体，m. p. 270℃，其易溶于甲醇或热乙醇等溶剂，紫外线灯下显灰蓝色荧光。异羟肟酸铁反应显阳性，表示有内酯环结构。遇$FeCl_3$-$K_3[Fe(CN)_6]$剂呈现蓝色，表明其含有酚羟基。在 ^{1}H-NMR 谱（图4-4）中，在芳香区有4个不饱和氢质子信号。其中，$\delta 6.17$（1H，d，$J = 9.4$Hz）和$\delta 7.78$（1H，d，$J = 9.4$Hz）为香豆素吡喃酮环上 H-3 和 H-4 的特征信号，两个孤立的芳香环质子信号$\delta 6.93$（1H，s）和$\delta 6.74$（1H，s）处的两个单峰信号说明香豆素苯环上二氢为对位，提示苷元的6、7位应含有2个羟基。

在 ^{13}C-NMR 谱（图4-5）中，9个碳信号出现在$\delta 103.0 \sim 165$，提示可能为香豆素母核结构。其中，$\delta 164.3$ 是内酯环上羰基 C-2 的特征信号，$\delta 112.5$ 和$\delta 146.0$ 为香豆素内酯环双键 C-3 和 C-4 的特征吸收峰；$\delta 103.6$ 为 C-8 的特征吸收峰，因其受到 7 位羟基和内酯环羰基的双重影响而处于高场；C-6 和 C-7 因受到羟基的影响，使其化学位移向着低场分别移动至$\delta 144.6$ 和$\delta 152.0$；C-10 为季碳 sp^2 杂化，峰强较小，从而确定$\delta 112.8$ 为 C-10。综上分析，确定化合物 2 为 6，7-二羟基香豆素，即秦皮乙素（esculetin），又称七叶内酯或七叶亭，NMR 数据归属见表 4-4。

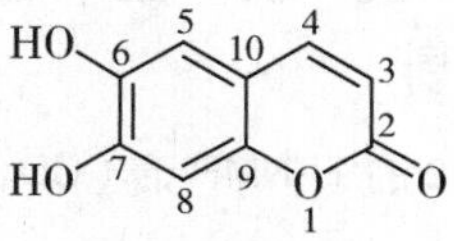

化合物2：秦皮乙素

表4-4　化合物2的NMR谱数据（CD$_3$OD）

No.	δ_H（J，Hz）	δ_C	No.	δ_H（J，Hz）	δ_C
2	—	164.3	7	—	152.0
3	6.17（1H，d，9.4）	112.5	8	6.74（1H，s）	103.6
4	7.78（1H，d，9.4）	146.0	9	—	150.5
5	6.93（1H，s）	113.0	10	—	112.8
6	—	144.6			

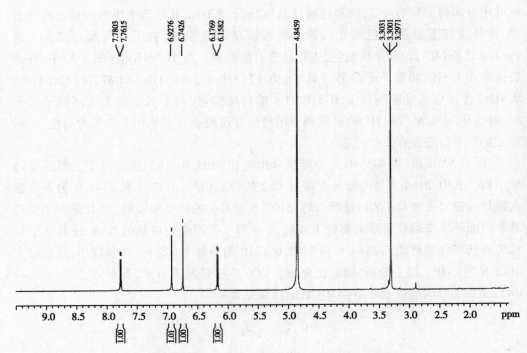

图 4-4　化合物 2 的 ^{1}H-NMR 谱（CD$_3$OD，500MHz）

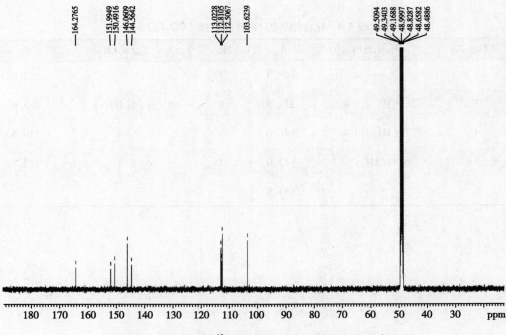

图 4-5　化合物 2 的 ^{13}C-NMR 谱（CD$_3$OD，125MHz）

实例3

从豆科植物补骨脂（*Psoralea corylifolia* L.）的果实中分离得到化合物3,为无色针状结晶,溶于乙醇、三氯甲烷,微溶于水、乙醚和石油醚,紫外线灯下显蓝色荧光。¹H-NMR谱（图4-6）中在不饱和区共出现6个氢信号,其中δ6.39(1H,d,*J*=9.6Hz)和8.08(1H,d,*J*=9.6Hz)为香豆素吡喃酮环上H-3和H-4的特征信号;δ7.54(1H,s)和7.88(1H,s)为苯环上对位的2个氢信号,分别为香豆素母核H-8和H-5,提示香豆素母核6、7位有取代基;此外,还有2个不饱和氢δ7.89(1H,d,*J*=2.4Hz)和6.98(1H,d,*J*=2.4Hz),为呋喃香豆素呋喃环上H-2′和H-3′的特征信号。

¹³C-NMR谱（图4-7）中,除CD₃OD的溶剂峰和水峰外,低场有11个碳信号,提示可能为呋喃香豆素。δ161.7为香豆素内酯环羰基的特征吸收峰,δ98.9为香豆素C-8的特征信号,δ113.6和145.0为吡喃酮环上C-3和C-4特征信号,δ147.3和106.2为呋喃环上C-2′和C-3′特征信号。根据以上分析,确定化合物3为补骨脂素(psoralen),NMR数据与文献中一致。NMR谱数据归属见表4-5。

化合物3:补骨脂素

表4-5 化合物3的NMR谱数据（CD₃OD）

No.	δ_H (J, Hz)	δ_C	No.	δ_H (J, Hz)	δ_C
2	—	161.7	8	7.54(1H,s)	98.9
3	6.39(1H,d,9.6)	113.6	4a	—	115.6
4	8.08(1H,d,9.6)	145.0	8a	—	151.9
5	7.88(1H,s)	120.2	2′	7.89(1H,d,2.4)	147.3
6		125.2	3′	6.98(1H,d,2.4)	106.2
7	—	156.5			

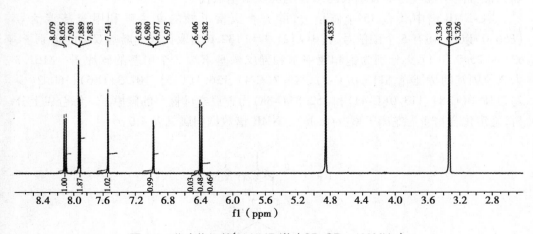

图4-6 化合物3的¹H-NMR谱（CD₃OD, 400MHz）

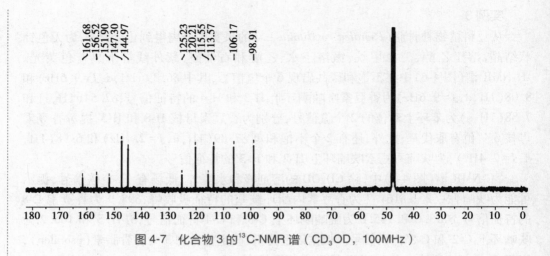

图4-7 化合物3的^{13}C-NMR谱（CD$_3$OD，100MHz）

实例4

从伞形科植物蛇床[Cnidium monnieri(L.)Cuss.]的干燥成熟果实(蛇床子)中分离得到化合物4，为黄色针状结晶。异羟肟酸铁反应呈阳性，紫外线灯下显蓝色荧光。ESI-MS谱给出准分子离子峰m/z 245[M+H]$^+$。^{1}H-NMR谱(图4-8)和^{13}C-NMR谱(图4-9)显示，化合物4含有15个碳原子和16个氢原子，以质谱数据减去碳和氢的总原子量，剩余48，故化合物可能含有3个氧原子，综合质谱和NMR数据，判断化合物5的分子式为C$_{15}$H$_{16}$O$_3$。^{1}H-NMR谱中，δ6.23(1H,d,J = 9.5Hz)和7.60(1H,d,J = 9.5Hz)为香豆素母核内酯环上的H-3、H-4的特征信号，δ6.82(1H,d,J = 8.6Hz)和7.27(1H,d,J = 8.6Hz)为香豆素母核苯环上的邻位偶合芳氢，δ3.91为芳环上的甲氧基信号。δ5.22(1H,t,J = 7.2Hz)为烯氢信号，根据其峰形和偶合常数可知该双键和亚甲基δ3.54(2H,d,J = 7.2Hz)相连;δ1.66(3H,s)和1.84(3H,s)为2个甲基信号，且2个甲基与季碳相连。由此推测该化合物含有(CH$_3$)$_2$C=CH—CH$_2$—(异戊烯基)结构片段。由于香豆素类化合物在7位常有含氧取代基存在，故推断异戊烯基上亚甲基质子出现在δ3.54,说明此片段直接与芳环C相连(如与氧相连，亚甲基信号应在更低场)，故推测7位应为甲氧基取代，8位为异戊烯基取代。

^{13}C-NMR谱中共有15个碳信号，除去香豆素母核的9个碳和甲氧基碳信号(δ56.0)以外，还有5个碳信号，其中δ121.1和132.6为取代异戊烯基双键的碳原子，δ21.9、25.8和17.9分别为饱和亚甲基和异戊烯基末端2个甲基的碳原子。δ161.3为2位羰基的特征峰，δ113.0(C-3)、143.7(C-4)、126.1(C-5)、107.3(C-6)、160.2(C-7)、118.0(C-8)、113.0(C-4a)和152.8(C-8a)为香豆素母核上的碳原子。综合以上分析，确定化合物4为蛇床子素(osthole)。NMR谱数据归属见表4-6。

化合物4：蛇床子素

表 4-6 化合物 4 的 NMR 数据（CDCl₃）

No.	δ_H (J, Hz)	δ_C	No.	δ_H (J, Hz)	δ_C
2	—	161.3	8a	—	152.8
3	6.23(1H,d,9.5)	113.0	1′	3.54(2H,d)	21.9
4	7.60(1H,d,9.5)	143.7	2′	5.22(1H,t)	121.1
5	7.27(1H,d,8.6)	126.1	3′	—	132.6
6	6.82(1H,d,8.6)	107.3	4′	1.66(3H,s)	17.9
7	—	160.2	5′	1.84(3H,s)	25.8
8	—	118.0	—OCH₃	3.91(3H,s)	56.0
4a	—	113.0	—		

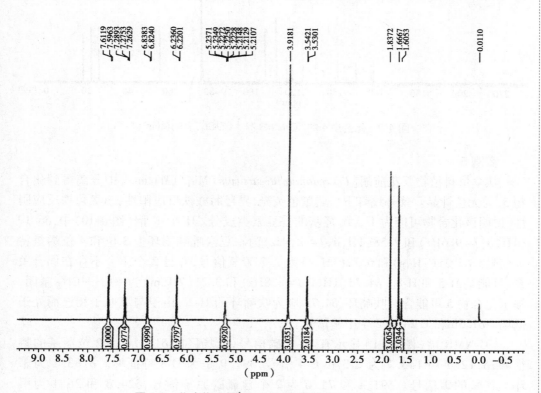

图 4-8 化合物 4 的 ¹H-NMR 谱（CDCl₃，600MHz）

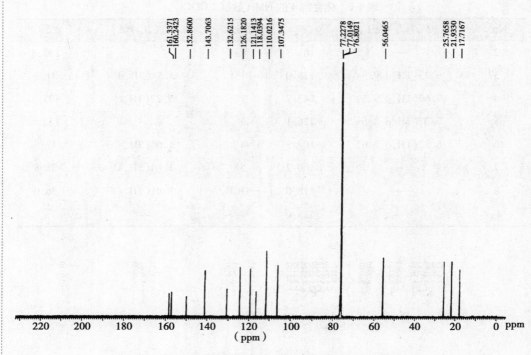

图4-9 化合物4的 ^{13}C-NMR谱（CDCl$_3$，150MHz）

实例5

从伞形科植物紫花前胡 [*Peucedanum decursivum* (Miq.) Maxim.] 中分离得到化合物5，为无色针晶。紫外线灯下呈蓝紫色荧光,异羟肟酸铁反应阳性,三氯化铁反应阴性,说明该化合物可能为不含酚羟基的香豆素类成分。^{1}H-NMR谱（图4-10）中, δ6.19（1H,d,J=9.6Hz）和7.58（1H,d,J=9.6Hz）为香豆素吡喃酮环上3位和4位烯氢特征信号。δ7.21（1H,s）和6.72（1H,s）为2个芳氢信号,并且2个质子不存在偶合关系,可能是H-5和H-8。δ4.73（1H,t,J=8.8Hz）和3.21（2H,m）为—CH—CH$_2$基团,提示化合物5可能含有呋喃环,δ4.73应为呋喃环的H-2′,由于与氧原子相连而处于低场。δ1.36和1.24为2个甲基信号。

^{13}C-NMR谱（图4-11）显示有14个碳信号,低场区的 δ161.4为2位羰基的特征峰;δ112.7和143.7为C-3和C-4信号,δ97.9是为C-8特征峰。δ163.1为苯环上连氧的碳信号。δ91.1和71.6为2个含氧碳原子信号,δ24.3和26.1为甲基中的碳信号。综上所述,该化合物应为呋喃香豆素类化合物,其呋喃环双键被还原为单键,并存在1个羟基异丙基结构,根据 δ4.73的H-2′信号可知,2′位应有取代基存在,经与文献对照,确定化合物5为紫花前胡苷元（nodakenetin）。NMR谱数据归属见表4-7。

化合物5:紫花前胡苷元

表 4-7 化合物 5 的 NMR 数据（CDCl₃）

No.	δ_H (J, Hz)	δ_C	No.	δ_H (J, Hz)	δ_C
2	—	161.4	4a	—	112.3
3	6.19(1H,d,9.6)	112.7	8a	—	155.6
4	7.58(1H,d,9.6)	143.7	2′	4.73(1H,t,8.8)	91.1
5	7.21(1H,s)	123.4	3′	3.21(2H,m)	29.7
6	—	125.0	4′	—	71.6
7	—	163.1	5′	1.36(3H,s)	26.1
8	6.72(1H,s)	97.9	6′	1.24(3H,s)	24.3

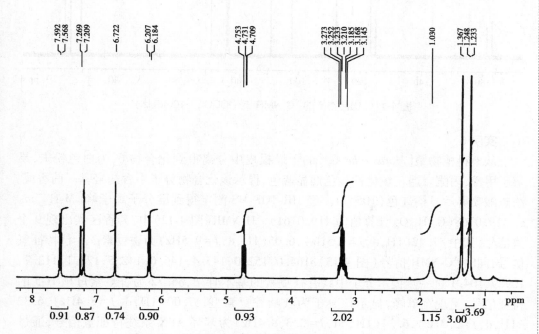

图 4-10 化合物 5 的 ¹H-NMR 谱（CDCl₃，400MHz）

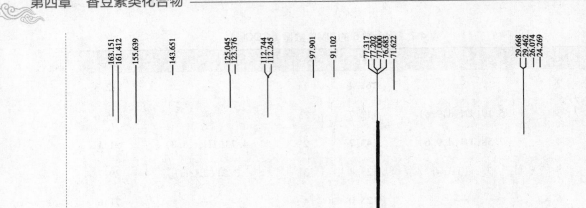

图 4-11 化合物 5 的 ^{13}C-NMR 谱（CDCl$_3$，100MHz）

实例 6

从桑科植物桑［*Morus alba* L.］的干燥根皮中分离得到化合物 6，为白色粉末，易溶于甲醇，丙酮。遇三氯化铁显色剂显蓝色，提示该化合物分子中含酚羟基。茴香醛-浓硫酸喷雾后显橘红色（105℃）。经 HR-TOF-MS 测定得到准分子离子峰［M-H］$^-$ m/z：419.0768（C$_{23}$H$_{15}$O$_8$ 计算值为 419.0761）。^{1}H-NMR（图 4-12）中，芳香区共出现 9 个氢信号，其中 δ7.42（1H，d，J=9.5Hz），6.05（1H，d，J=9.5Hz）为香豆素 3，4 位特征氢信号，同时 ^{13}C-NMR 信号（图 4-13）δ164.0，152.0，147.4，146.6，142.5，128.1，112.7，109.9，104.1 进一步提示分子中具有香豆素的基本骨架，δ6.72 为香豆素母核 H-5 的特征信号，呈现宽单峰，显示该分子为呋喃香豆素型；δ7.00（1H，d，J=8.4Hz），6.32（1H，d，J=2.3Hz），6.24（1H，dd，J=2.3，8.4Hz）为苯环 ABX 系统特征氢信号，通过 HSQC 谱（图 4-14）找到它们对应的碳分别为 δ129.1，103.7，107.4，在 HMBC 谱（图 4-15）中，δ7.00 与 δ92.0，157.5，159.8 有远程相关，δ6.32 与 δ107.4，119.1，159.8 有远程相关，δ6.24 与 δ103.7，119.1 有远程相关，可以得出该苯环的骨架碳信号为 δ159.8，157.5，129.1，119.1，107.4，103.7，并且苯环的 C-1 连在 δ92.0 的碳上；通过 HSQC 谱找到 δ92.0 碳上所连氢的化学位移为 δ5.77，^{1}H-^{1}H COSY 谱（图 4-16）中，次甲基氢 δ5.77 与次甲基氢 δ4.76 有相关关系，提示这两个氢为邻位碳上的氢，而 HMBC 谱中 δ4.76 与 92.0，107.4，119.1，128.1，146.2 有远程相关，其中 δ107.4，146.2 为另一苯环上的碳，δ107.4 碳对应的氢 δ6.15（2H，s）与 δ102.5，107.4，160.0 有远程相关，所以其所在苯环的骨架碳 δ160.0，146.2，107.4，102.5，且苯环中存在对称结构；综合以上分析，该分子确定为二苯乙烯与线型呋喃香豆素的聚合物，确定该化合物 6 为 morescoumarin A，其 NMR 谱数据归属见表 4-8。

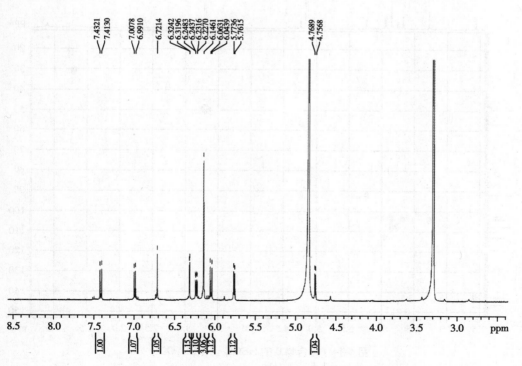

化合物6：morescoumarin A

表 4-8　化合物 6 的 NMR 数据（CD₃OD）

No.	δ_H (J, Hz)	δ_C	No.	δ_H (J, Hz)	δ_C
2	—	164.0	4'	6.14(1H,s)	102.5
3	6.05(1H,d,9.5)	112.7	5'	—	160.0
4	7.42(1H,d,9.5)	142.5	6'	6.14(1H,s)	107.4
5	6.72(1H,s)	104.1	α	4.76(1H,d,6.0)	56.5
6	—	128.1	β	5.77(1H,d,6.0)	92.0
7	—	146.6	1"	—	119.1
8	—	147.4	2"	—	157.5
8a	—	152.0	3"	6.32(1H,d,2.3)	103.7
4a	—	109.9	4"	—	159.8
1'	—	146.2	5"	6.24(1H,dd,8.4,2.3)	107.4
2'	6.14(1H,s)	107.4	6"	7.00(1H,d,8.4)	129.1
3'	—	160.0			

图 4-12　化合物 6 的 ¹H-NMR 谱（CD₃OD，500MHz）

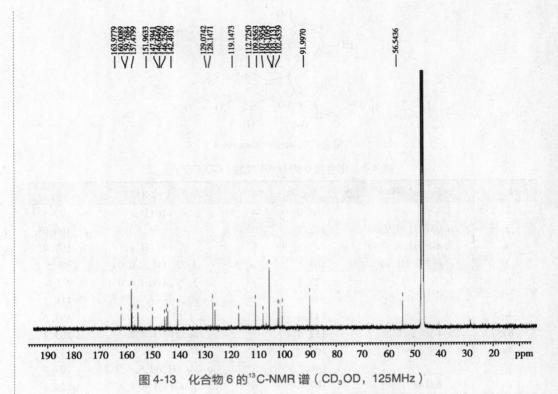

图 4-13　化合物 6 的 ¹³C-NMR 谱（CD₃OD，125MHz）

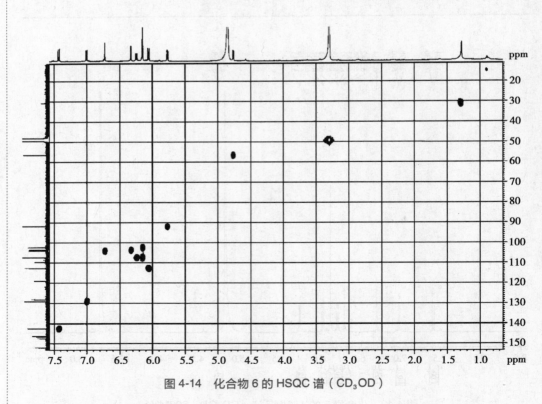

图 4-14　化合物 6 的 HSQC 谱（CD₃OD）

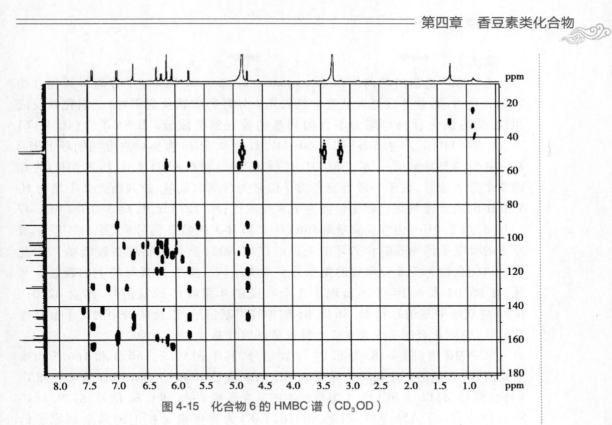

图 4-15 化合物 6 的 HMBC 谱（CD₃OD）

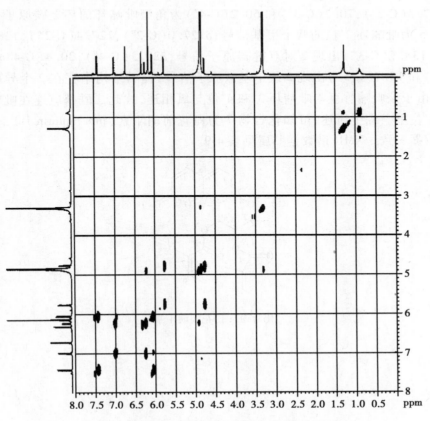

图 4-16 化合物 6 的¹H-¹H COSY 谱（CD₃OD）

实例 7

从伞形科植物白花前胡（*Peucedanum praeruptorum* Dunn）中分离得到化合物 7，为无色方晶，紫外线灯下呈蓝紫色荧光。异羟肟酸铁反应阳性，三氯化铁反应阴性，说明该化合物可能为不含酚羟基的香豆素类成分。^{1}H-NMR 谱（图 4-17）中，$\delta 6.24$（1H，d，$J=9.5$Hz）和 7.60（1H，d，$J=9.5$Hz）为香豆素吡喃酮环上 H-3 和 H-4 位烯氢特征信号；$\delta 7.38$（1H，d，$J=8.5$Hz）和 6.83（1H，d，$J=8.5$Hz）为相邻 2 个芳氢信号，由于一般香豆素类 7 位常为含氧取代基，故判断此 2 个氢为 H-5 和 H-6，由此推测化合物 7 可能为 7，8 位取代；$\delta 6.72$（1H，d，$J=5.0$Hz）和 5.47（1H，d，$J=5.0$Hz）为香豆素吡喃环的 H-4′ 和 H-3′ 的特征信号（其中 H-4′ 受到氧原子的吸电子诱导效应和芳环的去屏蔽作用，相对于 H-3′ 出现在较低场），由此判断该化合物为 7，8 位取代的角型香豆素类结构。除香豆素母核上的碳氢信号外，在 $\delta 6.04$ 和 6.14 处还出现了 2 个特征的 4 重峰的烯氢信号，结合 $\delta 2.01$、1.98 的双峰甲基信号和 $\delta 1.86$、1.85 的单峰甲基信号，以及碳谱中的 2 个酰基羰基信号，说明化合物 7 中存在 2 个异戊酰基取代基。

^{13}C-NMR 谱（图 4-18）显示 24 个碳信号，其中 $\delta 159.7$、166.3 和 166.5 为羰基碳信号，分别是 2 位和 2 个异戊酰基羰基碳信号；$\delta 113.3$ 和 143.1 为 C-3 和 C-4 特征信号；$\delta 112.5$ 和 154.1 为母核上的 2 个季碳 C-4a 和 C-8a 信号；$\delta 129.1$（C-5）、114.3（C-6），156.7（C-7）和 107.6（C-8）为香豆素母核上的其余碳原子信号；$\delta 77.3$（C-2′），70.2（C-3′）和 60.2（C-4′）为角型吡喃环的环上碳原子；$\delta 25.4$ 和 22.5 为吡喃环 2′位的两个甲基信号；$\delta 127.0$（C-2″），127.4（C-2‴），138.3（C-3″）和 138.7（C-3‴）出现 2 对双键碳原子信号，$\delta 20.3$（C-4″），20.4（C-4‴），15.5（C-5″）和 15.7（C-5‴）出现 2 组甲基碳原子信号，提示结构中存在 2 个异戊酰基片段，由于该吡喃香豆素吡喃环 3′和 4′位与氧相连，故此二酰基应连在吡喃环的 3′和 4′位上。综上所述，可知化合物 7 为白花前胡丁素（praeruptorin D），与文献对照数据一致。NMR 谱数据归属见表 4-9。

化合物7：白花前胡丁素

表 4-9 化合物 7 的 NMR 数据（CDCl₃）

No.	δ_H（J, Hz）	δ_C	No.	δ_H（J, Hz）	δ_C
2	—	159.7	1″	—	166.3
3	6.24（1H,d,9.5）	113.3	2″	—	127.0
4	7.60（1H,d,9.5）	143.1	3″	6.04（1H,br.q,7.2）	138.3
5	7.38（1H,d,8.5）	129.1	4″	1.98（3H,br.d,7.2）	20.3
6	6.83（1H,d,8.5）	114.3	5″	1.85（3H,br.s）	15.5
7	—	156.7	1‴	—	166.5
8	—	107.6	2‴	—	127.4
4a	—	112.5	3‴	6.14（1H,br.q,6.8）	138.7
8a	—	154.1	4‴	2.01（3H,br.d,6.8）	20.4
2′	—	77.3	5‴	1.86（3H,br.s）	15.7
3′	5.47（1H,d,5.0）	70.2	2′-CH₃×2	1.52（6H,s）	25.4,22.5
4′	6.72（1H,d,5.0）	60.2			

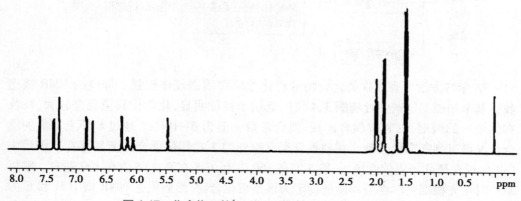

图 4-17 化合物 7 的 ¹H-NMR 谱（CDCl₃，500MHz）

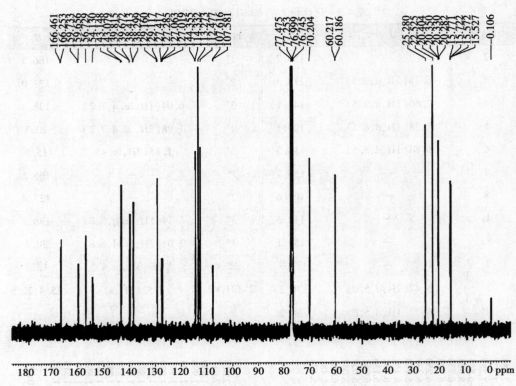

图 4-18　化合物 7 的 ^{13}C-NMR 谱（CDCl$_3$，125MHz）

学习小结

1. 学习内容

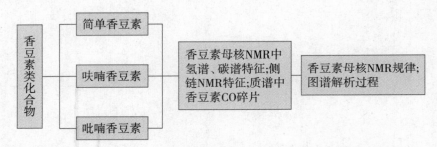

2. 学习方法

香豆素类化合物的理化性质和质谱规律较强。母核的 NMR 波谱数据基本相似。氢谱中吡喃酮 3、4 位的氢质子特征明显，化学位移值相差较大，往往在低场区的两端，以邻位偶合出现，偶合常数一般为 6~10Hz。通过苯环上芳氢的偶合情况可以判断取代类型。呋喃香豆素有额外的 1 对邻位偶合的芳氢存在。碳谱中 C-2 出现在最低场或较低场，一般 δ 值在 160 以上，C-8 在高场，δ 值在 100 左右。解析结构时可先根据化学性质和质谱确定为该类型化合物，然后根据 NMR 谱中 H 和 C 的数目，根据香豆素母核的特征确定香豆素的类型，将母核的信号归属后再确定侧链的碎片信号，最后确定侧链在母核上的连接位置完成结构解析。

（谭玉柱）

复习思考题

1. 如何根据 NMR 氢谱和碳谱区别简单香豆素和呋喃香豆素?
2. 如何根据 NMR 原理解释香豆素母核中各位置 H 和 C 的化学位移特征?
3. 本章实例中出现的两类异戊烯基片段的氢谱和碳谱特征有哪些?

第五章

木脂素类化合物

📖 **学习目的**

通过本章的学习,掌握常见木脂素类化合物如二苄基丁烷类、二苄基丁内酯,苯代萘型、苯骈呋喃型木脂素的波谱规律和 NMR 图谱特征。

学习要点

双环氧木脂素 C-7、C-8、C-9、C-7′、C-8′、C-9′的[13]C-NMR 谱特征,苯骈呋喃型木脂素 7 位和 8 位碳、氢的 NMR 波谱特征。

第一节 波 谱 规 律

木脂素类结构为两个桂皮酸或桂皮醇分别通过 β 碳(8-8′)连接而成,分子中的连氧活性基团往往形成一个或两个四氢呋喃环或内酯环,构成不同的亚类型结构。目前该类化合物的结构研究主要依靠波谱分析法,尤其是 NMR 谱。木脂素的结构类型较多,其 NMR 谱特征因结构不同而异,下面仅把常见的几种类型木脂素类化合物的[1]H-NMR 和[13]C-NMR 谱规律作一简单介绍。

一、二苄基丁烷类化合物

二苄基丁烷类(简单木脂素)是由两个 C_6-C_3 单元仅通过 β-碳(8-8′)连接而成,结构的变化主要表现在 C_3 部分的氧化程度和存在形式不同,包括 C-9 和 C-9′的无氧化形、双羟基型、双羧基型等,C_3 部分核磁共振特征见表 5-1 和表 5-2。有些化合物的 C-7 或 C-7′以仲醇或羰基形式存在。该类化合物常具有对称结构,NMR 仅出现一半结构的信号,因此在解析其 NMR 谱时应予注意。

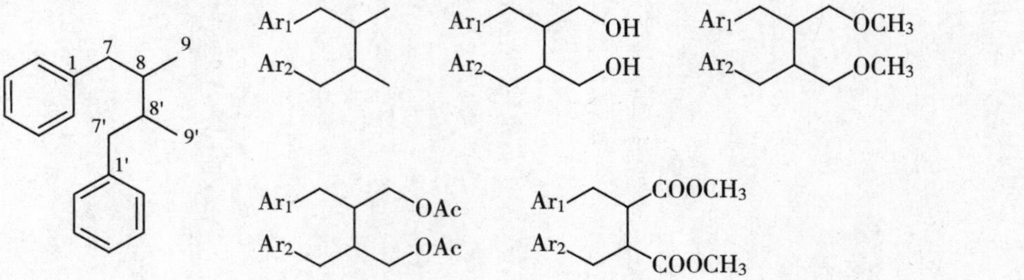

简单木脂素类结构特征

表 5-1　二苄基丁烷类 C$_3$ 部分 ^{1}H-NMR 谱特征

取代特征	H-7	H-7′	H-8	H-8′	H-9	H-9′	取代基
C$_3$ 单位无取代	2.3~2.7	2.3~2.7	1.7~1.8	1.7~1.8	0.7~0.8	0.7~0.8	
9,9′-二羟基	2.6~2.8	2.6~2.8	1.8~1.9	1.8~1.9	3.5~3.9	3.5~3.9	
9,9′-二甲氧基	2.5~2.7	2.5~2.7	~2.1	~2.1	3.9~4.2	3.9~4.2	3.2~3.3
9,9′-二乙酰氧基	2.5~2.7	2.5~2.7	~2.1	~2.1	3.9~4.2	3.9~4.2	2.0~2.1

表 5-2　二苄基丁烷类 C$_3$ 部分 ^{13}C-NMR 谱特征

取代特征	C-7	C-7′	C-8	C-8′	C-9	C-9′	取代基
C$_3$ 单位无取代	36~42	36~42	37~40	37~40	13~16	13~16	
9,9′-二羟基	~36	~36	~44	~44	~60	~60	
9,9′-二甲氧基	35~36	35~36	40~42	40~42	72~73	72~73	~59
9,9′-二乙酰氧基	34~36	34~36	39~40	39~40	64~65	64~65	~21

二、二苄基丁内酯类化合物

二苄基丁内酯类(木脂内酯)的结构特征是在简单木脂素的基础上,C-9 和 C-9′被氧化形成内酯环,内酯环可能"朝上",也可能"朝下",此类化合物结构特点主要表现在 C-7/7′、C-8/8′氧化程度不同及 C-8/8′构型的差异,C$_3$ 部分核磁共振特征见表 5-3 和表 5-4。根据 ^{1}H-NMR 谱低场区芳香质子的数目和偶合常数的大小,可以确定苯环上取代基的取代位置;同样,根据脂肪碳上质子的数目、化学位移和偶合常数,可以确定脂肪碳上取代基的取代位置。^{13}C-NMR 谱中会出现木脂内酯基本骨架的信号,包括两个苯环的信号,两个苄基中的亚甲基信号和 1 个五元内酯环的信号。如果苯环上连接含氧取代基,则在 δ140~150 范围内给出相应的芳香碳信号。如果基本骨架中含有双键,则在低场 δ125 和 δ140 附近增加相应两个信号,而高场 δ35~75 相应地减少两个信号。

木脂内酯类结构特征

表 5-3　二苄基丁内酯类 C_3 部分 ^{1}H-NMR 谱特征

取代特征	H-7	H-7′	H-8	H-8′	H-9′
C_3 单位无取代	2.8~3.0	2.4~2.6,2.8~3.0	2.4~2.7	2.4~2.7	3.8~3.9,4.0~4.2
7-羟基	~5.3	2.2~2.5	~2.6	~2.8	3.9~4.4
7-羰基		2.7~2.8	4.2~4.3	~3.4	4.1~4.2,4.5~4.6
8-羟基	2.5~2.7	2.5~2.7	~2.1	~2.1	3.9~4.2
8′-羟基	2.9~3.2	2.5~2.6	2.6~2.7		3.8~3.9,4.0~4.2
8-羟基-7′-羰基	3.0~3.2			~4.2	4.2~4.3,4.4~4.5

表 5-4　二苄基丁内酯类 C_3 部分 ^{13}C-NMR 谱特征

取代特征	C-7	C-7′	C-8	C-8′	C-9	C-9′
C_3 单位无取代	34~36	37~40	45~48	40~43	177~180	70~72
7-羟基	72~73	39~40	52~53	36~37	178~179	72~73
7-羰基	191~192	37~40	53~54	41~42	172~173	70~72
8-羟基	32~33	41~42	77~78	44~45	180~181	71~72
8′-羟基	~30	43~44	50~51	78~79	177~178	76~77
8-羟基-7′-羰基	42~43	196~197	78~79	~47	~176	67~68

三、苯代萘型木脂素

包括环木脂素和环木脂内酯。

在简单木脂素的基础上,通过一个苯丙素单位中苯环的 6 位与另一个苯丙素单位的 7 位环合而成环木脂素,自然界中的环木脂素以苯代四氢萘型居多。环木脂素类化合物苯环的 4 位通常由羟基取代,3 位由羟基或者甲氧基取代,或者 3、4 位由亚甲二氧基取代,去氢环木脂内酯的 7′、8′、9′和 8 位还可能由羟基或乙酰氧基取代。环木脂素苷类化合物是在有羟基的位置形成氧苷,多数是 4 位成苷。

苯代四氢萘型木脂素的 9 位和 9′位碳原子常常氧化为羟甲基。^{13}C-NMR 谱中苯代四氢萘型木脂素的 7、7′、8、8′位 4 个碳原子是其特征信号:C-7(CH):$\delta47~50$;C-7′(CH_2):$\delta30~34$;C-8(CH):$\delta45~48$;C-8′(CH):$\delta36~41$。

环木脂素的两个 γ 碳原子还可以形成五元内酯环,即环木脂内酯。这种类型的木脂素结构中羰基有"朝上"和"朝下"两种类型,用 ^{1}H-NMR 谱可以区别这两种类型的环木脂内酯。内酯环上向者,其 H-1 的 δ 值约为 8.25;而下向者,其 H-4 的 δ 值为 7.6~7.7。此外,内酯环中亚甲基质子的 δ 值与环的方向也有关,下向者 δ 值为 5.32~5.52,而上向者其 δ 值为 5.08~5.23。这是因为 C(苯)环平面与 A、B(萘)环平面是垂直的,内酯环上向时,环中亚甲基处在 C 环面上,受苯环各向异性屏蔽效应的影响,故位于较高磁场。

苯代四氢萘型　　　　4-苯代萘内脂　　　　1-苯代萘内脂

四、单环氧木脂素

单环氧木脂素（四氢呋喃型木脂素）的结构特征是在简单木脂素的基础上，由 7-O-7′、9-O-9′或 7′-O-9 碳原子通过氧原子相连，形成了四氢呋喃结构。由于7-O-7′或 9-O-9′环合的单环氧木脂素常具有对称结构，其 NMR 谱中仅出现一半结构的信号，因此在解析其 NMR 谱时应注意。其中 7′-O-9 环合的单环氧木脂素不具有对称性。

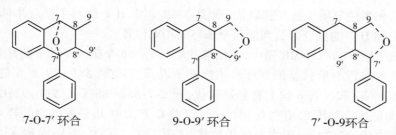

7-O-7′环合　　　　9-O-9′环合　　　　7′-O-9环合

7-O-7′单环氧木脂素的两个 γ 碳（即 9、9′位碳）通常是甲基、羟甲基、羧基，根据碳谱中高场区 9、9′位碳的化学位移值很容易区分。若 9、9′位碳为甲基，则 9、9′碳 δ11～15，8、8′碳 δ41～51，7、7′碳 δ81～88；若 9、9′位碳为羟甲基，则 9、9′碳 δ60～64，8、8′碳δ48～53，7、7′碳 δ81～83；若 9、9′位碳为羧基，则 9、9′碳 δ169～173，8、8′碳 δ52～56，7、7′碳 δ81～83。有时两个 γ 位羟甲基与乙酰基结合，即具有—CH₂—O—CO—CH₃ 片段，则碳谱中出现乙酰氧基的信号：羰基 δ167，甲基 δ21；或者 2 个 γ 位羧基与乙醇羟基结合形成酯键，即具有—COO—C₂H₅ 片段，则碳谱中会出现乙氧基信号：—O—CH₂—δ62，—CH₃δ14。

7′-O-9 单环氧木脂素的 9 位碳通常氧化为羟甲基，C-9 δ59～63。在 7′、8′或 8 位有羟基取代，羟基的取代位置可以根据碳谱中仲碳、叔碳或季碳的数目来判断。例如7′、8′位无羟基取代时，碳谱中会出现 7′位与苯环相连的亚甲基碳信号 δ32～34，8′位叔碳 δ42～43，9′位碳 δ72～73；对于 8′位有羟基取代的 7′-O-9 单环氧木脂素，C-8′δ81～82，同时会使 8、7′和 9′位碳分别向低场位移约 9、6 和 5；若在 7′、8′位均有羟基取代，则C-7′δ73～76，C-8′δ81～85，同时会使 8、9′位碳分别向低场位移 9、3。

9-O-9′单环氧木脂素的 7、7′位的两个苯环相连的亚甲基碳以及 9、9′位连氧原子的亚甲基碳的信号非常有特征，C-7、C-7′出现在 δ33～39，C-9、C-9′出现在 δ70～74，而8、8′位叔碳原子出现在 δ43～48。若 8 或 8′位有羟基等含氧取代基，则 C-8 或 C-8′向低场位移约 40。若在 7、9、7′或者 9′位有含氧取代，则分子结构不对称，并引起相应的碳原子向低场位移。

五、双环氧木脂素

双环氧木脂素(骈双四氢呋喃型木脂素)的结构中含有 4 个手性碳原子,因此具有显著的光学活性。平面结构相同的分子可能存在多种光学异构体,而且分子结构常具有对称性,在 NMR 图谱中仅出现一半结构的信号,在结构解析时应加以注意。

在双环氧木脂素的异构体中,根据[1]H-NMR 谱中 H-7 和 H-7′的 J 值,可以判断 2 个芳香基是位于同侧还是位于异侧。如果位于同侧,则 H-7 与 H-8 及 H-7 与 H-8′均为反式构型,其 J 值相同,为 4~5Hz;如 2 个芳香基位于异侧,则 H-7 与 H-8 为反式构型,J 值为 4~5Hz,而 H-7′与 H-8′则为顺式构型,J 值约为 7Hz。

同侧　　　　　　　　　　　　　　　　　异侧

若 8 位和 8′位氢质子被羟基取代,则[1]H-NMR 谱中 H-7 和 H-7′呈现单峰,此时不能利用 H-7 和 H-7′的偶合常数判断两个苯环的相对位置。

双环氧木脂素的[13]C-NMR 谱中,双四氢呋喃环上的 6 个碳原子的 δ 值是其特征信号。对于 8、8′位没有取代基的双环氧木脂素来说,7、7′位碳 δ85~89,8、8′位碳 δ54~56,9、9′位碳 δ68~72。若 8 位上有羟基取代,则 C-7:δ81~88;C-8:δ90~92;C-9:δ75~76,C-8′也向低场位移约 5,出现在 δ58~62,而对 C-7′、C-9′几乎无影响。若 8、8′位碳上均有羟基取代,则这 6 个碳均向低场位移,尤其是 C-8、C-8′,分别出现在 δ87(C-7/7′)、89(C-8/8′)、75(C-9/C-9′)左右。

少数双环氧木脂素在呋喃环的 9、9′位上连有羟基、甲氧基或乙酰基。羟基对于呋喃环碳原子的影响稍大于乙酰基(相差 1)。如 9-OH 的引入,会使 C-8/C-9 向低场位移,尤其是 C-9 向低场位移至 δ100~102,C-8 向低场位移至 δ60~62,而 C-8′与之相反,向高场位移 2~3,但对 C-7、C-7′和 C-9′影响不大。若是 9、9′位均有羟基或乙酰基取代,C-9、C-9′将显著向低场位移,出现在 δ100~102,C-8、C-8′稍向低场位移,出现在 δ58~61,而 C-7、C-7′却向高场位移至 δ84~86。乙酰基上羰基 δ168~170,甲基 δ20~21。9、9′位甲氧基的引入对于 C-9、C-9′的影响大于羟基和乙酰基,C-9、C-9′出现在 δ107~108,而对呋喃环上其他碳原子的影响和羟基、乙酰基相近。

在双环氧木脂素类化合物苯环的 3/4、3′/4′位常见亚甲二氧基取代,碳谱中在 δ100~102 出现—OCH₂O—上碳原子信号,相应氢谱在 δ5.9~6.0 处出现双氢单峰。

六、苯骈呋喃木脂素类

包括苯骈呋喃及其二氢衍生物,常见的是苯骈二氢呋喃木脂素。苯骈二氢呋喃木脂素的 NMR 谱中 7 位和 8 位上的碳、氢信号是其特征。^{1}H-NMR 谱中 H-7 为 d 峰,化学位移出现在 δ5.4~5.5;H-8 呈现 m 峰,δ3.2~3.5。从[1]H-NMR 谱 H-7 的偶合常数可以推测 H-7 和 H-8 是处于顺式还是反式,若 J=6.0~6.4Hz,说明 H-7 和 H-8 处于反式;若 J=2.0~2.5Hz,说明 H-7 和 H-8 处于顺式。^{13}C-NMR 谱中 C-7 由于和氧原子相连,出现在较低场,δ86~88,C-8 出现在 δ50~55,且均为叔碳原子。

多数苯骈二氢呋喃木脂素的丙基上末端碳为—CH_2OH，即具有丙醇基（—CH_2—CH_2—CH_2OH）侧链，^1H-NMR 谱中出现特征的丙醇基信号：$\delta 3.4(2H,t)$、$2.4(2H,t)$ 和 $1.6(2H,m)$；与之对应，在 ^{13}C-NMR 谱中出现 3 个 CH_2：$\delta 62,35$ 和 32。也有少数苯骈呋喃木脂素的丙醇基降解为 C_2 侧链或—COOH、—CHO，这从碳谱中碳原子的数目和化学位移值很容易判断。若丙醇基降解为—CHOH—CH_3，则出现 $\delta 70(CH)$、$23(CH_3)$信号；若丙醇基降解为—CO—CH_3，此时 ^{13}C-NMR 谱显示 $\delta 197(C=O)$、$26(CH_3)$信号峰。

七、苯骈二氧六环木脂素类

和苯骈呋喃木脂素的结构比较相似，区别是呋喃环在这里换成了二氧六环，同样，7 位和 8 位上的碳、氢是其 NMR 特征信号。^1H-NMR 谱中 H-7 为 d 峰，化学位移出现在 $\delta 4.9 \sim 5.0$；H-8 呈现 m 峰，$\delta 4.0 \sim 4.1$。从 H-7 的偶合常数可以推测 H-7 和 H-8 是处于顺式还是反式，若 H-7 的 $J=6.0 \sim 9.0Hz$，说明 H-7 和 H-8 处于反式；若 $J=2.0 \sim 4.5Hz$，说明 H-7 和 H-8 处于顺式。^{13}C-NMR 谱中由于 C-7、C-8 均和氧原子相连，C-7：$\delta 75 \sim 81$；C-8：$\delta 74 \sim 79$。

八、其他木脂素

倍半木脂素的结构中含有 3 个 C_6-C_3 结构单元，^{13}C-NMR 谱中出现 27 个碳原子是其主要特征。复合型木脂素中常见的是木脂素与黄酮或香豆素的复合体，NMR 中既出现木脂素的结构信号，也出现黄酮或香豆素的特征信号。从 ^{13}C-NMR 谱中碳原子的数目和化学位移值很容易判断是何种复合体。

九、取代基

甲氧基：芳香质子邻位的甲氧基比其他甲氧基向高场位移约 5，在 $\delta 55$ 左右，其余甲氧基在 $\delta 60$；^1H-NMR 谱中出现在 $\delta 3.2 \sim 3.8$。芳环上有亚甲二氧基时，与之同环的甲氧基信号移向低场。

酯基部分在氢谱中有特征峰，如苯甲酰基：$\delta 7.20 \sim 7.50(5H,m)$；当归酰基：3 组峰，$\delta 1.78(3H,dq,J=7.5,1.5Hz)$、$1.30(3H,q,J=1.5Hz)$ 和 $5.80 \sim 6.00(1H,m)$。

第二节　结构解析实例

实例 1

从松科植物马尾松（*Pinus massoniana* Lamb.）的针叶中分离得到化合物 1，为白色针状结晶（三氯甲烷）。硅胶 TLC 上三氯化铁-铁氰化钾试剂喷雾显蓝色，说明结构中含有酚羟基；茴香醛-浓硫酸加热显蓝色（105℃）。ESI-MS *m/z*：385［M+Na］$^+$。^1H-NMR 谱（图 5-1）显示有 3 个芳氢组成一个 ABX 系统：$\delta 6.71(1H,d,J=1.6Hz)$，$6.68(1H,d,J=8.0Hz)$，$6.60(1H,dd,J=8.0,1.6Hz)$。$\delta 3.66(1H,dd,J=11.2,4.4Hz)$，$3.52(1H,dd,J=11.2,4.4Hz)$ 为羟甲基上的氢质子信号；$\delta 3.75(3H,s)$ 为—OCH_3。^{13}C-NMR 谱（图 5-2）中共有 10 个碳信号，其中不饱和区的 6 个芳碳信号提

示有 1 个苯环:δ133.4、113.1、147.9、145.2、115.2 和 122.2;高场区有 4 个碳原子: δ35.8、44.5、55.9 和 60.8,其中 δ55.9 为一甲氧基上的碳原子信号。结合质谱数据分析,推断该化合物分子结构完全对称。综合 ^{13}C-NMR、^{1}H-NMR 谱数据,确定化合物 1 的结构为 4,4′,9,9′-四羟基-3,3′-二甲氧基-8,8′-木脂素,即开环异落叶松脂酚(sec-oisolariciresinol)。NMR 数据归属见表 5-5。

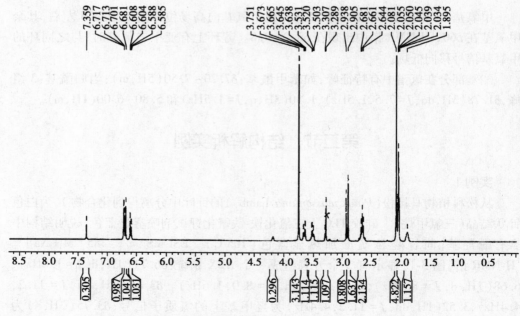

化合物1:开环异落叶松脂酚

表 5-5 化合物 1 的 NMR 数据(acetone-d_6+D$_2$O)

No.	δ_H (J, Hz)	δ_C	No.	δ_H (J, Hz)	δ_C
1,1′	–	133.4	6,6′	6.60(2H,dd,1.6,8.0)	122.2
2,2′	6.71(2H,d,1.6)	113.1	7,7′	2.04(4H,t)	35.8
3,3′	–	147.9	8,8′	1.90(2H,m)	44.5
4,4′	–	145.2	9,9′	3.66(2H,dd,11.2,2.8)	60.8
5,5′	6.68(2H,d,8.0)	115.2		3.52(2H,dd,11.2,4.4)	
—CH$_2$OH	3.31(2H,s)	–	—OCH$_3$	3.75(6H,s)	55.9

图 5-1 化合物 1 的 ^{1}H-NMR 谱(acetone-d_6+D$_2$O,400MHz)

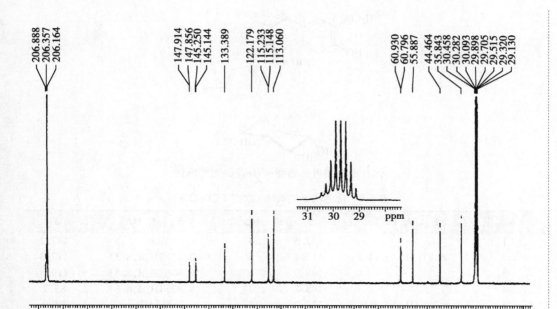

图 5-2　化合物 1 的 ^{13}C-NMR 谱（acetone-d_6+D_2O，100MHz）

实例 2

从木兰科（Magnoliaceae）木兰属（*Magnolia* L.）辛夷（*Magnolia biondii* Pamp.）中分离得到化合物 2，黄色结晶（甲醇），遇三氯化铁显色剂显蓝色，说明该化合物分子中有酚羟基。^{1}H-NMR 谱（图 5-3）中，芳香区有 6 个氢质子信号，由其中 3 个氢信号 $\delta7.11$（1H，d，J=8.3Hz）、6.97（1H，br.s）和 6.86（1H，d，J=8.3Hz）推测分子中存在一个 ABX 苯环，由另外 3 个氢信号 $\delta6.77$（1H，br.s）、6.70（1H，d，J=8.0Hz）、6.60（1H，d，J=8.0Hz）推测分子中含有另一个 ABX 取代苯环，结合 ^{13}C-NMR 谱（图 5-4）芳香区 12 个碳信号 $\delta150.7$、148.9、147.2、145.7、139.4、133.5、122.1、119.5、117.8、116.2、113.4 和 111.3 证明分子中确实存在 2 个苯环；由 ^{1}H-NMR 谱中，$\delta4.87$（1H，d，J=6.7Hz）推测分子中可能存在 1 个 β 构型的糖，结合 ^{13}C-NMR 谱中 $\delta102.8$、78.1、77.7、74.8、71.3、62.5 证明分子中存在一个 β 构型的葡萄糖；在 ^{1}H-NMR 谱中，由高场区氢质子信号 $\delta3.84$（3H，s）和 3.80（3H，s）推测分子中存在 2 个甲氧基，在 ^{13}C-NMR 中碳信号 $\delta56.7$，56.4 证明 2 个甲氧基存在；此外，高场区还出现 6 个碳信号，其中 $\delta83.7$、54.0 和 43.7 为 3 个叔碳信号，$\delta73.6$、60.5 和 33.6 为 3 个仲碳信号，根据化学位移可以推测 83.7、73.6、60.5 处的碳应与含氧基团相连，通过 HSQC 谱（图 5-5）可以找出它们所对应的氢信号。其中 $\delta83.7$、73.6、54.0、43.7 为 7′-O-9 环合型单环氧木脂素 7′、9、8′和 8 位的特征信号。在 HMBC 谱（图 5-6）中 $\delta4.82$（H-7′）与 $\delta60.5$（C-9′）、111.3（C-2′）、119.5（C-6′）和 139.4（C-1′）有明显相关；$\delta3.83$（H-9a）和 4.00（H-9b）均与 $\delta83.7$（C-7′）有明显相关；$\delta2.45$（H-7a）和 2.86（H-7b）2 个氢均与 $\delta73.6$（C-9）、113.4（C-2）、122.1（C-6）和 133.5（C-1）有明显相关；$\delta4.87$（H-1″）与 147.2（C-4′）有明显相关。综合以上数据，确定化合物 2 的结构为：落叶松脂醇-4′-O-β-D-葡萄糖苷，NMR 数据归属见表 5-6。

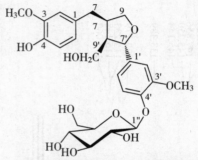

化合物2：落叶松脂醇-4′-*O*-β-D-葡萄糖苷

表5-6　化合物2的NMR数据（CD₃OD）

No.	δ_H (*J*, Hz)	δ_C	No.	δ_H (*J*, Hz)	δ_C
1	—	133.5	4′	—	147.2
2	6.77（1H, br. s）	113.4	5′	7.11（1H, d, 8.3）	117.8
3	—	148.9	6′	6.86（1H, d, 8.3）	119.5
4	—	145.7	7′	4.82（1H, d, 6.6）	83.7
5	6.70（1H, d, 8.0）	116.2	8′	2.31（1H, m）	54.0
6	6.60（1H, d, 8.0）	122.1	9′	3.62（2H, m）	60.5
7	2.45（1H, m） 2.86（1H, dd, 13.4, 4.5）	33.6	3′-OCH₃	3.84（3H, s）	56.7
8	2.67（1H, m）	43.7	1″	4.87（1H, d, 6.7）	102.8
9	3.83（1H, m） 4.00（1H, m）	73.6	2″		74.8
3-OCH₃	3.80（3H, s）	56.4	3″		77.7
1′	6.97（1H, br. s）	139.4	4″	3.0~4.0（6H, m）	71.3
2′	—	111.3	5″		78.1
3′	—	150.7	6″		62.5

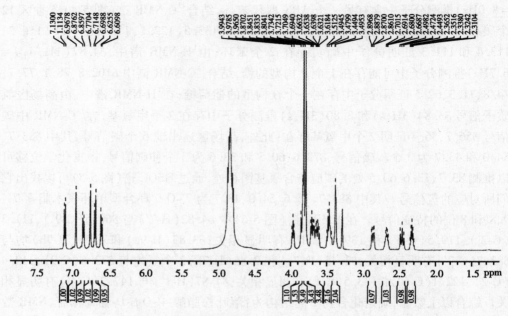

图5-3　化合物2的¹H-NMR谱（CD₃OD，500MHz）

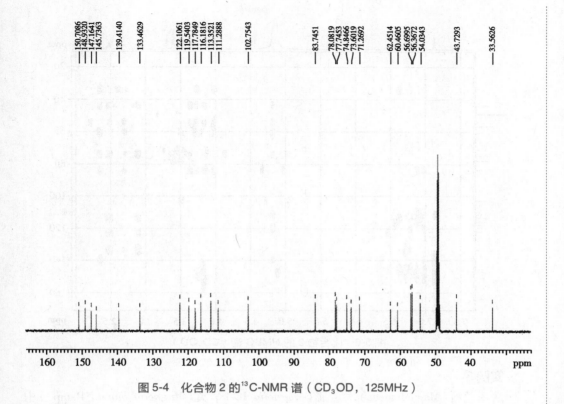

图 5-4　化合物 2 的 ^{13}C-NMR 谱（CD$_3$OD，125MHz）

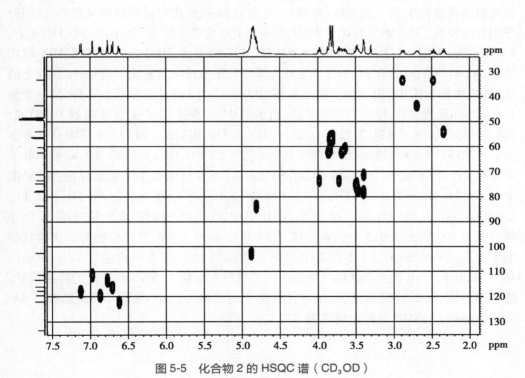

图 5-5　化合物 2 的 HSQC 谱（CD$_3$OD）

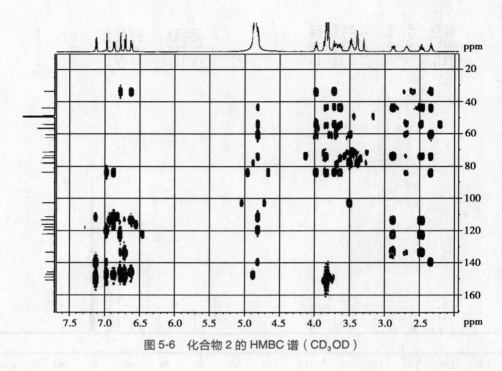

图 5-6　化合物 2 的 HMBC 谱（CD₃OD）

实例 3

从木兰科（Magnoliaceae）木兰属（*Magnolia* L.）辛夷（*Magnolia biondii* Pamp.）中分离得到化合物 3，为无色固体（甲醇）。三氯化铁-铁氰化钾试剂加热显蓝色，说明分子中有酚羟基。^{1}H-NMR 谱（图 5-7）中，芳香区有 5 个芳香质子，其中 δ6.74（1H，d，$J=$ 8.0Hz）、6.67（1H，d，$J=1.7$Hz）和 6.62（1H，d，$J=8.0$，1.7Hz）为典型苯环 ABX 取代系统，δ6.65（1H，s）和 6.17（1H，s）推测为苯环上互为对位的氢质子信号，综合以上信息，推断这 5 个氢可能分别属于两个苯环，其中一个为 1,3,4-三取代的苯环，另一个为 1,2,4,5-四取代苯环，结合 ^{13}C-NMR 谱（图 5-8）中，芳香区 12 个碳信号 δ149.0、147.2、146.0、145.3、138.6、134.2、129.0、123.2、117.4、116.0、113.8 和 112.4 证明分子中含有 2 个苯环；^{1}H-NMR 谱中，由高场区氢质子信号 δ3.81（3H，s）、3.80（3H，s）推测分子中存在 2 个甲氧基，在 ^{13}C-NMR 中碳信号 δ56.4，56.4 证明 2 个甲氧基存在；^{1}H-NMR 谱中，δ3.74（1H，m）、3.71（1H，m）、3.67（1H，m）、3.40（1H，m）、2.78（2H，d，7.7）、2.03（1H，m）、1.78（1H，m），结合 ^{13}C-NMR 谱中 δ33~66 之间的 6 个信号峰（3 个仲碳：δ66.0、62.2 和 33.6，3 个叔碳：δ48.1、48.0 和 40.0），表明此化合物为苯代四氢萘型木脂素，其中 δ66.0、62.2 为 2 个羟甲基碳，δ33.6 为与苯环相连的 CH₂，δ48.1、48.0、40.0 和 33.6 这 4 个碳信号是苯代四氢萘型木脂素 7′、8′、8 和 7 位的特征信号。综合 ^{1}H-NMR、^{13}C-NMR 谱数据，确定化合物 3 的结构为：(+)-异落叶松树脂醇[(+)-isolariciresinol]，NMR 数据归属见表 5-7。

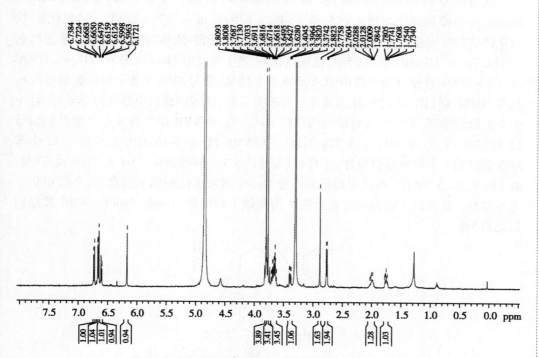

化合物3: (+)-异落叶松树脂醇

表5-7 化合物3的NMR数据（CD₃OD）

No.	δ_H (J, Hz)	δ_C	No.	δ_H (J, Hz)	δ_C
1	–	129.0	1'	–	138.6
2	6.65(1H,s)	113.8	2'	6.67(1H,d,1.7)	112.4
3	–	149.0	3'	–	147.2
4	–	146.0	4'	–	145.3
5	6.17(1H,s)	117.4	5'	6.74(1H,d,8.0)	116.0
6	–	134.2	6'	6.62(1H,dd,8.0,1.7)	123.2
7	2.78(2H,d,7.7)	33.6	7'	3.74(1H,m)	48.1
8	2.03(1H,m)	40.0	8'	1.78(1H,m)	48.0
9	3.67(2H,m)	66.0	9'	3.71(1H,m) 3.40(1H,m)	62.2
3-OCH₃	3.81(3H,s)	56.4	3-OCH₃	3.80(3H,s)	56.4

图5-7 化合物3的¹H-NMR谱（CD₃OD，500MHz）

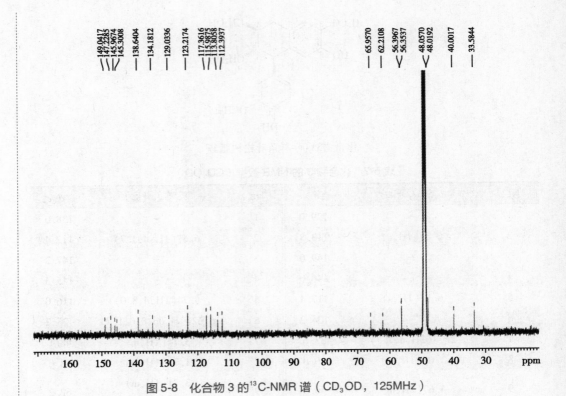

图 5-8 化合物 3 的 ^{13}C-NMR 谱（CD$_3$OD，125MHz）

实例 4

从马鞭草科（Verbenaeeae）莸属（*Caryopteris*）植物三花莸（*Caryopteris terniflora* Maxim）中分离得到化合物 4，白色粉末，易溶于甲醇，m. p. 171～172℃。三氯化铁-铁氰化钾试剂反应显蓝色，提示分子中有酚羟基。茴香醛-浓硫酸喷雾加热后显紫红色（105℃）。在 ^{1}H-NMR 谱（图 5-9）低场区出现信号 δ6.58（1H，s）、6.37（2H，s），HSQC 谱（图 5-11）中可知分别为碳 δ107.8，106.9 上的氢（信号 δ106.9 比一般的碳信号高），且在 HMBC 谱（图 5-12）中显示彼此没有相关关系，提示该结构中存在两个苯环，且一个为五取代苯环，另一个为对称的四取代苯环。在 ^{1}H-NMR 谱中有 4 个甲氧基氢信号 δ3.85（3H，s）、3.37（3H，s）、3.73（6H，s）。^{13}C-NMR 谱（图 5-10）中碳信号除了 12 个苯环碳信号和 4 个甲氧基信号外，还有 6 个碳信号（3 个仲碳 δ66.8、64.2、33.6 和三个叔碳 δ40.9、42.3、49.0），由此可以推断可能为一个四氢苯代萘型木脂素，且 9 位和 9′位为羟甲基。综合以上信息确定化合物 4 为南烛木树脂酚（lyoniresinol）。NMR 数据归属见表 5-8。

化合物4：南烛木树脂酚

表 5-8 化合物 4 的 NMR 数据（CD₃OD）

No.	δ_H (J, Hz)	δ_C	No.	δ_H (J, Hz)	δ_C
1	–	130.2	1′	–	139.3
2	6.58(1H,s)	107.8	2′,6′	6.37(2H,s)	106.9
3	–	148.7	3′,5′	–	149.0
4	–	138.9	4′	–	134.5
5	–	147.7	7′	4.29(1H,d)	42.3
6	–	126.3	8′	1.96(1H,m)	49.0
7	2.56(1H,m) 2.70(1H,m)	33.6	9′	3.49(2H,m)	64.2
8	1.62(1H,m)	40.9	3′,5′-OCH₃	3.73(6H,s)	56.8
9	3.48(1H,m) 3.57(1H,m)	66.8			
3-OCH₃	3.85(3H,s)	56.6			
5-OCH₃	3.37(3H,s)	60.1			

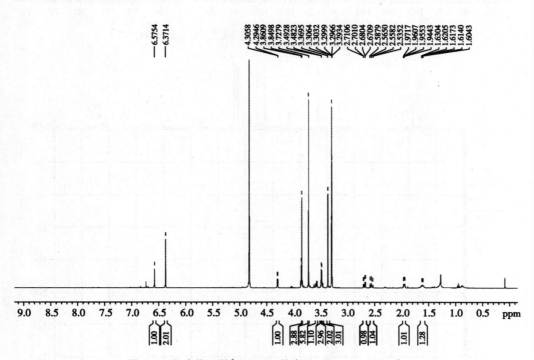

图 5-9 化合物 4 的 ¹H-NMR 谱（CD₃OD, 500MHz）

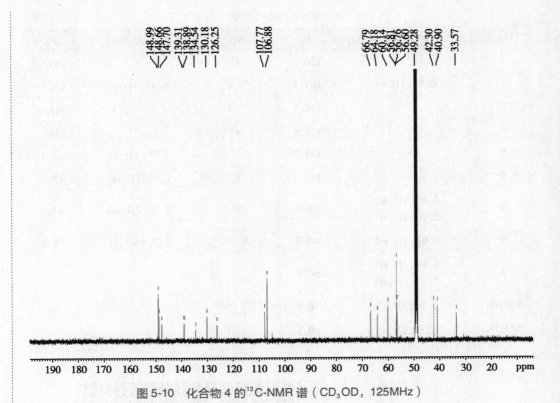

图 5-10　化合物 4 的 ^{13}C-NMR 谱（CD$_3$OD，125MHz）

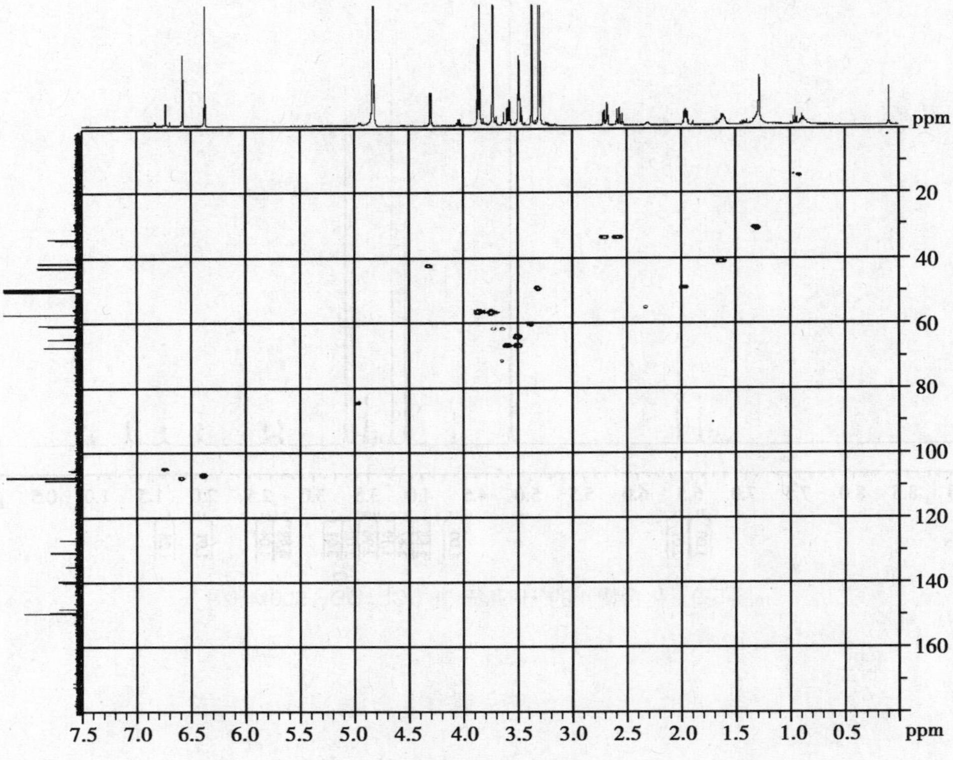

图 5-11　化合物 4 的 HSQC 谱（CD$_3$OD）

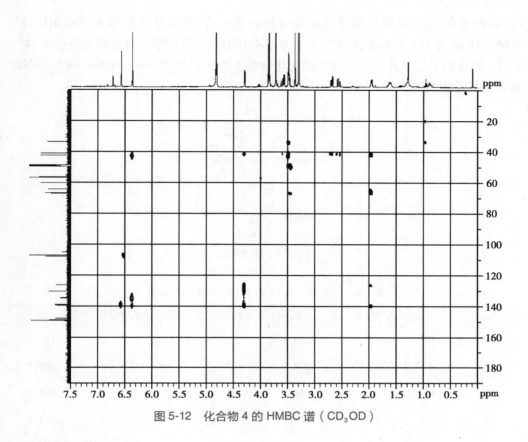

图 5-12　化合物 4 的 HMBC 谱（CD₃OD）

实例 5

从小檗科（Berberidaceae）植物鬼臼（*Sinopodophyllum emodi*）中分离得到化合物 5，无色针晶（石油醚-丙酮），溶于三氯甲烷，乙酸乙酯，丙酮。在 UV 254nm 下呈暗斑，365nm 下无荧光无暗斑，10%硫酸乙醇显色呈棕色。^{1}H-NMR 谱（图 5-13）显示 3 个甲氧基氢信号 $\delta 3.68（6H,s）、3.66（3H,s）$；1 个亚甲二氧基氢信号 $\delta 5.97（1H,d,J=0.9Hz）、5.96（1H,d,J=0.9Hz）$；4 个芳环氢信号 $\delta 7.18（1H,s）、6.48（1H,s）、6.44（2H,s）$。^{13}C-NMR 谱（图 5-14）结合 DEPT 谱（图 5-15）提示结构中有 22 个碳原子（9 个季碳、8 个次甲基、2 个亚甲基、3 个甲基），除了一个 OCH₂O 碳信号 $\delta 102.1$；3 个 OCH₃ 碳信号 $\delta 56.4（×2）、60.4$；还含有一个酯羰基碳信号 $\delta 175.1$；12 个芳香碳信号 $\delta 137.3、109.7（×2）、153.5（×2）、138.2、107.3、148.1、148.1、110.1、132.1、135.8$；5 个脂肪碳信号 $\delta 45.0、45.5、41.6、72.6、71.9$。从以上氢谱和碳谱数据推测化合物 5 为芳基萘内酯类木脂素。^{1}H-NMR、^{13}C-NMR 信号通过 HSQC 谱（图 5-17）、HMBC 谱（图 5-18）进行归属。^{1}H-NMR 谱中 $\delta 4.56（1H,d,J=5.1Hz）$为 H-7′信号，由于受到两个苯基的去屏蔽作用而处于较低场；$4.79（1H,dd,J=7.4,9.0Hz）$为 1 个连氧氢信号，即 H-7 信号。由 ^{1}H-^{1}H COSY 谱（图 5-16）确定脂肪碳 H-7 与 H-8，H-8 与 H-8′，H-7′与 H-8′，H-8 与 H-9 相互连接。^{13}C-NMR 谱中 $\delta 175.1$ 为 γ-内酯羰基碳信号；$\delta 153.5（×2）、138.2$ 为苯环上的三连氧碳的信号；$\delta 148.1（×2）$为苯环上二连氧碳信号。HMBC 谱中亚甲二氧基氢信号 $\delta 5.97（1H,d,J=0.9Hz）、5.96（1H,d,J=0.9Hz）$与 148.1（C-3）、148.1

（C-4）的相关,确定亚甲二氧基连接在母核的 3,4 位;甲氧基氢信号 $\delta 3.68(6H,s)$、
3.66（3H,s）与 153.5（C-3′,C-5′）、138.2（C-4′）的相关,确定甲氧基分别连接在 3′、4′、
5′位。综合以上信息并与文献对照确定化合物 5 为鬼臼毒素（podophyllotoxin）。NMR
数据附属见表5-9。

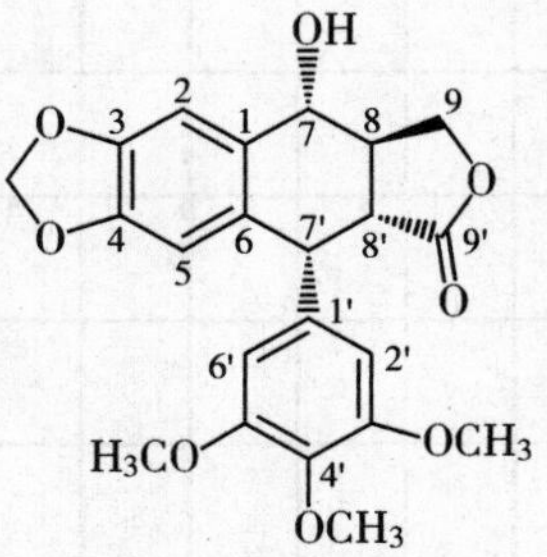

化合物5: 鬼臼毒素

表 5-9　化合物 5 的 NMR 数据（acetone-d_6）

No.	δ_H（J，Hz）	δ_C	No.	δ_H（J，Hz）	δ_C
1	—	135.8	1′	—	137.3
2	7.18（1H,s）	107.3	2′	6.44（1H,s）	109.7
3	—	148.1	3′	—	153.5
4	—	148.1	4′	—	138.2
5	6.48（1H,s）	110.1	5′	—	153.5
6	—	132.1	6′	6.44（1H,s）	109.7
7	4.79（1H,dd,9.0,7.4）	72.6	7′	4.56（1H,d,5.1）	45.0
8	2.80（1H,m）	41.6	8′	3.05（1H,dd,14.3,5.1）	45.5
9	4.50（1H,dd,8.6,7.4） 4.12（1H,dd,10.5,8.6）	71.9	9′	—	175.1
3′,5′-OCH$_3$	3.68（6H,s）	56.4	—OCH$_2$O—	5.97（1H,d,0.9） 5.96（1H,d,0.9）	102.1
4′-OCH$_3$	3.66（3H,s）	60.4			

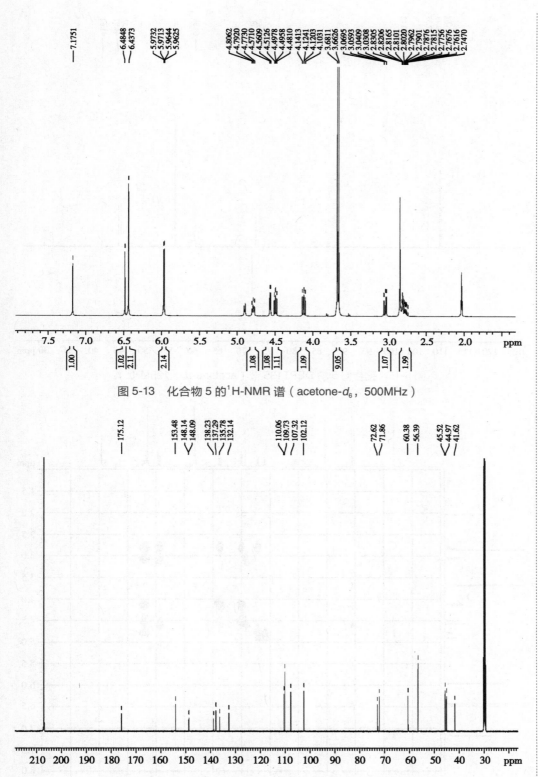

图 5-13　化合物 5 的 ^{1}H-NMR 谱（acetone-d_6，500MHz）

图 5-14　化合物 5 的 ^{13}C-NMR 谱（acetone-d_6，125MHz）

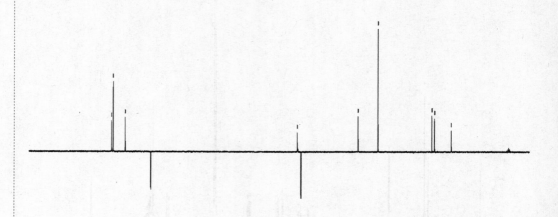

图 5-15 化合物 5 的 DEPT135 谱（acetone-d_6，125MHz）

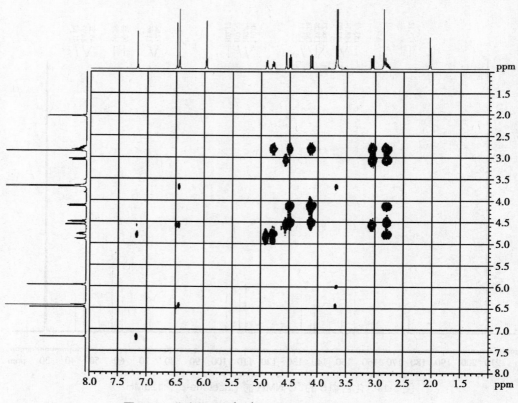

图 5-16 化合物 5 的 ^{1}H-^{1}H COSY 谱（acetone-d_6）

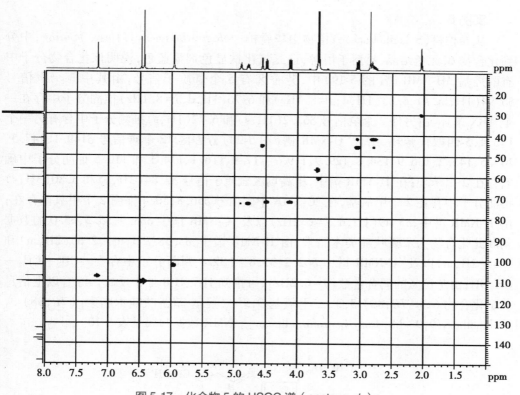

图 5-17　化合物 5 的 HSQC 谱（acetone-d_6）

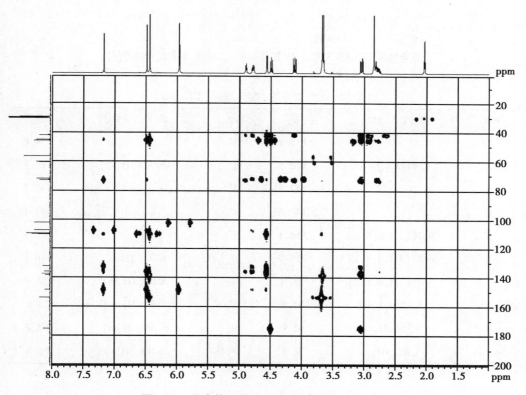

图 5-18　化合物 5 的 HMBC 谱（acetone-d_6）

实例 6

从卷柏科（Selaginellaceae）植物中华卷柏［*Selaginella sinensis*（Desv.）Spring］中分到化合物 6，无色结晶，易溶于甲醇，遇三氯化铁显色剂显蓝色，说明该化合物分子中有酚羟基。^{1}H-NMR 谱（图 5-19）中，芳香区有 5 个氢质子信号，由其中 3 个氢信号 $\delta 6.94$（1H，br. s）、6.83（1H，d，$J=8.1Hz$）和 6.76（1H，d，$J=8.1Hz$）推测分子中存在一个 ABX 苯环，由另外 2 个氢信号 $\delta 6.72$（1H，s）和 6.72（1H，s）推测分子中含有另一个 1，3，4，5-四取代苯环，结合[13]C-NMR 谱（图 5-20）芳香区 12 个碳信号 $\delta 149.1$、147.5、147.5、145.2、136.9、134.8、129.9、119.7、117.9、116.1、114.1 和 110.5 证明分子中确实存在 2 个苯环；在[1]H-NMR 谱中，由高场区氢质子信号 $\delta 3.84$（3H，s）和 3.80（3H，s）推测分子中存在 2 个甲氧基，在[13]C-NMR 中碳信号 $\delta 56.8$，56.4 证明 2 个甲氧基存在；由[1]H-NMR 谱中，$\delta 5.49$（1H，d，$J=6.2Hz$）以及[13]C-NMR 谱中 $\delta 88.9$，55.5，65.0 的数据判断此化合物为苯骈呋喃类木脂素，由[1]H-NMR 谱中，$\delta 3.58$（2H，m）、2.65（2H，m）和 1.84（2H，m）以及[13]C-NMR 谱中 $\delta 62.2$、35.8 和 32.9 判断分子中存在—CH$_2$—CH$_2$—CH$_2$OH；由 7 位氢的偶合常数（$J=6.2Hz$），可推知 H-7、H-8 处于反式。综合以上信息确定化合物 6 为（7*R*,8*S*）-3,3′-二甲氧基-9,9′-二羟基-苯骈呋喃木脂素［（7*R*,8*S*）-3, 3′-dimethoxy-9,9′-dihydroxy-benzofuranlignan］。NMR 数据归属见表 5-10。

化合物6：(7*R*,8*S*)-3,3′-二甲氧基-9,9′-二羟基-苯骈呋喃木脂素

表 5-10 化合物 6 的 NMR 数据（CD$_3$OD）

No.	δ_H（J, Hz）	δ_C	No.	δ_H（J, Hz）	δ_C
1		136.9	1′		134.8
2	6.94（1H，br. s）	110.5	2′	6.72（1H，s）	116.1
3		147.5	3′		145.2
4		147.5	4′		149.1
5	6.76（1H，d，8.1）	114.1	5′		129.9
6	6.83（1H，d，8.1）	119.7	6′	6.72（1H，s）	116.1
7	5.49（1H，d，6.2）	88.9	7′	2.65（2H，m）	32.9
8	3.46（1H，m）	55.5	8′	1.84（2H，m）	35.8
9	3.75（2H，m）	65.0	9′	3.58（2H，m）	62.2
3-OCH$_3$	3.84（3H，s）	56.8	3′-OCH$_3$	3.80（3H，s）	56.4

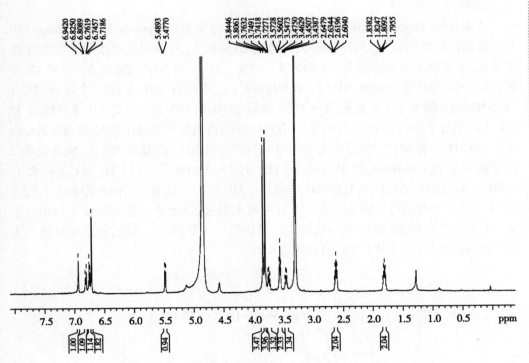

图 5-19　化合物 6 的 ^{1}H-NMR 谱（CD$_3$OD，500MHz）

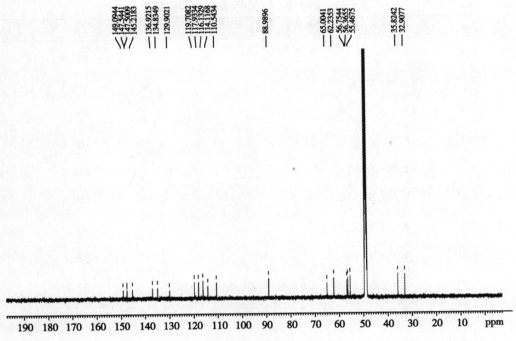

图 5-20　化合物 6 的 ^{13}C-NMR 谱（CD$_3$OD，125MHz）

实例7

从木兰科（Magnoliaceae）木兰属（*Magnolia* L.）辛夷（*Magnolia biondii* Pamp.）中分离得到化合物7，m. p. 107~108℃，白色结晶（甲醇）。三氯化铁-铁氰化钾试剂加热不显色，说明分子中无酚羟基。EI-MS *m/z*：386［M］$^+$。^{1}H-NMR 谱（图5-21）中，芳香区有3个芳香质子 δ6.96（1H，s）、6.90（2H，s），推测分子中含有1个苯环；结合^{13}C-NMR 谱（图5-22）中芳香区6个碳信号 δ150.6、150.1、135.2、119.8、112.8 和111.1 证明分子中含有1个苯环；在^{1}H-NMR 谱中，由高场区氢质子信号 δ3.82（3H，s）和3.80（3H，s）推测分子中存在2个甲氧基，在^{13}C-NMR 中碳信号 δ56.5、56.5 证明2个甲氧基存在；^{1}H-NMR 谱中，δ4.72（1H，d，*J* = 3.6Hz）、4.21（1H，dd，*J* = 8.4，6.8Hz）、3.82（1H，dd，*J*=9.1，2.6Hz）和3.11（1H，br. s），结合^{13}C-NMR 中 δ87.2、72.7 和55.4 这3个碳信号表明化合物7为双环氧木脂素，且由分子量可知该化合物分子结构具有高度对称性，NMR 图中仅出现一半的信号。根据以上推断，确定化合物7为桉脂素（eudesmin）。NMR 数据归属见表5-11。

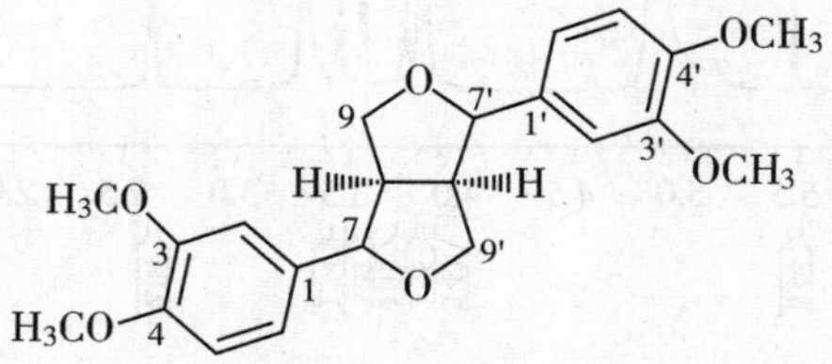

化合物7：桉脂素

表5-11 化合物7的 NMR 数据（CD$_3$OD）

No.	δ_H（*J*，Hz）	δ_C
1,1′	—	135.2
2,2′	6.96（2H，s）	111.1
3,3′	—	150.6
4,4′	—	150.1
5,5′	6.90（2H，s）	112.8
6,6′	6.90（2H，s）	119.8
7,7′	4.72（2H，d，3.6）	87.2
8,8′	3.11（2H，br. s）	55.4
9,9′	3.82（2H，dd，9.1，2.6），4.21（2H，dd，8.4，6.8）	72.7
3,3′-OCH$_3$	3.80（6H，s）	56.5
4,4′-OCH$_3$	3.82（6H，s）	56.5

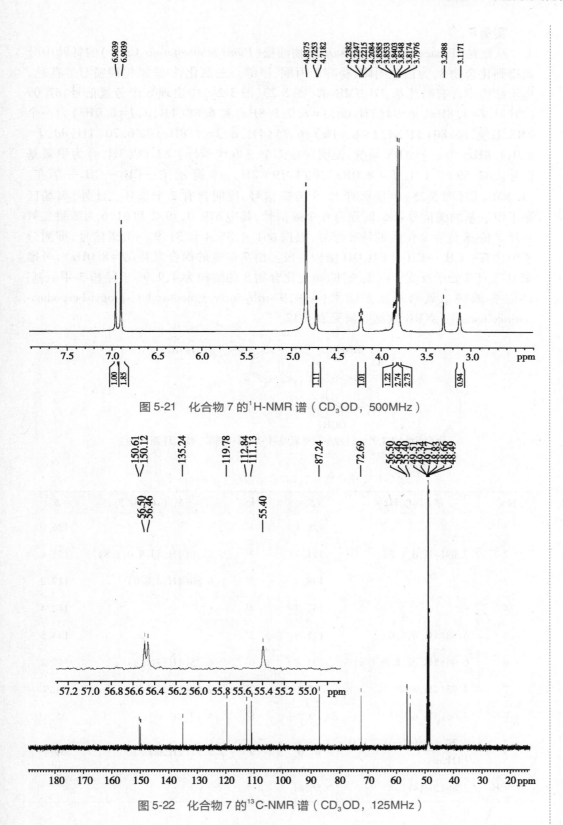

图 5-21　化合物 7 的 ^{1}H-NMR 谱（CD$_3$OD，500MHz）

图 5-22　化合物 7 的 ^{13}C-NMR 谱（CD$_3$OD，125MHz）

实例8

从松科(Pinaceae)松属(*Pinus*)植物油松(*Pinus tabuleaformis* Carr.)的针叶中分离得到化合物8,为白色固体,易溶于丙酮、甲醇。三氯化铁-铁氰化钾喷雾显蓝色,提示结构中含有酚羟基。^{1}H-NMR 谱(图 5-23、图 5-24)中出现 6 个芳氢信号,$\delta7.09$(1H,d,$J=1.8$Hz)、6.94(1H,dd,$J=8.0$,1.8Hz)和 6.88(1H,d,$J=8.0$Hz)为一个 ABX 系统;$\delta6.80$(1H,d,$J=8.0$Hz)、6.75(1H,d,$J=1.8$Hz)和 6.70(1H,dd,$J=8.0$,1.8Hz)为一个 ABX 系统,说明存在 2 个三取代苯环。$\delta3.86$(3H,s)为甲氧基信号。$\delta2.59$(2H,t,$J=8.0$Hz)和 1.79(2H,m)提示有—CH_2—CH_2—存在。^{13}C-NMR 谱(图 5-25)中显示有 12 个芳碳信号,说明含有 2 个苯环。此外,高场区除了甲氧基的碳信号$\delta56.2$,还有 6 个碳信号,其中$\delta77.0$、79.2 和 61.6 为苯骈二氧六环 7 位、8 位和 9 位碳的特征信号,根据$\delta61.4$、35.4 和 31.9 一组碳信号,推测分子中含有—CH_2—CH_2—CH_2OH 结构片段。由 7 位氢的偶合常数($J=8.0$Hz),可推知 H-7、H-8 处于反式。综上所述,确定化合物 8 的结构为 4,9,9′-三羟基-3-甲氧基-1′-丙基-苯骈二氧六环新木脂素(4,9,9′-trihydroxy-3-methoxyl-1′-propyl-benzodioxane-neolignan)。NMR 数据归属见表 5-12。

化合物8:4,4,9′-三羟基-3-甲氧基-1′-丙基-苯骈二氧六环新木脂素

表 5-12　化合物 8 的 NMR 谱数据(acetone-d_6)

No.	δ_H(J, Hz)	δ_C	No.	δ_H(J, Hz)	δ_C
1	–	129.1	1′	–	136.0
2	7.09(1H,d,1.8)	111.7	2′	6.70(1H,dd,8.0,1.8)	121.8
3	–	148.3	3′	6.80(1H,d,8.0)	117.2
4	–	147.9	4′	–	142.4
5	6.88(1H,d,8.0)	115.6	5′	–	144.5
6	6.94(1H,dd,8.0,1.8)	121.4	6′	6.75(1H,d,1.8)	117.3
7	4.93(1H,8.0)	77.0	7′	2.59(2H,t,8.0)	31.9
8	4.06(1H,m)	79.2	8′	1.79(2H,m)	35.4
9	3.70（1H, m）, 3.48（1H,m）	61.6	9′	3.57(2H,m)	61.4
3-OCH$_3$	3.86(3H,s)	56.2			

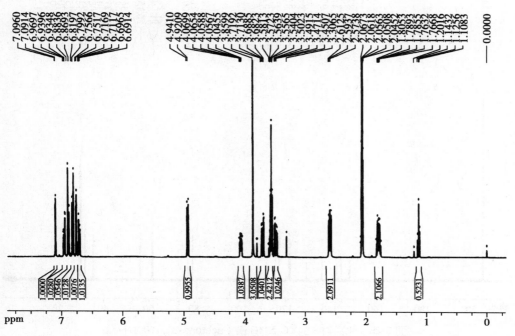

图 5-23　化合物 8 的 ¹H-NMR 谱（acetone-d_6，400MHz）

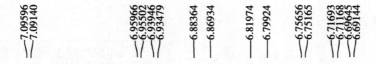

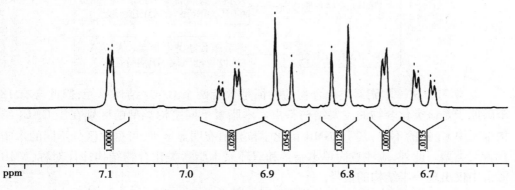

图 5-24　化合物 8 的 ¹H-NMR 局部放大谱（acetone-d_6，400MHz）

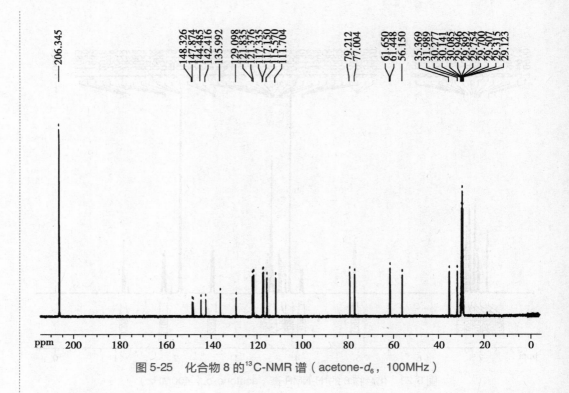

图 5-25 化合物 8 的 ^{13}C-NMR 谱（acetone-d_6，100MHz）

学习小结

1. 学习内容

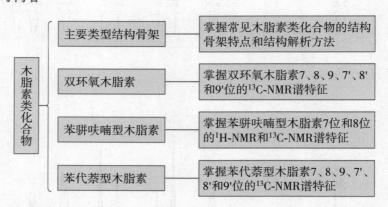

木脂素类化合物	主要类型结构骨架	掌握常见木脂素类化合物的结构骨架特点和结构解析方法
	双环氧木脂素	掌握双环氧木脂素7、8、9、7′、8′和9′位的 ^{13}C-NMR 谱特征
	苯骈呋喃型木脂素	掌握苯骈呋喃型木脂素7位和8位的 ^{1}H-NMR 和 ^{13}C-NMR 谱特征
	苯代萘型木脂素	掌握苯代萘型木脂素7、8、9、7′、8′和9′位的 ^{13}C-NMR 谱特征

2. **学习方法** 木脂素类化合物的特征是含有两个 C_6-C_3 结构单元，因此含有 18 个碳原子是该类化合物的主要结构特点。木脂素不同结构类型的区别在于 C_6-C_3 结构单元中 C_3 链的不同，其 ^{13}C-NMR 谱化学位移值有明显区别，可据此区分不同的木脂素骨架类型。此外，应注意简单木脂素和双环氧木脂素类化合物结构往往对称，NMR 图谱中仅出现一半结构的信号。

（张艳丽）

复习思考题

1. 哪些木脂素类化合物可能存在对称结构？NMR 谱有何特点？
2. 如何根据^{13}C-NMR 谱确定双环氧木脂素的结构骨架？
3. 如何根据^{1}H-NMR 谱确定苯骈呋喃型木脂素 7 位和 8 位碳的相对构型？

第六章

黄酮类化合物

学习目的

通过本章的学习,理解和学会常见黄酮类化合物的波谱特征和解析方法。

学习要点

黄酮类、黄酮醇类、二氢黄酮类、二氢黄酮醇类、异黄酮类化合物的^{1}H-NMR 和^{13}C-NMR 谱特征、结构解析方法、质谱裂解规律。

第一节　波　谱　规　律

二十世纪六七十年代,很多学者曾对黄酮类化合物的 UV 谱规律做了详细的研究,UV 谱也曾作为黄酮类化合物结构解析的重要手段。进入 20 世纪 90 年代后,NMR 谱取代了 UV 谱,成为黄酮类化合物结构解析的主要手段。由于黄酮类化合物的结构有明显的特征,加之很多数据库对黄酮类化合物波谱数据收集较全,目前对一个未知黄酮类化合物的结构鉴定,往往在测定分子量的基础上,采集^{1}H-NMR 和^{13}C-NMR 谱数据,通过以分子量为索引,查阅数据库(如 SciFinder Scholar、Beilstein 数据库),与文献 NMR 数据比较即可基本确定其结构。UV 谱和质谱规律虽然不再是黄酮类化合物结构的主要手段,但对于验证某些黄酮类化合物的结构依然有重要价值。实际工作中根据需要,灵活、综合运用上述方法,必要时辅以二维 NMR 谱和化学方法,可获得对黄酮类结构解析的满意结果。本节将对天然产物中主要黄酮类化合物的 NMR 和 MS 谱规律作一简述。UV 谱的规律可参考《中药化学》或《天然药物化学》教科书中的相关章节。

一、黄酮类化合物 NMR 谱规律

(一)测试样品的准备

根据黄酮类化合物溶解性的不同,可选用 DMSO-d_6、CDCl$_3$、(CD$_3$)$_2$CO、CD$_3$OD 等氘代溶剂溶解样品。DMSO-d_6 作为测定溶剂有很多优点,如多数黄酮苷和游离黄酮均易溶于 DMSO-d_6;DMSO-d_6 的溶剂信号(δ2.50)很少与黄酮类化合物信号重叠,可观察到化合物中酚、醇羟基等活泼氢信号等。但 DMSO-d_6 的缺点是沸点太高,测定后样品回收需经冷冻干燥才能完成。CDCl$_3$、(CD$_3$)$_2$CO 和 CD$_3$OD 的优点是沸点低、样

146

品回收方便,其中 CDCl$_3$ 多用于黄酮苷元的测定、CD$_3$OD 则用于黄酮苷的测定。C$_5$D$_5$N 溶剂信号与黄酮类化合物信号较易重叠,故不推荐用于溶解此类样品。由于某些黄酮化合物在纯化后溶解度很差,因而在用氘代溶剂配制样品前,了解溶剂对化合物的溶解性能十分重要。

（二）^{1}H-NMR 信号规律

对黄酮类化合物的 ^{1}H-NMR 信号规律已有大量研究,较早的文献见于 Markham 和 Mabry 所著的"*The Systematic Identification of Flavonoids*"一书中。黄酮苷元的 ^{1}H-NMR 信号大多集中在低场芳香氢信号区,且 A、B 和 C 环氢信号各自形成体系,较易区分。黄酮苷的 ^{1}H-NMR 信号则包含苷元和糖基两部分。下面依次对黄酮苷元上 A、B 和 C 环氢信号在 DMSO-d_6 溶剂测试中的特征作一简述。

1. A 环氢

（1）5,7-二羟基黄酮类化合物:黄酮类化合物中最常见的为 5,7-二羟基黄酮。该类化合物 A 环的 H-6 和 H-8 分别以间位偶合的双重峰（$J \approx 2.0$Hz）出现在 $\delta 5.70 \sim 6.90$,且 H-6 的双重峰总是比 H-8 的双重峰位于较高场。当 7-羟基被苷化后,H-6 和 H-8 信号均向低场位移（表6-1）。当 6 位有羟基取代后,H-8 也向低场位移至 $\delta 6.80 \sim 7.00$。

表 6-1　5,7-二羟基黄酮类化合物中 H-6 和 H-8 的化学位移

化合物	H-6	H-8
黄酮、黄酮醇、异黄酮	6.00～6.20 d	6.30～6.50 d
上述化合物的 7-O-葡萄糖苷	6.20～6.40 d	6.50～6.90 d
二氢黄酮、二氢黄酮醇	5.75～5.95 d	5.90～6.10 d
上述化合物的 7-O-葡萄糖苷	5.90～6.10 d	6.10～6.40 d

（2）7-羟基黄酮类化合物:7-羟基黄酮类化合物 A 环的 H-5 因与 H-6 为邻偶,故表现为 1 个双峰（$J \approx 8.0$Hz）,又因其处于 4 位羰基的负屏蔽区,故化学位移 δ 约为 8.0。H-6 因与 H-5 为邻偶并和 H-8 为间位偶合,故表现为双二重峰（dd, $J \approx 8.0$ 和 2.0Hz）。H-8 因与 H-6 的间位偶合,故表现为双峰（$J \approx 2.0$Hz）。7-羟基黄酮类化合物中的 H-6 和 H-8 的化学位移值在 $\delta 6.30 \sim 7.10$,比 5,7-二羟基黄酮类化合物中的相应氢的化学位移值大,并且位置可能相互颠倒（表6-2）。

表 6-2　7-羟基黄酮类化合物中 H-5、H-6 和 H-8 的化学位移

化合物	H-5	H-6	H-8
黄酮、黄酮醇、异黄酮	7.90～8.20 d	6.70～7.10 dd	6.70～7.00 d
二氢黄酮、二氢黄酮醇	7.70～7.90 d	6.40～6.50 dd	6.30～6.40 d

（3）5,6,7-三羟基黄酮类化合物：与5,7-二羟基黄酮类化合物相比,当6位有羟基取代后,H-8向低场位移至 $\delta6.80\sim7.00$。

2. B 环氢

（1）4′-氧取代黄酮类化合物：4′-氧取代黄酮类化合物 B 环的 4 个质子可以分成 H-2′、H-6′和 H-3′、H-5′两组,为 AA′BB′型质子偶合模式。每组质子均表现为双重峰（2H,d,$J\approx8.0Hz$）,化学位移位于 $\delta6.50\sim7.90$,比 A 环质子处于稍低的磁场,且 H-2′、H-6′总是比 H-3′、H-5′位于稍低磁场,两者化学位移相差约1.0,这是因为 C 环对 H-2′、H-6′的去屏蔽效应及4′-OR 的去屏蔽效应造成。二氢黄酮与黄酮相比,由于 C 环不与 B 环共轭,H-2′、H-6′与 H-3′、H-5′的化学位移相差减少,约为0.5（表6-3）。

表6-3 4′-氧取代黄酮类化合物中 H-2′、H-6′和 H-3′、H-5′的化学位移

化合物	H-2′、H-6′	H-3′、H-5′
黄酮类	7.70~7.90 d	6.50~7.10 d
黄酮醇类	7.90~8.10 d	6.50~7.10 d
二氢黄酮类	7.10~7.30 d	6.50~7.10 d
二氢黄酮醇类	7.20~7.40 d	6.50~7.10 d
异黄酮类	7.20~7.50 d	6.50~7.10 d

（2）3′,4′-二氧取代黄酮和黄酮醇：B 环 H-5′因与 H-6′的邻位偶合,以双重峰的形式出现在 $\delta6.70\sim7.10$（d,$J\approx8.0Hz$）。H-2′因与 H-6′间位偶合,亦以双重峰的形式出现在约 $\delta7.20$（d,$J\approx2.0Hz$）处。H-6′因分别与 H-2′和 H-5′偶合,则以双二重峰的形式出现在约 $\delta7.90$（dd,$J\approx8.0$ 和2.0Hz）处。有时 H-2′和 H-6′峰重叠或部分重叠,需认真辨认（表6-4）。

表6-4 3′,4′-二氧取代黄酮类化合物中 H-2′和 H-6′的化学位移

化合物	H-2′	H-6′
黄酮（3′,4′-OH 及 3′-OH,4′-OCH₃）	7.20~7.30 d	7.30~7.50 dd
黄酮醇（3′,4′-OH 及 3′-OH,4′-OCH₃）	7.50~7.70 d	7.60~7.90 dd
黄酮醇（3′-OCH₃,4′-OH）	7.60~7.80 d	7.40~7.60 dd
黄酮醇（3′,4′-OH,3-O-糖）	7.20~7.50 d	7.30~7.70 dd

从 H-2′和 H-6′的化学位移分析可以区别黄酮和黄酮醇的3′,4′-位上是 3′-OH、4′-OCH₃ 还是 3′-OCH₃、4′-OH。在 3′-OH、4′-OCH₃ 黄酮和黄酮醇中,H-2′通常比 H-6′出

现在高场区,而在 3′-OCH$_3$、4′-OH 黄酮和黄酮醇中,H-2′和 H-6′的位置则相反。

(3) 3′,4′-二氧取代异黄酮、二氢黄酮及二氢黄酮醇:H-2′、H-5′及 H-6′为一复杂多重峰(常常组成两组峰),出现在 $\delta6.70\sim7.10$ 区域。此时 C 环对这些质子的影响极小,每个质子化学位移主要取决于它们相对于含氧取代基的邻位或对位。

(4) 3′,4′,5′-三氧取代黄酮类化合物:如果 3′,4′,5′-均为羟基,则 H-2′和 H-6′以相当于 2 个质子的 1 个单峰出现在 $\delta6.50\sim7.50$ 区域。但当 3′-或 5′-OH 被甲基化或苷化,则 H-2′和 H-6′因相互偶合而分别以双重峰($J\approx2.0Hz$)出现。

(5) 2′,4′,5′-三氧取代黄酮类化合物:H-3′由于处于 2 个羟基的邻位,位于高场 $\delta6.40\sim6.70$;而 H-6′处于 $\delta7.30\sim7.60$。

3. C 环氢 各类黄酮化合物在结构上的主要区别在于 C 环的不同,且 C 环质子在 ^{1}H-NMR 谱中也各有其特征,故可用来确定它们的结构类型和相互鉴别。

(1) 黄酮类:黄酮类 H-3 常以 1 个尖锐的单峰出现在 $\delta6.30$ 处。它可能会与某些黄酮中的 H-8 或 H-6 信号相混淆,应注意区别。黄酮醇的 3 位有含氧取代基,故在 ^{1}H-NMR 谱上无 C 环质子。

(2) 异黄酮类:H-2 因受到 1 位氧原子和 4 位羰基影响,以 1 个尖锐的单峰出现在 $\delta8.50\sim8.70$,和一般芳氢相比处于较低场。

(3) 二氢黄酮类:H-2 因受 2 个不等价的 H-3 偶合,故被分裂成 1 个双二重峰($J_{trans}\approx11.0Hz$,$J_{cis}\approx5.0Hz$),中心位于约 $\delta5.2$。两个 H-3 化学不等价,故有不同的化学位移值,形成 2 组双二重峰($J\approx17.0Hz$,$J_{trans}\approx11.0Hz$)和($J\approx17.0Hz$,$J_{cis}\approx5.0Hz$)。中心位于 $\delta2.80$ 处,但往往相互重叠(表 6-5)。

(4) 二氢黄酮醇类:H-2 和 H-3 为反式二直立键,故分别以二重峰出现($J_{aa}\approx11.0Hz$),H-2 位于 $\delta4.80\sim5.00$ 处,H-3 位于 $\delta4.10\sim4.30$ 处。当 3-OH 成苷后,则使 H-2 和 H-3 信号均向低磁场方向位移,H-2 位于 $\delta5.0\sim5.60$,H-3 位于 $\delta4.30\sim4.60$(表 6-5)。

表 6-5 二氢黄酮和二氢黄酮醇中 H-2 和 H-3 的化学位移

化合物	H-2	H-3
二氢黄酮	5.00~5.50 dd	接近 2.80 dd
二氢黄酮醇	4.80~5.00 d	4.10~4.30 d
二氢黄酮醇-3-O-糖苷	5.00~5.60 d	4.30~4.60 d

(5) 查耳酮类:H-α 和 H-β 分别以二重峰($J\approx17.0Hz$)形式出现,其化学位移分别为 $\delta6.70\sim7.40$ 和 $\delta7.00\sim7.70$ 处。

查耳酮　　　　　橙酮

（6）橙酮类：C 环的环外质子＝CH 常以单峰出现在 $\delta6.50\sim6.70$ 处,其确切的峰位取决于 A 环和 B 环上羟基取代的情况,增大羟基化作用可使该峰向高场区移动(与没有取代的橙酮相比),其中以 4 位(-0.19)和 6 位(-0.16)羟基化作用影响最明显。

4. 糖基上的氢　糖的端基氢(以 H-1″表示)与糖的其他氢相比,位于较低场区。其具体的峰位与成苷位置及糖的种类等有关。如黄酮类化合物葡萄糖苷,连接在 3-OH 上的葡萄糖端基氢与连接在 4′-、5-或 7-OH 上的葡萄糖端基氢的化学位移不同,前者出现在约 $\delta5.80$ 处,后三者出现在约 $\delta5.00$ 处。对于黄酮醇-3-O-葡萄糖苷和黄酮醇-3-O-鼠李糖苷来说,它们的端基氢化学位移值也有较大的区别,但二氢黄酮醇-3-O-葡萄糖苷和 3-O-鼠李糖苷的端基氢化学位移值则区别很小(表 6-6)。当黄酮苷类直接在 DMSO-d_6 中测定时,糖的端基氢(H-1″)有时与糖上的羟基氢信号混淆,但当加入 D_2O 后,羟基氢信号则消失,糖的端基氢(H-1″)可以清楚地显示出来。

表 6-6　黄酮类单糖苷中 H-1″的化学位移

化合物	H-1″	化合物	H-1″
黄酮醇-3-O-葡萄糖苷	5.70~6.00	黄酮醇-3-O-鼠李糖苷	5.00~5.10
黄酮类-7-O-葡萄糖苷	4.80~5.20	黄酮醇-7-O-鼠李糖苷	5.10~5.30
黄酮类-4′-O-葡萄糖苷	4.80~5.20	二氢黄酮醇-3-O-葡萄糖苷	4.10~4.30
黄酮类-5-O-葡萄糖苷	4.80~5.20	二氢黄酮醇-3-O-鼠李糖苷	4.00~4.20
黄酮类-6-及 8-C-糖苷	4.80~5.20	黄酮醇-3-O-鼠李糖苷	5.00~5.10

黄酮苷类化合物中的端基氢信号的偶合常数,可被用来判断其苷键的构型,详见糖的有关部分。

5. 其他氢

（1）酚羟基氢：测定酚羟基氢,须将黄酮类化合物用 DMSO-d_6 为溶剂溶解后测定。7、3′、4′和 5′位的酚羟基氢信号一般出现在 $\delta9.00\sim10.50$ 附近。而 5 位的酚羟基氢由于与 4 位羰基形成氢键,向低场位移,位于 $\delta12.00\sim13.00$。向被测定的样品溶液中加入数滴 D_2O,这些信号即消失。

（2）6-CH_3 和 8-CH_3 氢：其中 6-CH_3 氢比 8-CH_3 氢出现在稍高磁场处(约 $\delta0.2$)。如以异黄酮为例,前者出现在 $\delta2.04\sim2.27$ 处,而后者出现在 $\delta2.14\sim2.45$ 处。

（3）甲氧基氢：除少数例外,甲氧基氢一般以单峰出现在 $\delta3.50\sim4.10$ 处。虽然糖基上的氢也在此区域出现吸收峰,但它们均不是单峰,故极易区别。甲氧基在母核上的位置,可用 2D-NMR 技术如 HMBC、NOESY 谱等确定。

（4）异戊烯基上的氢：黄酮的 6 位及 8 位常具有异戊烯基取代,异戊烯基的氢信号较容易识别,且在不同氘代溶剂中的位移值差别不大。其中 2 个甲基氢为 2 个单峰信号,出现在 $\delta1.70\sim1.80$;亚甲基常以双峰出现在 $\delta3.40$ 处,烯氢常以三重峰出现在 $\delta5.20$ 处。

（三）^{13}C-NMR 信号规律

除^{1}H-NMR 外,黄酮类化合物的^{13}C-NMR 信号也有较强的规律。黄酮苷元的^{13}C-NMR 信号大多集中在低场芳香碳原子信号区,黄酮苷^{13}C-NMR 信号则包含苷元和糖基两部分。通常,A 环上引入取代基时,位移效应只影响到 A 环,B 环上引入取代基时,位移效应只影响到 B 环,若是一个环上同时引入几个取代基时,其位移效应将具有某种程度的加和性。下面依次对苷元上的 A、B 和 C 环碳原子信号的特征作一简述。

1. A 环碳信号

（1）5,7-二羟基黄酮类化合物:该类化合物 A 环的 C-6 和 C-8 由于位于酚羟基的邻位,出现在较高场 $\delta 90.0 \sim 100.0$,且 C-6 信号总是比 C-8 信号出现在较低场。在黄酮和黄酮醇类化合物中,两者相差约为 5.0。在二氢黄酮和二氢黄酮醇中,C-6 信号移向高场,使两者相差减少,约为 1.0。C-5、C-7 和 C-9 信号由于直接同酚羟基相连,位于低场,δ 值为 $155.0 \sim 165.0$。C-10 位置较为固定,δ 值为 $102.0 \sim 106.0$。当 C-6 或 C-8 有烷基或碳糖苷取代时,C-6 或 C-8 信号将发生较大的低场位移。如 C-6 位有甲基或异戊烯基取代,则 C-6 信号向低场位移 $6.0 \sim 9.6$;当 C-6 位有碳糖基取代,则 C-6 信号向低场位移 10.0。

（2）7-羟基黄酮类化合物:A 环的 C-7 位羟基造成 C-6、C-8 位处于高场,δ 值小于 120.0,C-5 位受 7 位影响较小,δ 值在 $120.0 \sim 125.0$。

（3）5,6,7-三羟基黄酮类化合物:与 5,7-二羟基黄酮类化合物相比,当 6 位有羟基取代后,C-6 向低场位移至 $\delta 130.0 \sim 140.0$,C-8 受到的影响较小。反之,8 位有羟基取代后,C-8 向低场位移至 $\delta 130.0 \sim 135.0$,C-6 受到的影响较小。

2. B 环碳信号

（1）4′-羟基取代黄酮类化合物:黄酮、黄酮醇和异黄酮的 C-1′信号一般较为稳定,δ 值在 $121.0 \sim 122.0$ 很窄的范围中。在二氢黄酮中,由于 B 环不与 C 环共轭,C-1′信号向低场位移至 $\delta 128.0 \sim 130.0$。同时受羟基的影响,C-3′、C-5′(δ 约为 115.0)总是比 C-2′、C-6′处于高场(δ 约为 128.0)。

（2）3′,4′-二羟基取代黄酮类化合物:C-3′、C-4′出现在约 $\delta 145.0$ 处。C-2、C-5′和 C-6′处于高场,δ 值小于 120.0。

3. C 环碳信号 各类黄酮化合物 C 环碳的化学位移是确定各类黄酮类化合物结构类型最重要的手段。表 6-7 中列出了不同类型黄酮化合物 C 环 2、3 和 4 位的化学位移值,通过比较三者之间的差异,可以区分各黄酮类化合物的结构。

表6-7 ^{13}C-NMR 谱中 C 环 2、3 和 4 位的化学位移特征

C-2	C-3	C-4	归属
160.0~165.0	103.0~112.0	174.0~184.0	黄酮类
150.0~155.0	122.0~126.0	174.0~181.0	异黄酮类
145.0~150.0	136.0~139.0	172.0~177.0	黄酮醇类
75.0~80.2	42.8~44.6	189.5~199.5	二氢黄酮类
75.0~82.7	71.0~79.0	188.0~197.0	二氢黄酮醇类
146.1~147.7	111.6~111.9	182.5~182.7	橙酮类
137.8~140.7	122.1~122.3	168.6~169.8	异橙酮类
136.9~145.4	116.6~128.1	188.0~197.0	查耳酮类

4. 黄酮苷上糖的连接位置　在二维 HMQC(HSQC)和 HMBC 谱出现之前,苷化位移是判断糖连接位置的重要手段。黄酮类化合物的酚羟基在形成 O-糖苷后,无论是苷元还是糖均产生相应的苷化位移。通常形成苷后,糖上的端基碳向低场移动,苷化位移为+4.0~+6.0,而苷元上苷化位碳原子向高场移动,苷化位移-3.0~-1.0。当 5 位羟基形成糖苷键后,将会对 A、B 和 C 环同时造成影响,且苷化位移值较大。

二维谱是判断糖连接位置的另一重要手段。通常先分析 HMQC 或 HSQC 谱,归属各个碳和其相连氢的化学位移,然后应用 HMBC 谱分析糖端基氢和相连苷元碳之间的相关信号,来确定糖的连接位置。

黄酮类化合物的 8 位和 6 位较易与糖端基碳直接相连形成碳苷,此时糖端基碳化学位移值为 $\delta 75.0 \sim 80.0$。用 HMBC 谱分析糖端基氢与苷元碳原子的相关峰,可确定糖基在苷元上的连接位置。

二、MS 在黄酮类化合物结构研究中的应用

(一)游离黄酮类化合物的 EI-MS

游离黄酮类(或称黄酮苷元)化合物由于有好的共轭系统,在电子轰击质谱(EI-MS)中可以得到强的分子离子峰 M^+,且常为基峰。除分子离子峰外,在高质量区常可见 $[M-H]^+$、$[M-CO]^+$ 和 $[M-CH_3]^+$(含有甲氧基者)等碎片离子峰出现。对鉴定黄酮类化合物最有用的离子是含有完整 A 环和 B 环的碎片离子,用 A_1^+、A_2^+、…和 B_1^+、B_2^+、…等表示(图 6-1),特别是碎片 A_1^+ 与相应的碎片 B_1^+ 的质荷比之和等于分子离子 $[M^+]$ 的质荷比,因此这两个碎片离子在结构鉴定中有重要意义。裂解方式 I 还将进一步产生碎片 $[A_1-CO]^+$ 峰。

黄酮类化合物主要有下列两种基本的裂解方式。

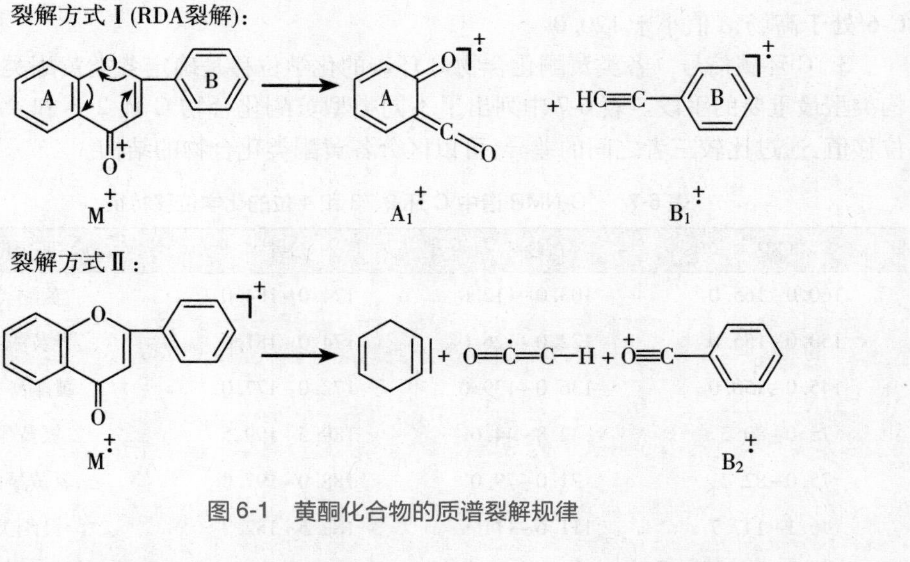

裂解方式 I (RDA裂解):

裂解方式 II:

图 6-1　黄酮化合物的质谱裂解规律

这两种裂解方式是相互竞争、相互制约的。B_2^+、$[B_2-CO]^+$ 离子强度与 A_1^+、B_1^+ 离子以及由 A_1^+、B_1^+ 进一步裂解产生的一系列离子(如 $[A_1-CO]^+$、$[A_1-CH_3]^+$、…)总强度成反比。

1. 黄酮类基本裂解方式(图 6-2)

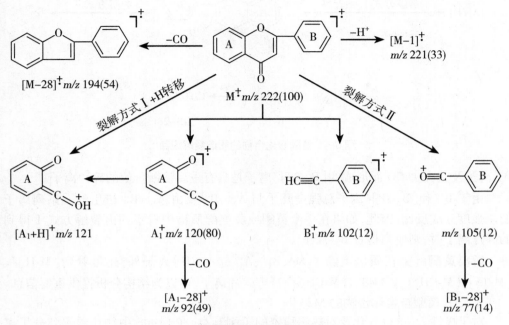

图 6-2 黄酮类化合物的裂解模式

大多数游离黄酮的分子离子峰[M]$^+$为基峰,其他较重要的峰有[M-H]$^+$、[M-CO]$^+$和由裂解方式 I 产生的碎片 A_1^+、[A_1-CO]$^+$和 B_1^+峰。

A 环上的取代情况可根据 A_1^+碎片的质荷比(m/z)来确定。例如,5,7-二羟基黄酮的质谱中有与黄酮相同的 B_1^+碎片(m/z 102),但是它的 A_1^+比后者高 32 质量单位,即 m/z 152 代替了 m/z 120,说明 A 环上应有 2 个羟基取代。同理,B 环上的取代情况可根据 B_1^+碎片确定。

黄酮的 6 位及 8 位常具有异戊烯基取代,可通过上述方法比较 A_1^+碎片质量单位来确定。此外,除了具有一般黄酮类裂解方式外,侧链还将产生一些新的离子,可用于结构研究。

在 6 位及 8 位含有甲氧基的黄酮类,在裂解当中可失去甲基,产生 1 个强的[M-CH$_3$]$^+$离子峰,继之再失去 CO,产生[M-43]$^+$碎片离子(图 6-3)。

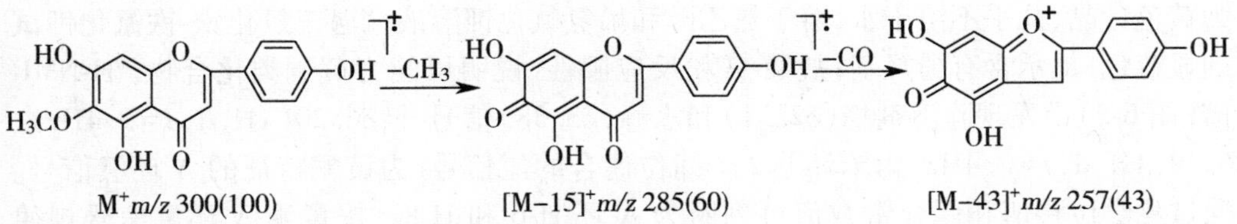

M$^+$$m/z$ 300(100)　　[M-15]$^+$$m/z$ 285(60)　　[M-43]$^+$$m/z$ 257(43)

图 6-3 A 环含甲氧基黄酮化合物的质谱裂解模式

2. 黄酮醇类基本裂解方式(图 6-4)

多数游离黄酮醇类的分子离子峰是基峰,裂解时主要按裂解方式 II 进行,得到的

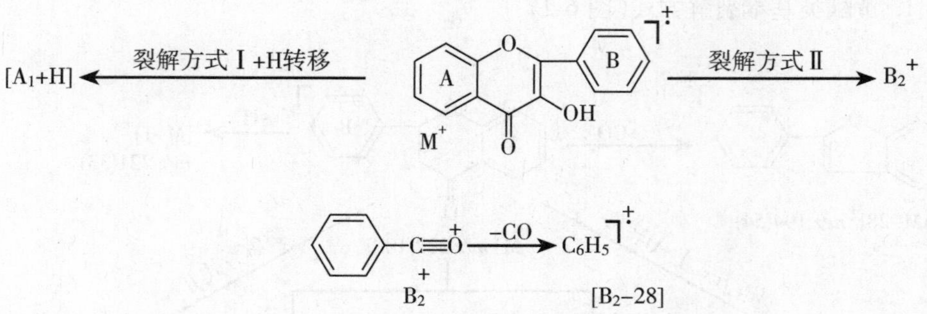

$$[A_1+H] \xleftarrow{\text{裂解方式 I +H转移}} M^+ \xrightarrow{\text{裂解方式 II}} B_2^+$$

$$B_2 \xrightarrow{-CO} C_6H_5 \quad [B_2-28]$$

图 6-4　黄酮醇化合物的质谱裂解规律

B_2^+ 离子及其失去 CO 而形成的 $[B_2-28]^+$ 离子是具有重要诊断价值的碎片离子。

由于 B_2^+ 和 $[B_2-28]^+$ 离子总强度几乎与 A_1^+、B_1^+ 及由 A_1^+、B_1^+ 衍生的一系列离子的总强度互成反比,因此,如果在一个黄酮或黄酮醇质谱中看不到由裂解方式 I 得到的碎片离子时,则应当检查 B_2^+ 离子。

游离黄酮醇类在质谱上除了 M^+、B_2^+、A_1^+、$[A_1+H]$ 离子外,还可看到 $[M-H]^+$、$[M-15]^+$($M-CH_3$)、$[M-43]^+$($M-CH_3-CO$)等碎片离子,可以为结构分析提供重要信息。

（二）黄酮苷类化合物的 MS

对于极性大、难以气化及对热不稳定的黄酮苷类,在 EI-MS 中往往看不到分子离子峰,传统上须制成甲基化、乙酰化或三甲基硅烷化等适当的衍生物,才能观察到分子离子峰。现在由于电喷雾质谱（ESI-MS）等软电离质谱技术的应用,使得黄酮氧苷类即使不制备衍生物也能直接进行测定,且能获得很强的分子离子峰或准分子离子峰,同时也能获得有关苷元及糖基部分的重要结构信息,为黄酮苷类化合物的结构确定提供了重要的依据。如电喷雾电离质谱（ESI-MS）可提供 $[M+H]^+$ 或 $[M-H]^+$ 离子,快原子轰击质谱（FAB-MS）主要形成很强的准分子离子峰,如 $[M+H]^+$、$[M+Na]^+$、$[M+K]^+$ 等,常用于获得分子量较大的黄酮苷类分子量信息。通过高分辨质谱（HR-ESI-MS 或 HR-FAB-MS）还可以测到精确的分子量,确定分子式。

第二节　结构解析实例

实例 1

从伞形科植物旱芹（*Apium graveolens* L. var. *dulce* DC.）的叶中分离得到化合物 1,为黄色针晶,几乎不溶于水,溶于热乙醇和稀氢氧化钾溶液。遇三氯化铁-铁氰化钾试剂显蓝色,提示含有酚羟基;盐酸-镁粉反应阳性,说明可能为黄酮类化合物。^{1}H-NMR谱（图 6-5）中发现除溶剂峰（$\delta2.51$）和水峰（$\delta3.38$）信号外,$\delta6.20$（1H,d,$J=2.4Hz$）、6.49（1H,d,$J=2.4Hz$）为苯环上 2 个间位偶合的氢信号,为黄酮特征的 A 环氢信号。通过化学位移值和偶合常数值可判断为 A 环 H-6 和 H-8。按黄酮 A 环氢信号规律（本章第一节）可判断 $\delta6.20$ 为 H-6。$\delta7.93$（2H,d,$J=8.8Hz$）和 6.93（2H,d,$J=8.8Hz$）为一个 AA'BB' 系统,通过化学位移和峰形判断应为 B 环氢,说明 B 环 4' 位有含氧取代,从而造成 3'、5' 位在高场（$\delta6.93$）,2'、6' 位在低场（$\delta7.93$）。该化合物在 $\delta6.77$ 出现一个单峰芳氢信号,应为 H-3。$\delta12.96$ 出现了 5 位酚羟基氢特征信号。故判断化合物 1 应为黄酮类化合物。

^{13}C-NMR 谱(图 6-6)中出现 15 个碳信号,δ99.3 和 94.4 为黄酮 A 环 C-6 和 C-8 特征信号,由于受 5-OH 和 7-OH 的影响而处于较高场。δ116.4 和 128.9 的芳环碳信号与氢谱中 B 环的氢信号相对应。根据 δ182.2 的羰基碳信号也可推测该化合物可能为黄酮类化合物。若为黄酮醇类,则 3-OH 将使该羰基移向高场。综上所述,推测该化合物为 5,7,4′-三羟基黄酮,即芹菜素(apigenin),与文献 NMR 数据对照一致。NMR 谱数据归属见表 6-8。

化合物1:芹菜素

表 6-8 化合物 1 的 NMR 谱数据(DMSO-d_6)

No.	δ_H (J, Hz)	δ_C	No.	δ_H (J, Hz)	δ_C
2	–	164.7	9	–	157.8
3	6.77(1H,s)	103.3	10	–	104.2
4	–	182.2	1′		121.7
5	–	161.9	2′,6′	7.93(2H,d,8.8)	128.9
6	6.20(1H,d,2.4)	99.3	4′		161.6
7	–	164.2	3′,5′	6.93(2H,d,8.8)	116.4
8	6.49(1H,d,2.4)	94.4			

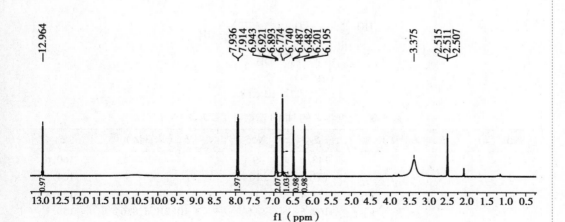

图 6-5 化合物 1 的 ^{1}H-NMR 谱(DMSO-d_6,400MHz)

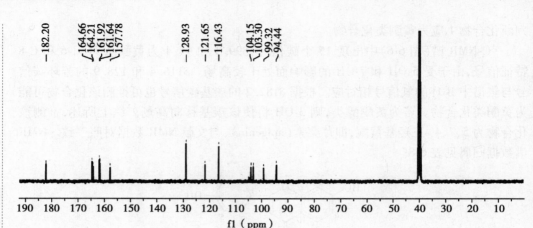

图 6-6 化合物 1 的 ^{13}C-NMR 谱（DMSO-d_6，100MHz）

实例 2

从桑科植物桑（*Morus alba* L.）的干燥叶中分离得到化合物 2，为黄色粉末，易溶于甲醇。遇三氯化铁-铁氰化钾试剂显蓝色，提示含有酚羟基；盐酸-镁粉反应阳性，说明可能为黄酮类化合物。^{1}H-NMR 谱（图 6-7）中，$\delta 6.19(1H,d,J=1.3Hz)$、$6.40(1H,d,J=1.3Hz)$ 为一个苯环上 2 个间位偶合氢信号。根据黄酮 A 环氢信号规律可判断 $\delta 6.19$ 为 H-6，$\delta 6.40$ 为 H-8。$\delta 8.10(2H,d,J=8.6Hz)$ 和 $6.92(2H,d,J=8.6Hz)$ 为一个 AA′BB′ 系统氢信号，通过化学位移和峰形判断应为 4′ 位有含氧取代的 B 环上的 4 个氢信号，从而造成 3′、5′ 位在高场（$\delta 6.92$），2′、6′ 位在低场（$\delta 8.10$）。除 A、B 环氢外，^{1}H-NMR 谱中未出现其他氢信号，说明该化合物 C 环 3 位、B 环 4′ 位可能有羟基取代（该化合物测定溶剂为 CD$_3$OD，OH 信号峰未出现）。

^{13}C-NMR 谱（图 6-8）中共出现 15 个碳信号，同化合物 1 相比，该化合物羰基信号明显移向高场，故由 $\delta 177.4$ 的羰基信号可推测该化合物可能为黄酮醇类（本章第一节）。综上所述，推测化合物 2 为 3,5,7,4′-四羟基黄酮，即山柰酚（kaempferol）。与文献 NMR 谱数据对照一致。NMR 谱数据归属见表 6-9。

化合物2：山柰酚

表 6-9 化合物 2 的 NMR 谱数据（CD$_3$OD）

No.	δ_H（J，Hz）	δ_C	No.	δ_H（J，Hz）	δ_C
2	–	148.0	9	–	160.6
3	–	137.2	10	–	104.5
4	–	177.4	1′	–	123.8
5	–	162.5	2′,6′	8.10(2H,d,8.6)	130.7
6	6.19(1H,d,1.3)	99.4	4′	–	158.3
7	–	166.0	3′,5′	6.92(2H,d,8.6)	116.3
8	6.40(1H,d,1.3)	94.6			

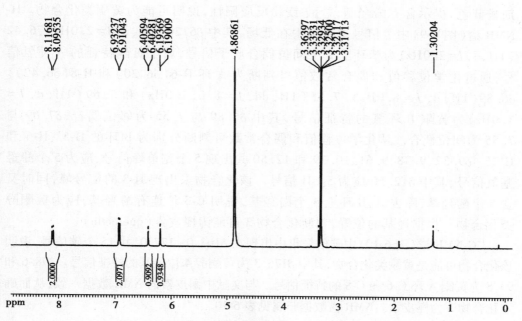

图 6-7　化合物 2 的 ^{1}H-NMR 谱（CD$_3$OD，400MHz）

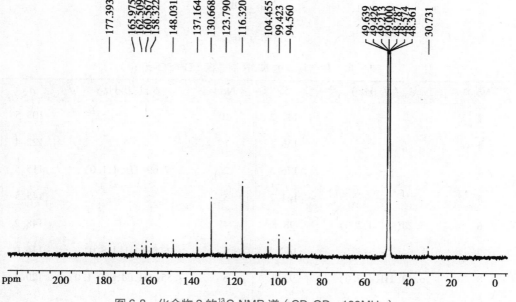

图 6-8　化合物 2 的 ^{13}C-NMR 谱（CD$_3$OD，100MHz）

实例 3

从豆科植物槐（*Sophora japonica* L.）的干燥花和花蕾中分离得到化合物 3，为黄色针状结晶，可溶于碱水和沸乙醇、甲醇和丙酮，常温下不溶于水，也不溶于苯、乙醚、石油醚，紫外线灯（254nm）下显亮蓝色荧光。遇三氯化铁-铁氰化钾试剂显蓝色，提示含有酚羟基；盐酸-镁粉反应阳性，说明可能为黄酮类化合物。^{1}H-NMR 谱（图 6-9）中氢信号主要集中在低场，其中 δ6.20（1H，d，*J* = 2.0Hz）、6.42（1H，d，*J* = 2.0Hz）为苯环上 2 个间位偶合质子信号，属于黄酮特征的 A 环氢信号，通过化学位移值和偶合常数值可判断为 A 环 H-6（δ6.20）和 H-8（δ6.42）。δ6.89（1H，d，*J* = 8.0Hz）、7.55（1H，dd，*J* = 8.0，1.0Hz）和 7.69（1H，d，*J* = 1.0Hz）为黄酮 B 环氢的特征信号，其中 δ6.89 与 7.55 为邻位偶合，δ7.69 与 7.55 为间位偶合。从化学位移值和偶合常数可判断分别为 B 环的 H-5′、H-6′ 和 H-2′。δ9.32、9.38、9.61、10.79 和 12.50 共出现 5 个宽单峰信号，应为 5 个酚羟基氢信号，其中 δ12.50 应为 5-OH 信号。该化合物未出现 H-3 的信号峰，同时又含 5 个酚羟基，除去 A、B 环上 4 个酚羟基，说明 C-3 位连有酚羟基，应为黄酮醇类化合物。根据羟基的位置，判断化合物 3 可能为槲皮素（quercetin）。

　　^{13}C-NMR 谱（图 6-10）中碳信号集中出现在 δ103.0～177.0，共 15 个碳信号，说明该化合物可能是黄酮类化合物，其中 δ176.3 为黄酮醇 4 位羰基的特征信号。δ98.6 和 93.8 为黄酮 A 环 C-6 和 C-8 的特征信号。与文献中槲皮素的 NMR 数据一致，从而确定化合物 3 为槲皮素。NMR 谱数据归属见表 6-10。

化合物3：槲皮素

表 6-10　化合物 3 的 NMR 谱数据（DMSO-d_6）

No.	δ_H（*J*，Hz）	δ_C	No.	δ_H（*J*，Hz）	δ_C
2	–	147.2	10	–	103.5
3	–	136.2	1′	–	122.4
4	–	176.3	2′	7.69（1H，d，1.0）	115.5
5	–	161.2	3′	–	145.5
6	6.20（1H，d，2.0）	98.6	4′	–	148.2
7	–	164.3	5′	6.89（1H，d，8.0）	116.0
8	6.42（1H，d，2.0）	93.8	6′	7.55（1H，dd，8.0，1.0）	120.4
9	–	156.6			

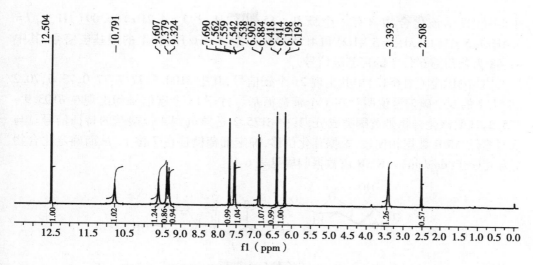

图 6-9　化合物 3 的 ^{1}H-NMR 谱（DMSO-d_6，400MHz）

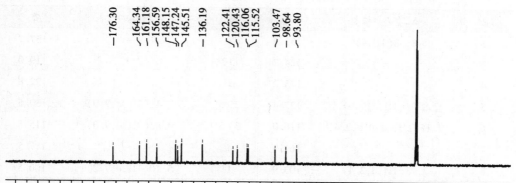

图 6-10　化合物 3 的 ^{13}C-NMR 谱（DMSO-d_6，100MHz）

实例 4

从豆科植物野葛 [*Pueraria lobata* (Willd.) Ohwi] 的根中分离得到化合物 4，为白色无定形粉末，溶于甲醇、乙醇，难溶于三氯甲烷、丙酮。紫外线灯（254nm）下显亮蓝色荧光，遇三氯化铁-铁氰化钾试剂显蓝色，提示含有酚羟基。^{1}H-NMR 谱（图 6-11）中在芳香区 δ6.70~8.38 出现 8 个芳氢信号，其中 δ8.38（1H, s）是异黄酮 2 位氢的特征信号，由于受到 4 位羰基的吸电子共轭效应的影响，比普通芳氢明显向低场位移。δ8.04（1H, d, J = 9.0Hz）、7.23（1H, d, J = 2.4Hz）、7.15（1H, dd, J = 9.0, 2.4Hz）呈现一个ABX 系统，说明结构中含有一个三取代苯环（A 环），从化学位移值可判断 δ8.04 是 5位氢信号，由于受到 4 位羰基的分子内氢键作用，较普通芳氢位于低场。δ7.23 和7.15 分别为 H-6 和 H-8 的信号。δ7.41（2H, d, J = 9.0Hz）和 6.82（2H, d, J = 9.0Hz）为一个 AA′BB′ 系统，说明存在一个对位取代的苯环（B 环）。δ9.51（1H, s）是异黄酮母核上酚羟基的氢信号，提示结构中仅有一个酚羟基。δ5.10（1H, d, J = 7.2Hz）是糖端基 H-1″的特征信号，偶合常数提示苷键为 β-构型，δ3.19~3.80 有一组糖上的 6 个氢质子信号,显示该化合物含有一个糖基。δ5.40(1H,d,J = 4.2Hz)、5.09(1H,d,J = 5.4Hz)、5.04(1H,d,J=5.4Hz)和4.58(1H,t,J=5.4Hz)为糖上的羟基氢信号,其中 δ4.58为葡萄糖6″位上的羟基氢信号。

  13C-NMR 谱(图6-12)中共出现21个碳信号,其中δ100.5、77.7、77.0、73.6、70.2 和61.2 的6个碳信号说明存在1个葡萄糖基。另外15个碳信号均出现在δ103.9~ 175.2,证明该化合物是黄酮类成分,其中 δ175.2 是异黄酮4位羰基的特征信号。与 大豆素的 NMR 数据相比较,根据苷化位移,确定葡萄糖连在7位上,从而确定化合物 4 为大豆苷(daidzin)。NMR 谱数据归属见表6-11。

化合物4:大豆苷

表6-11 化合物4的NMR谱数据(DMSO-d_6)

No.	δ_H(J,Hz)	δ_C	No.	δ_H(J,Hz)	δ_C
2	8.38(1H,s)	153.7	9	–	157.7
3	–	124.2	10	–	119.0
4	–	175.2	1′	–	122.8
5	8.04(1H,d,9.0)	127.4	2′,6′	7.41(2H,d,9.0)	130.5
6	7.15(1H,dd,9.0,2.4)	116.0	3′,5′	6.82(2H,d,9.0)	115.5
7	–	161.9	4′	–	157.5
8	7.23(1H,d,2.4)	103.9	1″	5.10(1H,d,7.2)	100.5

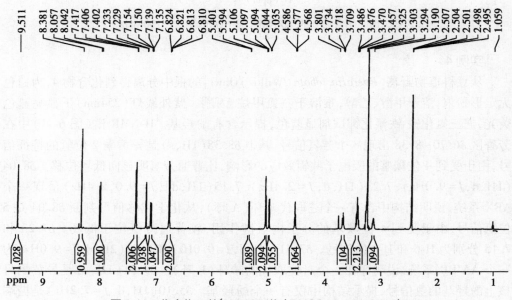

图6-11 化合物4的1H-NMR 谱(DMSO-d_6,600MHz)

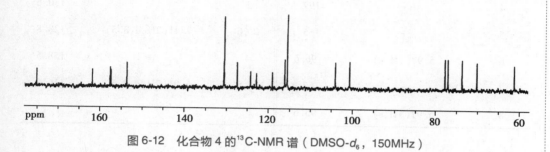

图 6-12　化合物 4 的 ^{13}C-NMR 谱（DMSO-d_6，150MHz）

实例 5

从毛茛科植物芍药（*Paeonia lactiflora* Pall.）的根中分离得到化合物 5，为淡黄色无定形粉末。与三氯化铁-铁氰化钾试剂反应显蓝色，提示含有酚羟基。^{1}H-NMR 谱（图 6-13）中 δ5.49（1H，dd，J = 13.0，3.0Hz）、3.21（1H，dd，J = 17.1，13.0Hz）、2.73（1H，dd，J = 17.1，3.0Hz）出现一组质子，由偶合常数可以推测这 3 个质子属于 1 个自旋体系，且后两者为同碳偶合，是二氢黄酮类化合物 2、3 位上氢的特征信号，后两个峰由 3 位—CH$_2$—上两个质子发生裂分产生。δ7.41（2H，d，J = 8.5Hz）、6.91（2H，d，J = 8.5Hz）出现 B 环取代特征的 AA′BB′偶合系统信号，说明 B 环为 1′，4′-取代。低场区有 3 个活泼氢，其中 δ12.21 是 5-OH 的特征信号。从 B 环为 1′，4′-取代类型和化学位移值判断，B 环 4′位应连有 1 个—OH。这样 A 环除 5 位外，应还存在 1 个—OH。δ5.97（2H，s）为 A 环 H-6 和 H-8 特征信号，此推测被 C 谱中 δ96.6 和 95.6 的信号所证实，确定 7 位应接有 1 个—OH。

^{13}C-NMR 谱（图 6-14）在 δ79.8 和 43.4 也出现二氢黄酮 C-2、C-3 的特征信号。δ197.1 出现二氢黄酮 4 位羰基的特征信号，由于 C 环饱和后不与 B 环共轭，故而同黄酮的 4 位羰基相比出现在低场。δ96.6 和 95.6 为黄酮 A 环 C-6 和 C-8 的特征信号。综合 ^{1}H-NMR、^{13}C-NMR 谱的信息，确定化合物 5 为二氢芹菜素（dihydroapigenin）。NMR 谱数据归属见表 6-12。

化合物5：二氢芹菜素

表 6-12　化合物 5 的 NMR 谱数据（acetone-d_6）

No.	δ_H（J, Hz）	δ_C	No.	δ_H（J, Hz）	δ_C
2	5.49（1H, dd, 13.0, 3.0）	79.8	9	–	164.2
3	3.21（1H, dd, 17.1, 13.0） 2.73（1H, dd, 17.1, 3.0）	43.4	10	–	103.0
4	–	197.1	1′	–	130.6
5	–	165.1	2′, 6′	7.41（2H, d, 8.5）	128.8
6	5.97（1H, s）	96.6	4′	–	158.5
7	–	167.1	3′, 5′	6.91（2H, d, 8.5）	116.0
8	5.97（1H, s）	95.6			

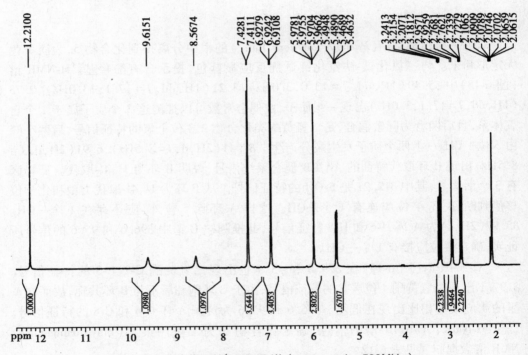

图 6-13　化合物 5 的 ^{1}H-NMR 谱（acetone-d_6，500MHz）

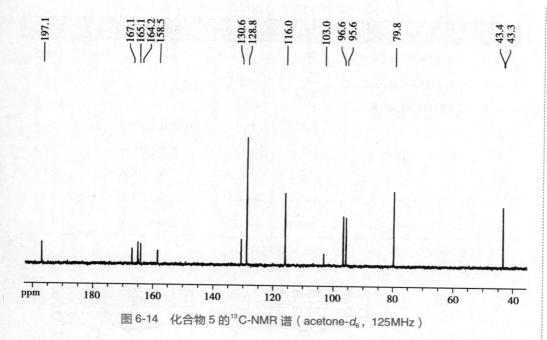

图6-14 化合物5的^{13}C-NMR谱（acetone-d_6，125MHz）

实例6

从鳞毛蕨科植物浅裂鳞毛蕨（*Dryopteris sublaeta* Ching et Hsu）中分离得到化合物6，为黄色粉末，易溶于甲醇、丙酮、三氯甲烷。在紫外线灯下（254nm）可观察到黄色荧光，遇三氯化铁-铁氰化钾试剂显蓝色，说明含有酚羟基。^{1}H-NMR谱（图6-15）出现$\delta7.60$（2H，dd，$J=7.2, 1.6Hz$）、7.46（2H，m）、7.40（1H，m）5个芳氢信号，提示分子中有1个单取代的苯环。$\delta5.57$（1H，dd，$J=12.4, 3.2Hz$）、3.12（1H，dd，$J=16.8, 12.4Hz$）和2.88（1H，dd，$J=16.8, 3.2Hz$）出现一组二氢黄酮2位和3位氢的特征吸收峰。$\delta12.40$提示有黄酮5-OH存在。高场区$\delta2.06$和2.04处分别出现2个三氢单峰信号，为2个甲基的信号峰。由于在$\delta6.5\sim7.0$没有其他芳氢信号，提示该化合物的A环已全部取代。

^{13}C-NMR谱（图6-16）中出现15个碳信号峰，其中$\delta8.1$和7.3为2个甲基信号，其余的碳信号为二氢黄酮上的碳信号，因分子中存在对称结构，故仅出现13个峰。其中$\delta79.4$和43.6为二氢黄酮2位和3位的特征信号，$\delta197.2$为二氢黄酮4位羰基峰特征信号。$\delta103.2$和102.9出现C-6和C-8的特征信号，与上述的化合物相比，明显向低场位移，说明A环6位和8位有取代基存在。综合以上分析，确定了化合物6的结构为5,7-二羟基-6,8-二甲基二氢黄酮（5,7-dihydroxy-6,8-dimethyldihyroflavone），即去甲氧基荚果蕨素。根据HSQC谱（图6-17）归属了C、H信号（表6-13）。

化合物6：去甲氧基荚果蕨素

163

表 6-13　化合物 6 的 NMR 谱数据（acetone-d_6）

No.	δ_H (J, Hz)	δ_C	No.	δ_H (J, Hz)	δ_C
2	5.57(1H,dd,12.4,3.2)	79.4	9	–	158.5
3	3.12(1H,dd,16.8,12.4)	43.6	10	–	104.0
	2.88(1H,dd,16.8,3.2)		1′	–	140.4
4	–	197.2	2′,6′	7.60(2H,dd,7.2,1.6)	126.9
5	–	162.8	3′,5′	7.46(2H,m)	129.3
6	–	103.2	4′	7.40(1H,m)	129.1
7	–	159.7	6-CH$_3^*$	2.06(3H,s)	8.1
8	–	102.9	8-CH$_3^*$	2.04(3H,s)	7.3

注：* 6 位和 8 位甲基的归属在当前谱中无法确定，可以互换

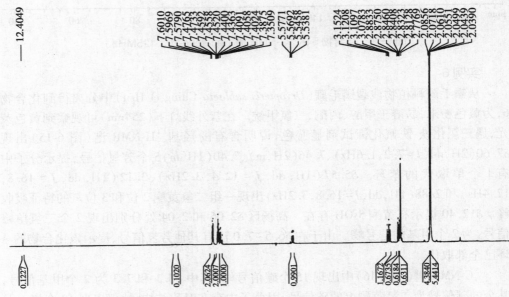

图 6-15　化合物 6 的 ^{1}H-NMR 谱（acetone-d_6，400MHz）

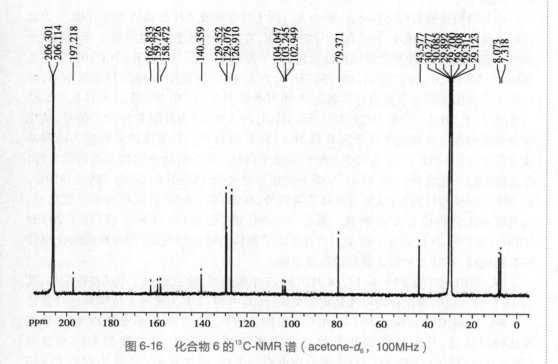

图 6-16　化合物 6 的 ^{13}C-NMR 谱（acetone-d_6，100MHz）

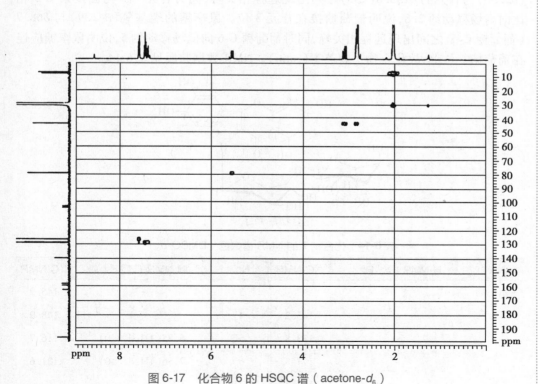

图 6-17　化合物 6 的 HSQC 谱（acetone-d_6）

实例7

从豆科植物槐树(*Sophora japonica* L.)的干燥花和花蕾中分离得到化合物7,为黄色粉末状结晶,溶于碱水、沸乙醇、甲醇和丙酮,常温下不溶于水,也不溶于苯、乙醚、石油醚。遇三氯化铁-铁氰化钾试剂显蓝色,提示含有酚羟基。^{1}H-NMR 谱(图6-18)中低场区 $\delta6.20(1H, d, J=1.6Hz)$,$\delta6.39(1H, d, J=1.6Hz)$ 为黄酮 A 环的特征氢信号,通过化学位移值和偶合常数值可判断为 A 环 H-6 和 H-8。其中 $\delta6.20$ 应为 H-6。$\delta6.85$ $(1H, d, J=8.0Hz)$、$7.55(1H, s)$ 和 $7.56(1H, d, J=8.0Hz)$ 为黄酮 B 环质子信号,从化学位移值和偶合常数值可判断为 B 环 H-5′、H-2′ 和 H-6′。低场区的宽峰应为酚羟基质子信号,其中 $\delta12.61$ 应为 C-5 上酚羟基质子信号。该化合物未出现 H-3 的信号峰,应为黄酮醇类化合物。$\delta4.39$ 和 5.36 处的信号通过 HSQC 谱(图6-20)判断与 $\delta101.2$ 和 101.6 的碳信号相关,推断为糖端基氢信号;在 $\delta3.05\sim3.70$ 的区域有多个氢信号,故判断该化合物应有 2 个糖基。结合 ^{13}C-NMR 谱(图6-19)、HSQC 谱(图6-20)和 HMBC 谱(图6-21),对 2 个糖基上的各个质子和碳信号进行归属,同标准的糖化学位移数据比较,推断 2 个糖为葡萄糖和鼠李糖。

^{13}C-NMR 谱中在 $\delta94.0\sim177.8$ 共出现 17 个碳信号,除去糖的 2 个端基碳信号,其余 15 个信号说明该化合物可能是黄酮类成分,其中 $\delta177.8$ 为黄酮 4 位羰基的特征信号。$\delta99.1$、94.0 为黄酮 A 环 C-6 和 C-8 的特征信号。与文献中槲皮素的 NMR 数据相比较很接近,从而确定该化合物苷元为槲皮素。HMBC 谱中葡萄糖的端基氢 $(\delta5.36)$ 与苷元的 $\delta133.8(C-3)$ 之间出现远程相关峰,同时苷元 C-3 与槲皮素 C-3 相比向高场移动约 2.8,说明葡萄糖接在苷元 3 位。鼠李糖的端基氢 $(\delta4.39)$ 与 $\delta68.7$(葡萄糖 C-6)之间出现远程相关峰,同时葡萄糖 C-6 向低场移动约 5,说明鼠李糖应连在葡萄糖 6 位上,故化合物 7 为芦丁(rutin)。NMR 数据归属见表6-14。

化合物7:芦丁

表6-14　化合物 7 的 NMR 谱数据(DMSO-d_6)

No.	^{1}H-NMR (J, Hz)	^{13}C-NMR	No.	^{1}H-NMR (J, Hz)	^{13}C-NMR
aglycone			3′	–	145.2
2	–	145.2	4′	–	148.9
3	–	133.8	5′	6.85(1H, d, 8.0)	116.7
4		177.8	6′	7.56(1H, d, 8.0)	121.6
5	–	161.7	D-Glc		
6	6.20(1H, d, 1.6)	99.1	1″	5.36(1H, d, 8.0)	101.6

续表

No.	¹H-NMR (J , Hz)	¹³C-NMR	No.	¹H-NMR (J , Hz)	¹³C-NMR
7	–	164.6	L-Rha		
8	6.39(1H,d,1.6)	94.0	1‴	4.39(1H,s)	101.2
9	–	156.9	6‴	0.99(3H,d)	18.2
10	–	104.4			
1′	–	122.0			
2′	7.55(1H,s)	115.7			

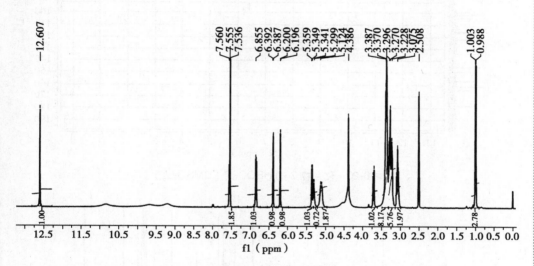

图 6-18　化合物 7 的¹H-NMR 谱（DMSO-d_6，400MHz）

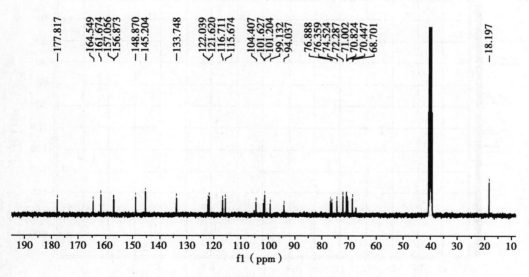

图 6-19　化合物 7 的¹³C-NMR 谱（DMSO-d_6，100MHz）

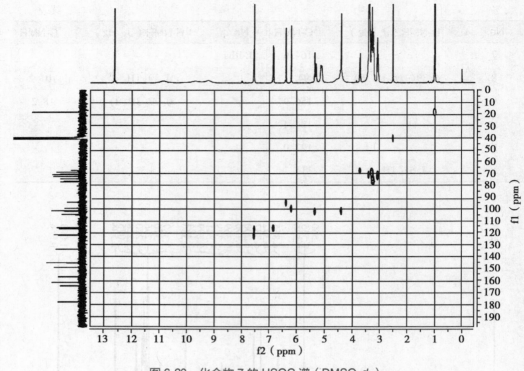

图 6-20 化合物 7 的 HSQC 谱（DMSO-d_6）

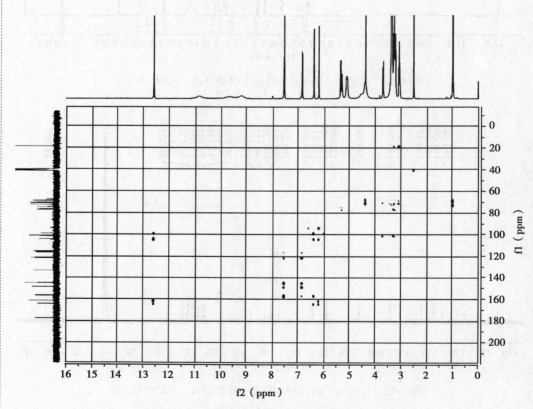

图 6-21 化合物 7 的 HMBC 谱（DMSO-d_6）

学习小结

1. 学习内容

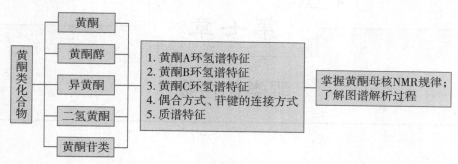

2. 学习方法

本章在介绍各类型黄酮类化合物的核磁共振谱及质谱规律基础上,给出了不同类型黄酮类化合物的 NMR 图谱的解析实例。通过本章的学习,我们能够了解黄酮类化合物的骨架结构具有显著的特征,氢谱中 A 环芳氢与 B 环芳氢相比一般位于高场,通过偶合方式,较易判断 A 环和 B 环的取代位置。由于对黄酮类化合物研究较为深入,对一个未知的黄酮类化合物的结构鉴定,首先应确定其分子量,然后获得 ^{1}H-NMR 和 ^{13}C-NMR 谱数据,通过以分子量等为索引,查阅数据库,与文献比较 NMR 数据,可基本确定其结构。对于复杂的黄酮类化合物,应结合 HSQC、HMBC 谱以及 ^{1}H-^{1}HCOSY、TOCSY、HSQC-TOCSY 等二维 NMR 进行判断。在采集黄酮类化合物 NMR 谱时,建议首选 DMSO-d_6 作为溶剂,这样可以减少溶剂峰对样品信号的干扰,同时羟基信号可以出现,为波谱解析提供更多的信息。

(李医明)

复习思考题

1. 如何根据 ^{1}H-NMR 图谱区别黄酮与黄酮醇?

2. 如何根据 ^{1}H-NMR 和 ^{13}C-NMR 图谱区别黄酮和黄酮苷?

3. 为什么在测试黄酮类化合物的 NMR 实验时常选用 DMSO-d_6 作为溶剂?

4. 为何黄酮类化合物的 A 环芳氢同 B 环芳氢相比常位于高场?

5. 获得分子量并获得 H 谱和 C 谱后,如何快速确定黄酮类化合物的结构?

第七章

醌类化合物

📖 学习目的

掌握苯醌、萘醌、菲醌、蒽醌类化合物的 NMR 图谱特征和结构解析方法,对-苯醌类化合物、1,4-萘醌类化合物及蒽醌类化合物的 MS 特征。

学习要点

重点掌握萘醌、蒽醌的 ^{1}H-NMR、^{13}C-NMR 波谱特征。

第一节 波 谱 规 律

醌是一类具有不饱和环二酮结构(醌式结构)或易转变成此类结构的化合物,包括苯醌、萘醌、菲醌和蒽醌。以往测定醌类化合物的结构时,经常采用化学方法,如 Feigl 反应、无色亚甲蓝显色反应、Keisting-Craven 反应及 Bornträger 反应等初步判断为醌类化合物,再进行化学实验,如锌粉干馏、氧化反应、甲基化反应或乙酰化反应等。目前,一般直接用 NMR、MS 等波谱法确定结构。

(一) ^{1}H-NMR 谱

1. 醌环上的氢(苯醌及萘醌) 只有苯醌及萘醌在醌环上有氢,在无取代时,化学位移分别为 $\delta6.72(s)(p$-苯醌)及 $6.95(s)(1,4$-萘醌)。醌环质子因取代基而引起的位移基本与顺式乙烯中的情况相似;无论 p-苯醌或 $1,4$-萘醌,当醌环上有 1 个供电取代基时,将使醌环上其他质子移向高场。位移幅度如图 7-1 所示:

2. 芳氢 在醌类化合物中,具有芳氢的只有萘醌(最多 4 个)及蒽醌(最多 8 个),可分为 α-H 及 β-H 两类。其中 α-H 因处于羰基的负屏蔽区,受影响较大,芳氢信号出现在低场,化学位移值较大;β-H 受羰基的影响较小,化学位移值较小。1,4-萘醌的芳氢信号分别出现在 $\delta8.06(\alpha$-H)及 $7.73(\beta$-H),9,10-蒽醌的芳氢信号分别出现在 $\delta8.07(\alpha$-H)及 $7.67(\beta$-H)。当有取代基时,峰形及峰位都会改变。

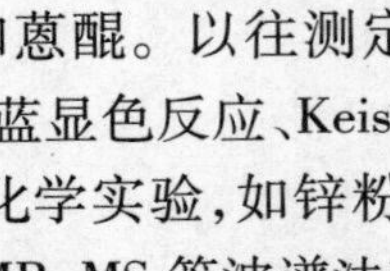

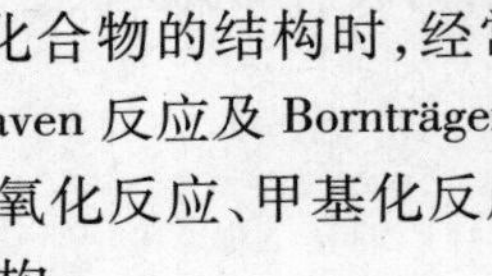

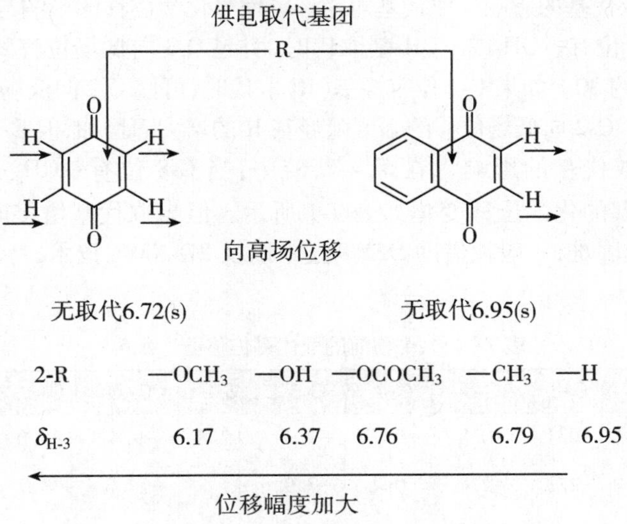

供电取代基团

向高场位移

无取代6.72(s)　　　　　　　　　无取代6.95(s)

2-R　　—OCH$_3$　—OH　—OCOCH$_3$　—CH$_3$　—H

δ_{H-3}　　6.17　　6.37　　6.76　　　　6.79　　6.95

$\longleftarrow$

位移幅度加大

图 7-1　取代基对苯醌和萘醌化学位移的影响

3. 取代基质子的化学位移及对芳氢的影响　蒽醌衍生物中取代基的性质、数目和位置不同,对芳氢的化学位移会产生一定的影响。

(1) 甲基:蒽醌母核上取代—CH$_3$上质子的化学位移 δ 为 2.1~2.9,为单峰或宽单峰,具体峰位与甲基在母核上的位置(α 或 β)有关,并受其他取代基的影响。例如 1,3,5-三羟基-6-甲基蒽醌中,—CH$_3$ 处于 5-OH 的邻位,受其影响较大,故质子的化学位移较小(δ2.16);而在 1,3,5-三羟基-7-甲基蒽醌中,—CH$_3$ 处于 5-OH 的间位,受其影响较小,故化学位移较大(δ2.41)。

甲基对相邻芳氢的影响:甲基作为供电子基,可使相邻芳氢向高场位移约 δ0.15 左右,使间位向高场位移约 δ0.10。

(2) 甲氧基:芳环上—OCH$_3$ 化学位移 δ 为 3.7~4.2,单峰。甲氧基可向芳环供电,使邻位及对位芳氢向高场位移约 δ0.45。

(3) 羟甲基(—CH$_2$OH):与苯环相连的—CH$_2$OH,其—CH$_2$—质子的 δ 值约 4.6,一般呈单峰,但有时因与羟基质子偶合而呈现双峰,羟基上的质子一般在 δ4.0~6.0。羟甲基可使邻位芳氢向高场位移约 δ0.45。

(4) 酚羟基及羧基:α-酚羟基受 C $=\!=$O 影响大,质子共振发生在很低磁场区,δ 值为 11.0~12.6,β-酚羟基 δ 值多小于 11。—COOH 质子的 δ 值也在此范围内。但酚羟基为供电子基,可使邻位及对位芳氢的共振信号向高场移动约 δ0.45,而—COOH 则使邻位芳氢向低场移动约 δ0.8。

(二) ^{13}C-NMR 谱

1. 1,4-萘醌类化合物　1,4-萘醌母核的 ^{13}C-NMR 化学位移值(δ)如下所示,当醌环及苯环上有取代基时,则会发生取代位移。

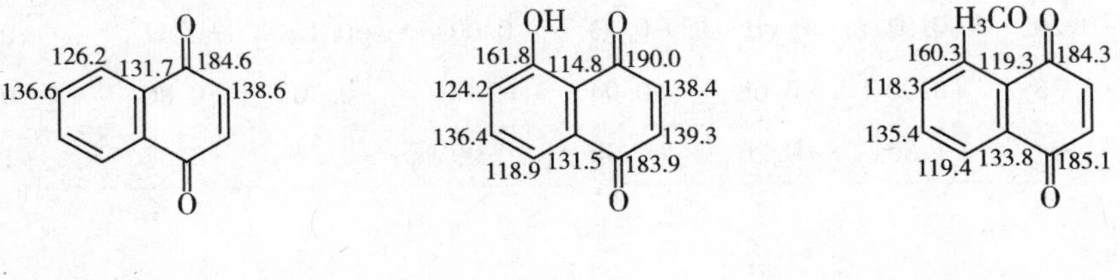

2. 醌环上取代基的影响　取代基对醌环碳信号化学位移的影响与简单烯烃的情况相似。例如，C-3 位有—OH 或—OR 基取代时，引起 C-3 向低场位移约 20，并使相邻的 C-2 向高场位移约 30。如果 C-2 位有烃基(R)取代时，可使 C-2 向低场位移约 10，C-3 向高场位移约 8，且 C-2 向低场位移的幅度随烃基 R 的增大而增加，但 C-3 则不受影响。

3. 苯环上取代基的影响　在 1,4-萘醌中，当 C-8 位有—OH、—OCH₃ 或—OAc 时，因取代基引起的化学位移变化如表 7-1 所示。但当取代基增多时，对 ¹³C-NMR 谱信号的归属比较困难，一般须借助 DEPT 技术以及 2D-NMR 技术，特别是 HMBC 谱才能得出可靠结论。

表 7-1　1,4-萘醌的取代基位移值（$\Delta \delta$）

取代基	C-1	C-2	C-3	C-4	C-5	C-6	C-7	C-8	C-9	C-10
8-OH	+5.4	-0.1	+0.8	-0.7	-7.3	+2.8	-9.4	+35.0	-16.9	-0.2
8-OCH₃	-0.6	-2.3	+2.4	+0.4	-7.9	+1.2	-14.3	+33.7	-11.4	+2.7
8-OAc	-0.6	-1.3	+1.2	-1.1	-1.3	+1.1	-4.0	+23.0	-8.4	+1.7

4. 9,10-蒽醌类化合物　蒽醌母核及 α-位有 1 个—OH 或—OCH₃ 时，其 ¹³C-NMR 化学位移如下所示：

当蒽醌母核每一个苯环上只有 1 个取代基时，母核各碳信号化学位移值呈现规律性的位移，如表 7-2 所示。按表 7-2 中取代基位移值进行推算所得的计算值与实验值很接近，误差一般在 0.5 以内。需要注意的是，当两个取代基在同一苯环上时则产生较大偏差。

表 7-2　蒽醌 ¹³C-NMR 的取代基位移值（$\Delta \delta$）

C	1-OH	2-OH	1-OCH₃	2-OCH₃	1-Me	2-Me	1-OCOCH₃	2-OCOCH₃
1	+34.73	-14.37	+33.15	-17.13	+14.0	-0.10	+23.59	-6.53
2	-0.63	+28.76	-16.12	+30.34	+4.10	+10.10	-4.84	+20.55
3	+2.53	-12.84	+0.84	-12.94	-1.00	-1.50	+0.26	-6.92
4	-7.80	+3.18	-7.44	+2.74	-0.60	-0.10	-1.11	+1.82
5	-0.01	-0.07	-0.71	-0.13	+0.50	-0.30	+0.26	+0.46
6	+0.46	+0.02	-0.91	-0.59	-0.30	-1.20	+0.68	-0.32
7	-0.06	-0.49	+0.10	-1.10	+0.20	-0.30	-0.25	-0.48
8	-0.26	-0.07	0.00	-0.13	0.00	-0.10	+0.42	+0.61
9	+5.36	+0.00	-0.68	+0.04	+2.00	-0.70	-0.86	-0.77
10	-1.04	-1.50	+0.26	-1.30	0.00	-0.30	-0.37	-1.13

续表

C	1-OH	2-OH	1-OCH$_3$	2-OCH$_3$	1-Me	2-Me	1-OCOCH$_3$	2-OCOCH$_3$
10a	−0.03	+0.02	−1.07	+0.30	0.00	−0.10	−0.27	−0.25
8a	+0.99	+0.16	+2.21	+0.19	0.00	−0.10	+2.03	+0.50
9a	−17.09	+2.17	−11.96	+2.14	+2.00	−0.20	−7.89	+5.37
4a	−0.33	−7.84	+1.36	−6.24	−2.00	−2.30	+1.63	−1.58

当蒽醌母核上仅有 1 个苯环有取代基,另一个苯环无取代基时,无取代基苯环上各碳原子的信号化学位移变化很小,即取代基的跨环影响不大。

（三）2D-NMR 谱

应用^{13}C-NMR 谱分析醌类化合物的结构,虽然较^{1}H-NMR 谱大大提高了分辨率,但由于常规的^{13}C-NMR 谱主要应用化学位移(δ)1 个参数,故一般需按有关经验规律加以计算,并和已知相似结构化合物比较确定其结构。这样得不到取代基取代位置的直接证据。

现代 2D-NMR 技术的应用为醌类化合物的结构测定提供了强有力的手段。因为蒽醌类化合物中季碳较多,故^{13}C-^{1}H 远程相关谱（HMBC 谱）和 NOESY 谱对确定蒽醌类化合物中取代基的取代位置具有决定作用。

（四）MS 谱

在所有游离醌类化合物的 MS 谱中,其共同特征是分子离子峰多为基峰,且可见出现丢失 1~2 分子 CO 的碎片离子峰。苯醌及萘醌易从醌环上脱去 1 个 CH≡CH碎片,如果醌环上有羟基,则裂解同时将伴随有特征的 H 重排。

1. 对-苯醌类化合物的 MS 特征　①分子离子峰为基峰;②相继失去 2 分子 CO 的碎片离子峰;③出现失去CH≡CH 分子的碎片离子峰,分别得到 m/z 82（A）、m/z 80（B）及 m/z 54（C）3 种碎片离子。

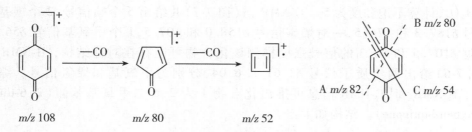

图 7-2　对苯醌的 MS 裂解途径

2. 1,4-萘醌类苯环上无取代时,将出现 m/z 104 的特征碎片离子及其分解产物 m/z 76 及 m/z 50 的离子。当苯环上有取代时,上述各峰将相应移至较高质荷比处。例如 2,3-二甲基萘醌的开裂方式如图 7-3:

3. 蒽醌类　游离蒽醌依次脱去 2 分子 CO,在 m/z 180（M-CO）及 m/z 152（M-2CO）处得到丰度很高的离子峰,并在 m/z 90 及 m/z 76 处出现它们的双电荷离子峰。蒽醌衍生物也会经过同样的开裂方式,得到与之相应的碎片离子峰(图 7-4)。

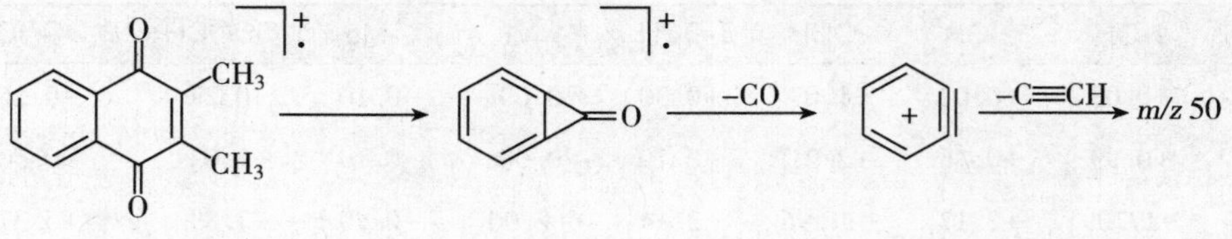

图 7-3　1,4-萘醌的 MS 裂解途径

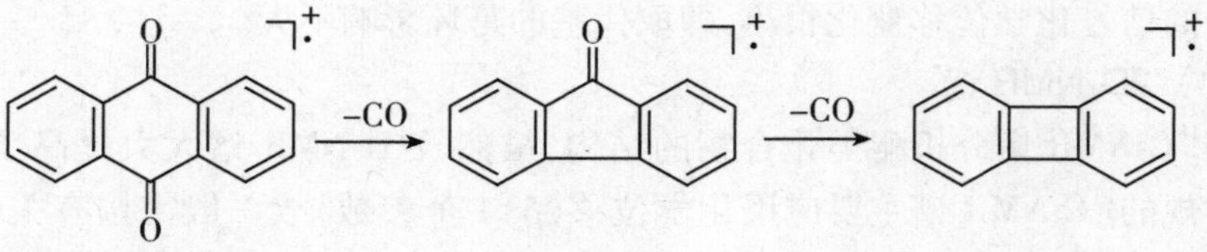

图 7-4　9,10-蒽醌的 MS 裂解途径

蒽醌苷类化合物用电子轰击质谱不易得到分子离子峰,其基峰常为苷元离子,需用场解吸质谱(FD-MS)或快原子轰击质谱(FAB-MS)才能出现准分子离子峰,以获得分子量的信息。

第二节　结构解析实例

实例 1

从唇形科植物裂叶荆芥(*Schizonepeta tenuifolia* Briq.)中分离得到化合物 1,为橙红色结晶(甲醇)。EI-MS(图 7-5) m/z:168([M]$^+$),153([M-CH$_3$]$^+$),138([M-2CH$_3$]$^+$),112([M-2CO]$^+$)。根据 EI-MS 和 ^{13}C-NMR 推测其分子式为 C$_8$H$_8$O$_4$,计算不饱和度为 5。^{13}C-NMR 谱(图 7-7)共给出 5 个碳信号:2 个羰基碳信号 δ187.3 和 176.5,一对烯碳信号 δ158.0 和 107.5,1 个甲氧基信号 δ56.3。根据 δ107.5 和 56.3 的信号强度推测该化合物可能存在对称结构,^{1}H-NMR 谱(图 7-6)给出两组质子信号 δ3.61 和 6.04,分别为甲氧基和烯氢信号。综合 MS、^{1}H-NMR 和 ^{13}C-NMR 信息可推出化合物 1 为 2,6-二甲氧基苯醌(2,6-dimethoxybenzoquinone)。结构如下:

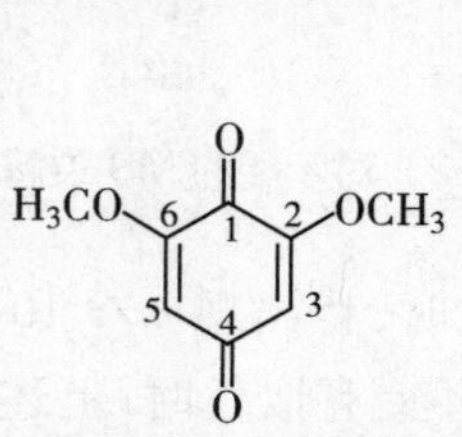

化合物1:2,6-二甲氧基本醌

波谱数据归属如下:^{1}H-NMR 谱(C$_5$D$_5$N,300MHz):δ6.04(2H,s,H-3,5),3.61(6H,s,—OCH$_3$);^{13}C-NMR 谱(C$_5$D$_5$N,75MHz):δ187.3(C-1),158.0(C-2,6),107.5(C-3,5),176.5(C-4),56.3(—OCH$_3$×2)。

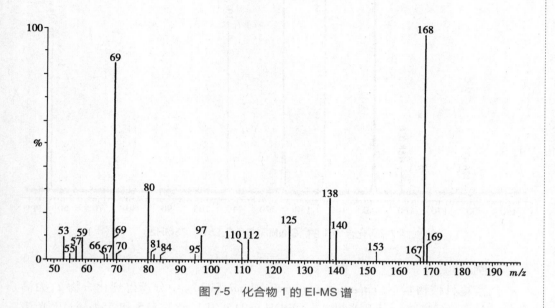

图 7-5 化合物 1 的 EI-MS 谱

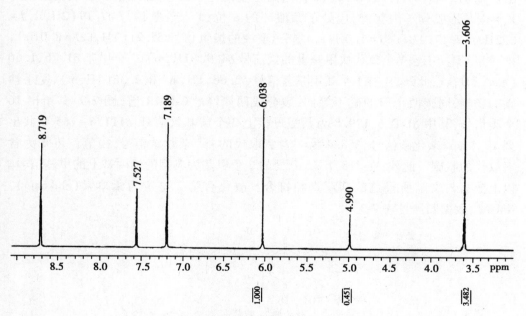

图 7-6 化合物 1 的 ¹H-NMR 谱（C_5D_5N，300MHz）

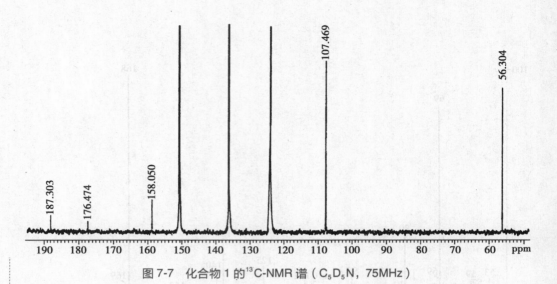

图 7-7 化合物 1 的 ^{13}C-NMR 谱（C_5D_5N，75MHz）

实例 2

从紫草科植物紫草（*Lithospermum erythrorhizon* Sieb.）中分离得到化合物 2，为褐色针状结晶（石油醚）。UV 光谱 λ_{max}（EtOH）：215，281，485，515 和 554nm；IR 光谱 ν_{max}^{KBr}：3446，1611，1573，1453，1203，1066 和 778cm^{-1}。^{1}H-NMR（图 7-8）显示含两个酚羟基 δ12.49（1H，s）、12.60（1H，s），酚羟基的化学位移处于低场，说明酚羟基与 1,4-羰基形成分子内氢键，应处于萘醌环的 α 位；3 个芳氢信号 δ7.19（2H，d，J = 3.5Hz）、7.17（1H，d，J = 1.0Hz）；1 个三重峰的烯氢信号 δ5.21（1H，t，J = 8.0Hz），推测与 CH$_2$ 相连；1 个氧代次甲基上的氢信号 δ4.92（1H，m），2 个甲基 δ1.76、1.66（each 3H，s）；此外，还有 1 个亚甲基氢信号 δ2.66（1H，m）和 2.36（1H，m），受手性碳的影响，同碳两个氢的磁不等同，裂分成两簇峰。^{13}C-NMR 谱（图 7-9）共给出 16 个碳信号，其中 δ180.6、179.8 为萘醌母核上 2 个羰基碳信号；δ111.6～165.8 共出现 10 个 sp^2 杂化碳信号；δ68.4 为一含氧取代的 sp^3 杂化碳信号，由氢谱可知为含氧取代的叔碳。此外，在 δ18.1、26.0 处的 2 个甲基为典型的烯丙基上的甲基信号。以上数据与文献所报道的紫草素相符合。故化合物 2 鉴定为紫草素（shikonin）。NMR 谱数据归属见表 7-3。

化合物2：紫草素

表 7-3 化合物 2 的 NMR 数据（CDCl₃）

No.	δ_H (J, Hz)	δ_C	No.	δ_H (J, Hz)	δ_C
1	–	180.6	9	–	112.0
2	–	151.5	10	–	111.6
3	7.17(1H,d,1.0)	131.9	1′	4.92(1H,m)	68.4
4	–	179.8	2′	2.66(1H,m),2.36(1H,m)	35.7
5	–	164.9	3′	5.21(1H,t,8.0)	118.5
6	7.19(1H,s)	132.3	4′	–	137.4
7	7.20(1H,s)	132.4	5′	1.76(3H,s)	26.0
8	–	165.5	6′	1.66(3H,s)	18.1

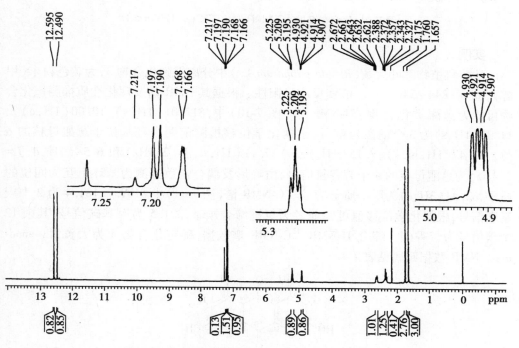

图 7-8 化合物 2 的 ¹H-NMR 谱（CDCl₃，500MHz）

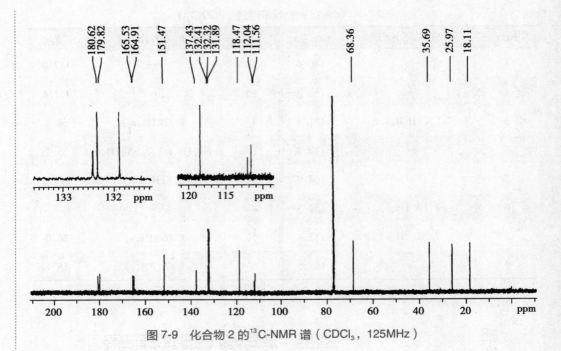

图 7-9　化合物 2 的 ^{13}C-NMR 谱（CDCl$_3$，125MHz）

实例 3

从蓼科植物掌叶大黄（*Rheum palmatum* L.）中分离得到化合物 3，为黄色粉末（甲醇），m. p. 244～246℃。乙酸镁反应呈阳性。根据其 NMR 谱及理化性质推测该化合物可能为蒽醌类化合物，^{1}H-NMR 谱（图 7-10）中，δ12.01（1H，s）、12.00（1H，s）及 11.38（1H，s）为 3 个活泼氢信号，根据化学位移推测前两个羟基位于蒽醌母核的 α 位。δ7.47（1H，br. s）、7.15（1H，br. s）、7.11（1H，d，J = 2.4Hz）和 6.58（1H，d，J = 2.4Hz）为蒽醌母核的 4 个芳香氢信号，由峰形及偶合常数推测为苯环上互为间位的质子，δ2.41（3H，s）为甲基质子信号。^{13}C-NMR 谱（图 7-11）中 δ189.7、181.4 为 2 个羰基碳信号，根据化学位移值可知前者为氢键缔合羰基；δ21.5 为甲基碳信号，其余 12 个碳信号为芳香碳。综合 ^{1}H-NMR、^{13}C-NMR 谱数据，确定化合物 3 为大黄素（emodin）。NMR 数据归属见表 7-4。

化合物3：大黄素

表 7-4　化合物 3 的 NMR 数据（DMSO-d_6）

No.	δ_H（J，Hz）	δ_C	No.	δ_C
1	–	161.4	8	164.5
2	7.15（1H，br. s）	124.1	9	189.7
3	–	148.3	10	181.4
4	7.47（1H，br. s）	120.5	4a	135.1
5	7.11（1H，d，2.4）	108.8	8a	109.0
6	–	165.6	9a	113.4
7	6.58（1H，d，2.4）	107.9	10a	132.8
—CH$_3$	2.41（3H，s）	21.5		

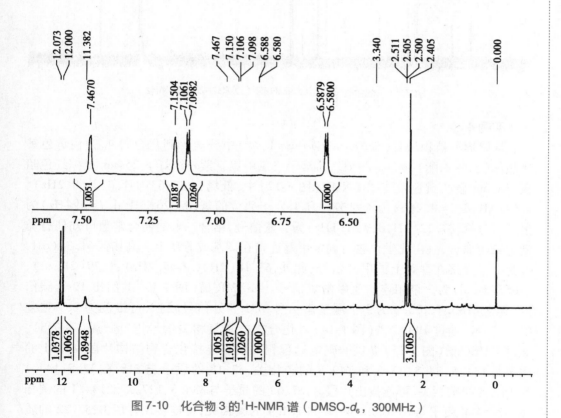

图 7-10　化合物 3 的 ^{1}H-NMR 谱（DMSO-d_6，300MHz）

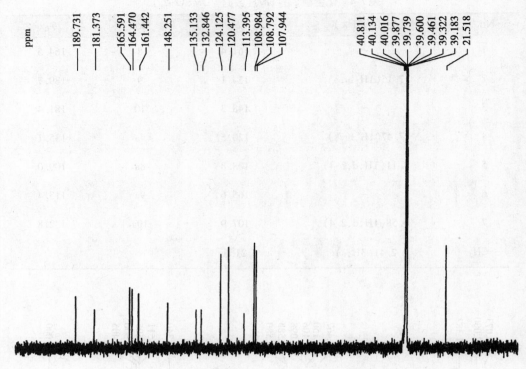

图 7-11 化合物 3 的¹³C-NMR 谱（DMSO-d_6，75MHz）

实例 4

从唇形科植物丹参（*Salvia miltiorrhiza* Bge.）中分离得到化合物 4，为橘黄色针状晶体（乙酸乙酯），m. p. 205℃，易溶于三氯甲烷。紫外线灯下 254nm 显棕红色暗斑，365nm 显淡黄色荧光。¹H-NMR（图 7-12）中，低场区 δ7.63（1H，d，J = 8.2Hz）、7.54（1H，d，J = 8.2Hz）为 1 对芳香环上处于邻位的氢；δ2.26（3H，d，J = 1.1Hz）为甲基信号峰，δ7.22（1H，d，J = 1.1Hz）为芳氢信号，结合二者的偶合常数可知偶合类型为烯丙偶合，且由化学位移可确定甲基连接在羰基或芳环上。高场区 δ1.31（6H，s）为 2 个连接在季碳上的甲基信号；此外，δ3.18（2H，t，J = 6.2Hz）、1.79（2H，m）、1.66（2H，m）为 3 个相连的亚甲基氢信号。¹³C-NMR 谱（图 7-13）共给出 19 个碳信号，其中 δ183.4、175.4 为 2 个羰基碳信号；δ31.5 处信号较强，可推测为 2 个重叠的碳信号。通过 HSQC 谱（图 7-14）对化合物的碳氢相关信号进行归属（表 7-5）。通过 HMBC 谱（图 7-15）提供的碳氢远程相关信息连接化合物结构片段，δ1.31 的质子与 δ31.5、34.3、37.5 和 149.8 的碳相关，δ3.18 的质子与 δ18.8、37.5、144.1 和 149.8 的碳相关，可连接出片段 A；δ7.63 的质子与 δ34.3、127.1 和 144.1 的碳相关，δ7.54 的质子与 δ126.2、149.8 和 161.4 的碳相关，可连接出片段 B；δ7.22 的质子与 δ119.9、120.8 和 161.4 的碳相关，δ2.26 的质子与 δ119.9、120.8 和 140.9 的碳相关，可连接出片段 C。

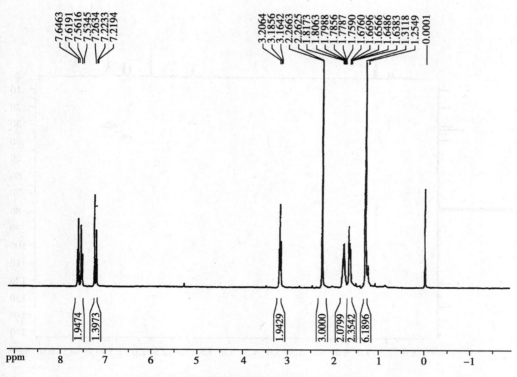

图 7-12 化合物 4 的 ^{1}H-NMR 谱（CDCl$_3$，300MHz）

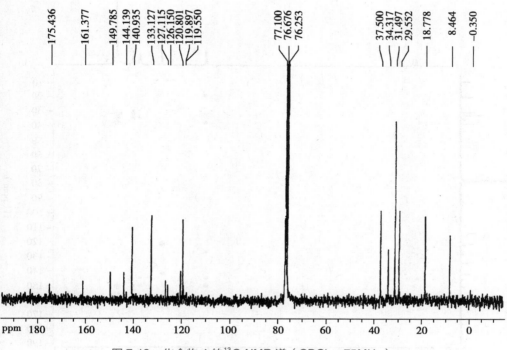

图 7-13 化合物 4 的 ^{13}C-NMR 谱（CDCl$_3$，75MHz）

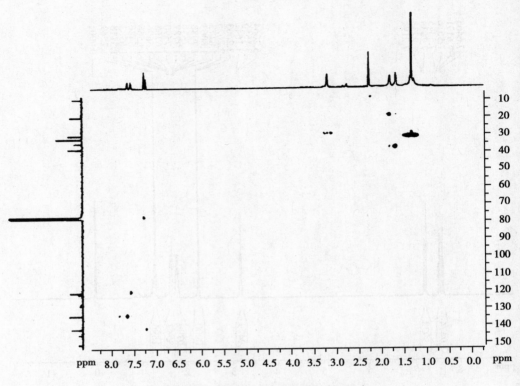

图 7-14　化合物 4 的 HSQC 谱（CDCl₃）

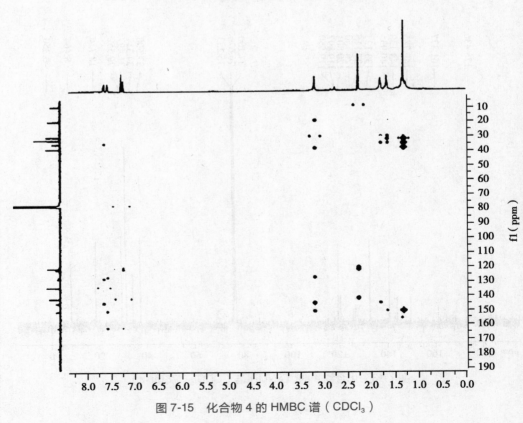

图 7-15　化合物 4 的 HMBC 谱（CDCl₃）

通过上述 3 个片段的共有碳,将 A、B、C 连接起来,在无共有碳的位置插入没有与任何质子有相关信号的羰基碳 δ183.4、175.4。综合上述信息,化合物的结构与谱图数据与文献报道的丹参酮 IIA(tanshinone IIA)基本一致,故鉴定化合物 4 为丹参酮 IIA。NMR 数据归属见表 7-5。

化合物4:丹参酮 IIA

表 7-5　化合物 4 的 NMR 数据(CDCl$_3$)

No.	δ_H (J, Hz)	δ_C	No.	δ_H (J, Hz)	δ_C
1	3.18(2H,t,6.2)	29.6	11	–	183.4
2	1.79(2H,m)	18.8	12	–	175.4
3	1.66(2H,m)	37.5	13	–	120.8
4	–	34.3	14	–	161.4
5	–	149.8	15	7.22(1H,d,1.1)	140.9
6	7.63(1H,d,8.2)	133.1	16	–	119.9
7	7.54(1H,d,8.2)	119.6	17	2.26(3H,d,1.1)	8.5
8	–	127.1	18	1.31(3H,s)	31.5
9	–	126.2	19	1.31(3H,s)	31.5
10	–	144.1			

实例 5

从唇形科植物丹参(*Salvia miltiorrhiza* Bge.)中分离得到化合物 5,为橙色结晶,根据 NMR 谱特征及植物来源,可推测为菲醌类化合物。^{1}H-NMR 谱(图 7-16)中,高场区 δ1.31(6H,s)为 2 个连接在季碳上的甲基信号,δ1.36(3H,d,J=6.6Hz)为连接在叔碳上的甲基信号;低场区 δ7.50(1H,d,J=8.1Hz)、7.64(1H,d,J=8.1Hz)为芳环上邻位偶合的两个质子信号;此外,δ3.22(2H,t,J=6.3Hz)、1.80(2H,m)、1.66(2H,m)为 3 个相连的亚甲基质子信号,δ4.89(1H,t,J=9.3Hz)、4.36(1H,dd,J=9.3,6.0Hz)为同碳偕偶的 2 个质子信号。^{13}C-NMR 谱(图 7-17)中显示 19 个碳信号,其中 δ184.3、175.7 为 2 个羰基碳信号,δ81.4 为连氧的碳信号。NMR 数据与文献报道的异隐丹参

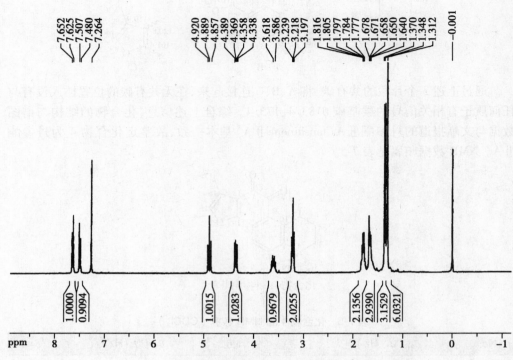

图 7-16 化合物 5 的 ^{1}H-NMR 谱（CDCl$_3$，300MHz）

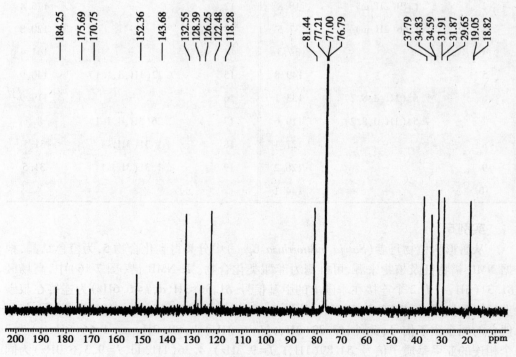

图 7-17 化合物 5 的 ^{13}C-NMR 谱（CDCl$_3$，75MHz）

酮(isocryptotanshinone)基本一致,故确定化合物 5 为异隐丹参酮。NMR 数据见表 7-6。

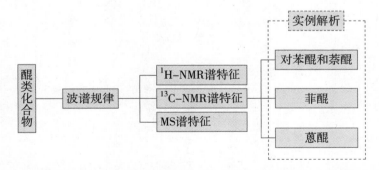

化合物5:异隐丹参酮

表 7-6 化合物 5 的 NMR 数据(CDCl$_3$)

No.	δ_H (J, Hz)	δ_C	No.	δ_H (J, Hz)	δ_C
1	3.22(2H,t,6.3)	29.7	11	–	175.7
2	1.80(2H,m)	19.1	12	–	170.8
3	1.66(2H,m)	37.8	13	–	122.5
4	–	34.8	14	–	184.3
5	–	152.4	15	4.89(1H,t,9.3) 4.36(1H,dd,9.3,6.0)	81.4
6	7.64(1H,d,8.1)	132.6	16	3.60(1H,m)	34.6
7	7.50(1H,d,8.1)	122.5	17	1.36(3H,d,6.6)	18.9
8	–	128.4	18	1.31(3H,s)	31.9
9	–	126.3	19	1.31(3H,s)	31.8
10	–	143.7			

学习小结

1. 学习内容

```
                                                    ┌─── 实例解析 ───┐
                                                    │               │
                                          ┌── ¹H–NMR谱特征 ──┬── 对苯醌和萘醌
 醌类      ┌── 波谱规律 ──┼── ¹³C–NMR谱特征 ──┼── 菲醌
 化合物 ──┤                               │
          │                               └── 蒽醌
          └── MS谱特征
```

2. **学习方法** 醌类化合物结构主要依靠 NMR 谱方法。^{13}C-NMR 谱中,在 $\delta 175\sim 190$ 范围内出现的 2 个羰基碳信号为醌类化合物的特征性信号,利用芳碳信号的个数还可以对醌的类型作出判断,而^{1}H-NMR 谱是判断醌母核取代及取代基情况的有力手段。对于结构中含有复杂取代基或成苷的醌类化合物,需要借助 2D-NMR 及 MS 才能得出可靠的结论。

（曲　扬）

复习思考题

1. 从茜草中分离得到一橙色针状结晶，NaOH 反应呈红色，乙酸镁反应呈橙红色。光谱数据如下：UV 光谱 λ_{max}（MeOH）：213、277、341 和 424nm。IR 光谱 $\nu_{max(KBr)}$：3400、1664、1620、1590 和 1300cm^{-1}。^{1}H-NMR（DMSO-d_6）δ：13.32（1H，s）、8.06（1H，d，J = 8.0Hz）、7.44（1H，d，J = 3.0Hz）、7.21（1H，dd，J = 8.0，3.0Hz）、7.20（1H，s）、2.10（3H，s）。请推导该化合物可能的结构。

2. 某一黄色针状晶体，HREI-MS 显示分子量为 300.0638，分子式为 $C_{16}H_{12}O_6$，遇碱呈红色。IR 光谱 $\nu_{max(KBr)}$：3367、1670、1630、1620 和 1500cm^{-1}。^{1}H-NMR（DMSO-d_6）δ：12.97（1H，s）、11.06（1H，br. s）、7.67（1H，d，J = 7.5Hz）、7.57（1H，d，J = 2.2Hz）、7.56（1H，s）、7.28（1H，dd，J = 7.5，2.1Hz）、3.97（3H，s）、3.95（3H，s）。照射信号 3.97（3H，s）和 3.95（3H，s），均引起 7.56（1H，s）产生增益。请推导该化合物可能的结构。若想要确定其结构还需要测定哪些波谱？

3. 对-苯醌类化合物的 MS 特征有哪些？

4. 如何利用波谱学的方法区分萘醌和蒽醌？

第八章

萜类化合物

📖 **学习目的**

通过本章的学习,掌握单萜类、倍半萜类、二萜类和三萜类化合物的 NMR 图谱特征和结构解析方法。

学习要点

环烯醚萜类及三萜类化合物的 ^{1}H-NMR、^{13}C-NMR 波谱规律。

第一节 波 谱 规 律

萜类(terpenoids)化合物是自然界中一类种类众多、数量巨大、结构类型复杂、资源丰富、生物活性显著的天然产物。可根据各萜类分子结构中碳环数目的多少,分为链萜(无环萜)、单环萜、双环萜、三环萜和四环萜等。萜类化合物主要是根据分子骨架中异戊二烯结构单位的数目进行分类,如单萜、倍半萜、二萜和三萜等。还有些萜类化合物的分子骨架由于发生重排或降解,已不符合异戊二烯法则或分子骨架的碳原子数不是 5 的倍数。萜类成分的结构骨架极为复杂,规律性不强,因此在本节中将着重介绍萜类化合物中几种有代表性的骨架结构(图 8-1)的 NMR规律。

一、环烯醚萜类化合物

环烯醚萜类化合物多以苷的形式存在,多为 C-1 位的半缩醛羟基与葡萄糖结合形成单糖苷。常有双键存在,一般为 $\Delta^{3(4)}$,也有 $\Delta^{6(7)}$ 或 $\Delta^{7(8)}$ 或 $\Delta^{5(6)}$;C-5、C-6和 C-7 有时连羟基,C-8 多连甲基、羟甲基或羟基,C-6 或 C-7 可形成环酮结构,C-7 和 C-8 之间有时具环氧醚结构,C-1、C-5、C-8 和 C-9 多为手性碳原子。根据其环戊烷环是否裂环,可将环烯醚萜类化合物分为环烯醚萜及裂环环烯醚萜两大类。根据 C-4 位取代基的有无,进一步又分为环烯醚萜及 4-去甲基环烯醚萜两种类型。C-4 位多连甲基、羧基、羧酸甲酯或羟甲基。4-去甲基环烯醚萜为环烯醚萜C-4 去甲基降解苷,苷元碳架部分由 9 个碳组成。裂环环烯醚萜苷元的结构特点为 C-7、C-8 处断键成裂环状态,C-7 断裂后有时还可与 C-11 形成六元内酯结构,如图 8-2 所示。

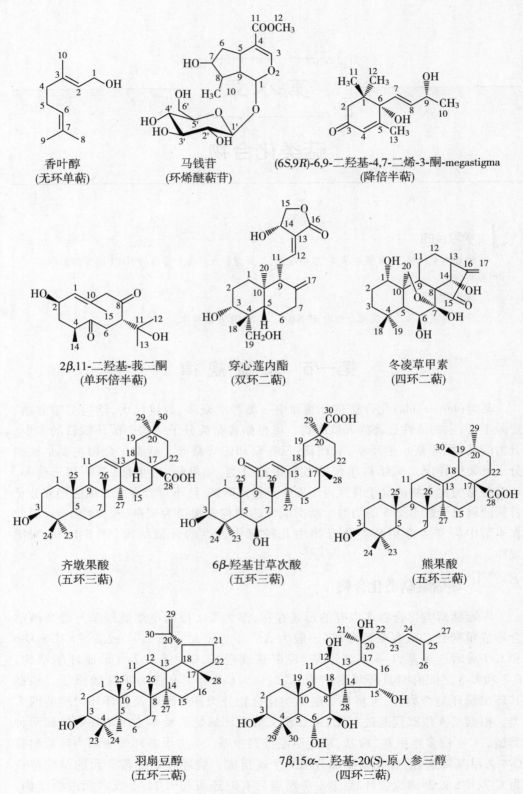

图8-1 本章代表化合物骨架类型

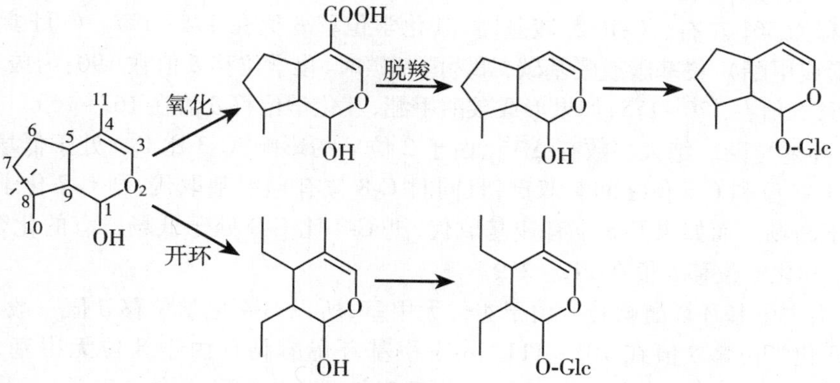

图 8-2 环烯醚萜类化合物类型

（一）¹H-NMR

¹H-NMR 谱对环烯醚萜类化合物的结构测定有极为重要的作用,可用于判定环烯醚萜的结构类型,并能确定许多立体化学（构型、构象）结构问题。其中 H-1 与 H-3 的信号最具有鉴别意义。

1. 通常情况下,因 H-1 质子为半缩醛质子,故其化学位移通常位于较低场（$\delta 4.50 \sim 6.20$）,并且此位置较易成苷,成苷后质子的化学位移也会向低场位移。此外,C-1 折向上方时,利用 $J_{H-1/H-9}$ 可判断二氢吡喃环和环戊烷环的骈合方式（$J_{H-1/H-9}$ 在 $1.0 \sim 1.5Hz$,为顺式骈合;在 $2.0 \sim 2.5Hz$,为反式骈合）;但若 C-1 折向下方时,当 $J_{H-1/H-9} = 7.0 \sim 10.0Hz$ 表明连氧基团处于平伏键,$J_{H-1/H-9} = 1.0 \sim 3.0Hz$,表明 1 位连氧基团的取向处于直立键。

2. H-3 质子的信号及其裂分情况 可以判断 4 位有无取代。当 C-4 有—COOR 取代基（包括裂环环烯醚萜类）时,H-3 因受—COOR 基影响处于更低的磁场区,一般 δ 值多在 $7.3 \sim 7.7$（个别可在 $7.7 \sim 8.1$）,因与 H-5 为远程偶合,故 $J_{H-3/H-5}$ 很小,为 $0 \sim 2Hz$,该峰为 C-4 有—COOR 取代基的特征峰。当 C-4 取代基为—CH_3 时,H-3 化学位移 δ 值在 $6.0 \sim 6.2$,为多重峰。当取代基为—CH_2OR 时其化学位移 δ 值在 $6.3 \sim 6.6$,也为多重峰。当 C-4 无取代基时,H-3 的化学位移与 C-4 取代基为—CH_3 或—CH_2OR 时相近（δ 值也在 6.5 左右）,但峰的多重度及 J 值有明显区别。因 H-3 与 H-4 为邻偶,同时 H-3 与 H-5 又有远程偶合,故 H-3 多呈现双二重峰（dd）,J 值分别为 $6 \sim 8Hz$ 和 $0 \sim 2Hz$。

3. C-8 上常连有 10-CH_3 若 C-8 为叔碳,则 10-CH_3 为二重峰,$J = 6.0Hz$,化学位移 δ 值多在 $1.1 \sim 1.2$。若 C-7 和 C-8 之间有双键,则该甲基变成单峰或宽单峰,化学位移 δ 值移至 2.0 左右。分子中如有—$COOCH_3$ 取代基,其—OCH_3 信号为单峰,一般 δ 值出现在 $3.6 \sim 3.9$。

（二）¹³C-NMR

1. 对于一般的环烯醚萜苷来说,1-OH 与葡萄糖成苷,C-1 化学位移 δ 值在 $95 \sim 104$;如果 C-5 位连有羟基时,其化学位移 δ 值在 $71 \sim 74$,如果 C-6 位存在羟基时,其化学位移 δ 值在 $75 \sim 83$;C-7 一般情况下不连羟基,如果 C-7 位连有羟基时,其化学位移 δ 值在 75 左右;如果 C-8 位连有羟基时,其化学位移 δ 值在 62 左右。C-10 位甲基通常为羟甲基或羧基化,如果 C-10 为羟甲基,其化学位移为 δ66 左右,若 C-7 有双键,其化学位移为 δ61 左右。C-10 为羧基时,其化学位移 δ 值在 175~177。C-11 通常为酯碳(常形成甲酯)、羧基碳或醛基碳,如为醛基碳时,化学位移 δ 值在 190;为羧基碳时,化学位移 δ 值在 170~175;如果形成羧酸甲酯,其化学位移 δ 值在 167~169。

2. 环烯醚萜 绝大多数有 $\Delta^{3(4)}$,由于 2 位氧的影响,C-3 比 C-4 处于低场。如果分子中 C-7 位和 C-8 位之间有双键,且同时 C-8 位有羟甲基取代,则 C-7 化学位移比 C-8 处于高场。而如果 C-8 位有羧基取代,则 C-7 比 C-8 处于低场。有的化合物 C-6 为羰基,其化学位移 δ 值在 212~219。

3. 4-去甲基环烯醚萜苷 由于 4 位无甲基,所以 C-4 化学位移 δ 值一般在 139~143,C-3 化学位移 δ 值在 102~111。8-去甲基环烯醚萜苷由于 8 位无甲基,如果有 $\Delta^{7(8)}$ 时,其化学位移 δ 值在 134~136。若 C-7 和 C-8 与氧形成含氧三元环,其化学位移 δ 值一般在 56~60。

二、三萜类化合物

在 ^{1}H-NMR 谱中,三萜及其苷类绝大部分氢信号均处在高场区,化学位移 δ 值为 0.5~3.0。同时在杂乱的众多氢信号中,可清楚地观察到 7~8 个较强的甲基信号,另外这些特征的角甲基的裂分情况对判断三萜结构类型会具有一定的帮助,例如齐墩果烷衍生物的所有角甲基一般为单峰。而在 ^{13}C-NMR 谱中可以清楚地看到 30 个碳信号(不包括糖的部分),并且绝大部分信号在 δ60.0 以下,同时在 δ109.0~160.0 会有烯碳,在 δ170.0~220.0 会出现羰基碳。当观察上述波谱学特征时,提示此类成分可能为三萜类成分。但具体的三萜苷元的类型、取代方式以及连糖的位置等结构信息,还需进一步与文献数据比对以及通过二维核磁技术进一步确定。

(一) ^{1}H-NMR

三萜类化合物的 ^{1}H-NMR 谱比较复杂,在高场区域内常出现母核上众多的 CH 和 CH$_2$ 峰,从中可获得分子结构中甲基质子、双键上烯氢质子、连氧碳上的质子等重要信息,根据 2D-NMR 谱甚至可以准确归属三萜类化合物的全部质子。

1. 甲基 在 ^{1}H-NMR 谱的高场出现多个甲基单峰是三萜化合物的显著特征。这些甲基信号的数目和峰形对于确定三萜化合物的骨架类型很重要。一般甲基质子的信号在 δ0.62~1.50;乙酰基中甲基信号在 δ1.82~2.07;甲酯结构中的甲基信号一般在 δ3.60 左右;与双键相连的甲基质子出现在较低场,δ 值大于 1.50。一般情况下,四环三萜类化合物的侧链上 C-26 和 C-27 甲基质子呈现宽单峰,其化学位移偏低场,通常大于 δ1.50;齐墩果烷型在高场区出现多个甲基单峰(不多于 8 个,有时由于这些角甲基被氧化成羟甲基、羧基、醛基等,单峰数目会减少)。乌苏烷型在高场容易出现两个甲基双峰,是 29 位和 30 位甲基质子因分别与 19 位和 20 位次甲基质子发生偶合所致,化学位移为 δ0.80~1.00,偶合常数 J 约为 6.0Hz。羽扇豆烷型三萜的 C-30 甲基,因与双键相连,此甲基质子信号在 δ1.63~1.80,具有烯丙偶合,呈宽单峰。

2. 双键质子 三萜类化合物的烯氢信号的化学位移 δ 值通常在 4.30~6.00。环内双键质子信号的 δ 值一般大于 5,环外烯氢质子信号的 δ 值一般小于 5。四环三萜类化合物侧链的双键质子的 δ 值大于 5。例如在齐墩果-12-烯类及乌苏-12-烯类化合物中的 12 位烯氢在 $\delta 4.93 \sim 5.50$ 处常出现一宽单峰或分辨度不好的多重峰;若 11 位引入羰基与此双键共轭,则烯氢可因去屏蔽而向低场位移,在 $\delta 5.55$ 处出现一个单峰;具 $\Delta^{9(11),12}$-同环双烯化合物,在 $\delta 5.50 \sim 5.60$ 处出现 2 个烯氢信号,均为二重峰;若为 $\Delta^{11,13(18)}$-异环双烯三萜,其中一个烯氢为双峰,出现在 $\delta 5.40 \sim 5.60$,另一个烯氢为 2 个二重峰,出现在 $\delta 6.40 \sim 6.80$ 处。羽扇豆烷型的环外双键烯氢(H-29)则常以双二重峰的形式出现在 $\delta 4.30 \sim 5.00$ 区域内。因此,利用这一规律可以对具有不同类型烯氢的三萜类化合物进行鉴别。

3. 环阿屯烷型三萜的 9,19-环丙烷在高场区出现非常特征的 AB 偶合系统质子信号,两个峰的中心分别在 $\delta 0.30$ 和 0.60,偶合常数一般在 $J = 4.0 Hz$。

4. 羟基的位置和构型 羟基取代碳上质子信号一般出现在 $\delta 3.20 \sim 4.00$。3-OH 多为 β-取向,3α 位质子呈现 dd 峰($J = 11.0, 5.0 Hz$);少数为 3α-OH,则 3β 位质子以 br. s 或 t 峰出现在 $\delta 3.45$($J = 2.0 Hz$)。6-OH 多为 α-取向,当使用氘代吡啶作溶剂时,6-OH 使 4α-甲基质子信号向低场位移至 $\delta 1.8$,由此可判断 6α-OH 的存在。

5. 五环三萜的 28 位为—CHO、—COOH 或羧酸甲酯时,由于去屏蔽效应,19 位氢质子化学位移 δ 值大于 2.70;当 28 位为—CH$_3$、—CH$_2$OH 时,19 位氢质子化学位移 δ 值小于 2.70。

(二)^{13}C-NMR

^{13}C-NMR 谱是确定三萜结构最有应用价值的技术,比 ^{1}H-NMR 谱有更多优越性。由于分辨率高,^{13}C-NMR 谱几乎可给出三萜化合物每一个碳的信号,通过比对已知化合物的文献数据,可解析结构。三萜化合物中烯碳 δ 值为 $109.0 \sim 160.0$,羰基碳 δ 值为 $170.0 \sim 220.0$,其他碳 δ 值一般在 60.0 以下。

1. 季碳 一般四环三萜类有 4 个季碳(C-4、C-10、C-13 和 C-14),它们的化学位移 δ 值通常在 $20.0 \sim 55.0$。环阿屯型的基本骨架上含有 5 个季碳,比其他类型的四环三萜多 1 个。而五环三萜类的齐墩果烷型有 6 个季碳,δ 值为 $37.4 \sim 42.0$;乌苏烷型和羽扇豆烷型只有 5 个季碳。根据季碳的数目可以初步判断三萜类化合物的结构母核类型。

2. 角甲基 三萜母核上的角甲基碳信号一般出现在 $\delta 8.9 \sim 33.7$。四环三萜 C-28、C-29 的化学位移与通常存在的 C-3 取代基有关:C-3 为 β-OH 时,C-28、C-29 两者化学位移相差较大,δ 值分别为 28.0 和 16.0 左右;C-3 为 α-OH 时,C-29 向低场位移至 $\delta 23.0$;当 C-3 为羰基时,C-28、C-29 两者化学位移差值变小,分别位于 $\delta 26.0$ 和 22.0 左右。五环三萜类处于 e 键位置的 23-CH$_3$ 和 29-CH$_3$ 甲基碳信号出现在低场,δ 值分别为 28.0 和 33.0 左右。

3. 双键的位置 四环三萜类主要有 C-5(6)、C-8(9)、C-9(11)、C-24(25)以及 C-7(8)、9(11)等双键类型。C-5(6)型两个烯碳的化学位移分别位于 $\delta 141.0$ 和 121.0 左右;C-8(9)型双键中 C-8 和 C-9 两者化学位移比较相近,均在 $\delta 135.0$ 左右;C-9(11)型双键中 C-9 和 C-11 的化学位移分别在 $\delta 115.0$ 和 147.0 左右;C-24(25)型双键中 C-24 和 C-25 分别在 $\delta 125.0$ 和 130.0 左右;C-7(8),9(11)型双键中 4 个碳的化学位移 δ 依次在 120.0、142.0、145.0 和 116.0 左右。根据烯碳个数和烯碳化学位移值的不同,可以判断四环三萜类、五环三萜类的母核结构类型及双键位置(图 8-3)。

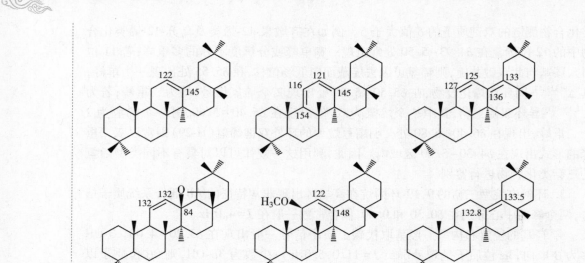

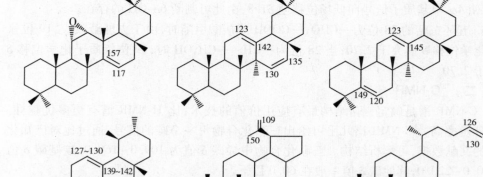

图 8-3　常见的四环、五环三萜类化合物不同类型骨架上烯碳的化学位移

4. 羟基取代位置与构型

（1）3-OH 构型的确定：3β-OH 取代与相应的 3α-OH 取代的化合物比较，C-5 的化学位移向低场位移 4.2~7.2，C-24 向高场位移 1.2~6.6。

（2）五环三萜类 23/24-OH 位置的确定：23-CH$_2$OH（e 键）化学位移值约为 68，通常比 24-CH$_2$OH（δ 值约 64）处于低场；和 23/24-CH$_3$ 比较，具有 23-CH$_2$OH 取代时，使 C-4 的化学位移值向低场位移 4 左右，C-3、C-5 和 C-24（CH$_3$）向高场位移约 4.3,6.5 和 2.4；具有 24-CH$_2$OH 取代时，也使 C-4 的化学位移向低场位移约 4,C-23（CH$_3$）向高场位移约 4.5,但对 C-3 和 C-5 影响较小。

（3）四环三萜 C-24 仲醇差向异构体的区别：C-24 位构型不同对 C-22~C-27 的化学位移均有影响，R-构型和 S-构型两者相应碳的差值 [$\Delta\delta_C = \delta_{C(R)} - \delta_{C(S)}$] 约为 +0.5。

5. 四环三萜 C-20 差向异构体的区别

C-20 位构型不同对相邻碳的影响较大，尤其对 C-17、C-21 和 C-22 影响明显。其中 R-构型和 S-构型两者的差值 [$\Delta\delta_C = \delta_{C(R)} - \delta_{C(S)}$] 分别为：$\Delta\delta_{C-17}$ 约为 +0.7；$\Delta\delta_{C-21} = -1.2 \sim -4.1$；$\Delta\delta_{C-22} = +0.8 \sim +7.4$。

第二节　结构解析实例

实例1

从牻牛儿苗科植物牻牛儿苗（*Erodium stephanianum* Willd.）中分离得到化合物1，为无色油状液体，可溶于乙醇、三氯甲烷等。HR FAB-MS 谱给出准分子离子峰 $[M+H]^+$ 为 m/z 155.1429（calcd. for 155.1436），确定其分子式为 $C_{10}H_{18}O$。在 ^{1}H-NMR 谱（图 8-4）中 δ1.62（3H，s）、1.69（3H，s）和 1.70（3H，s）处显示 3 个甲基信号；δ2.05（2H，m）、2.12（2H，m）和 4.16（2H，d，J=6.9Hz）处显示 3 个亚甲基信号；δ5.11（1H，m）、5.42（1H，t，J=6.9Hz）为烯氢信号。^{13}C-NMR 谱（图 8-5）显示该化合物结构中有 10 个碳原子，提示此化合物为一个单萜类化合物。δ123.4、123.9、131.7 和 139.6 为二组烯碳信号，δ59.3 为连氧碳信号。与文献报道的香叶醇（geraniol）波谱数据对照，两者基本一致，故确定化合物 1 为香叶醇。NMR 数据归属见表 8-1。

化合物1: 香叶醇

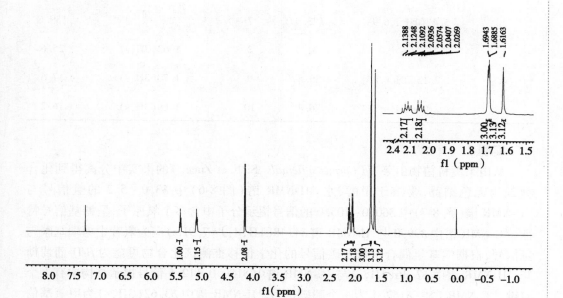

图 8-4　化合物 1 的 ^{1}H-NMR 谱（CDCl$_3$，500MHz）

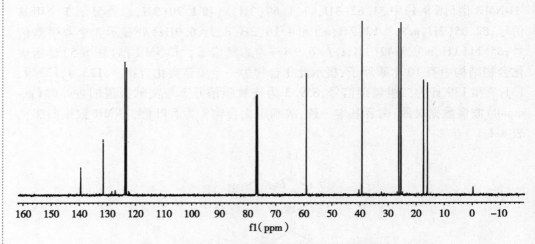

图 8-5 化合物 1 的 ¹³C-NMR 谱（CDCl₃，125MHz）

表 8-1 化合物 1 的 NMR 数据（CDCl₃）

No.	δ_H（J，Hz）	δ_C	No.	δ_H（J，Hz）	δ_C
1	4.16(2H,d,6.9)	59.3	6	5.11(1H,m)	123.4
2	5.42(1H,t,6.9)	123.9	7	–	139.6
3	–	131.7	8	1.62(3H,s)	25.6
4	2.12(2H,m)	39.5	9	1.70(3H,s)	17.6
5	2.05(2H,m)	26.4	10	1.69(3H,s)	16.2

实例 2

　　从山茱萸科植物山茱萸（*Cornus officinalis* Sieb. et Zucc.）的果实中分离得到化合物 2，为无色结晶，易溶于甲醇、水。¹H-NMR 谱（图 8-6）中 δ3.0～5.2 的氢信号与 ¹³C-NMR 谱（图 8-7）中 δ60.0～105.0 的信号提示分子中含多个氧原子,呈糖基信号特征。¹³C-NMR 谱中 δ99.0 与 ¹H-NMR 谱 δ4.48(1H,d,*J*=7.9Hz)应为氧苷中糖端基碳与氢信号,根据端基氢偶合常数及碳信号的化学位移推测该化合物可能为 β-D-葡萄糖苷。¹H-NMR 谱中 δ7.36(1H,s)与 ¹³C-NMR 谱中 δ150.0、112.5 信号提示结构中有 1 个双键。¹³C-NMR 谱中 δ167.4 为 1 个酯碳信号。¹H-NMR 谱中 δ3.62(3H,s)为甲氧基信号,δ0.99(3H,d,*J*=6.9Hz)为甲基信号,δ2.07(1H,m)、1.84(1H,m)、1.72(1H,m)、

1.45(1H,m)均为脂肪氢信号。结合 HSQC 谱及其局部放大图(图 8-8 至图 8-10)、HMBC 谱及其局部放大图(图 8-11 至图 8-13),确定化合物 2 为马钱苷(loganin)。NMR 谱数据归属见表 8-2。

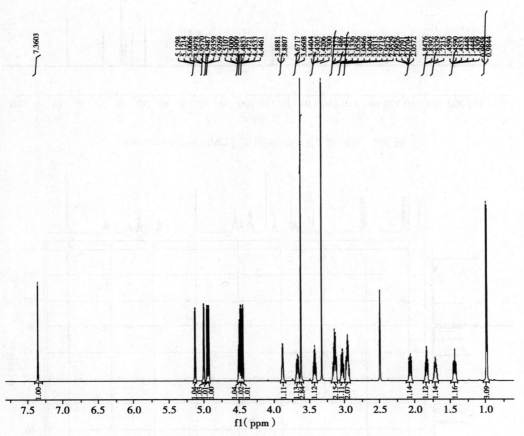

化合物2:马钱苷

图 8-6 化合物 2 的 ^{1}H-NMR 谱(DMSO-d_6,600MHz)

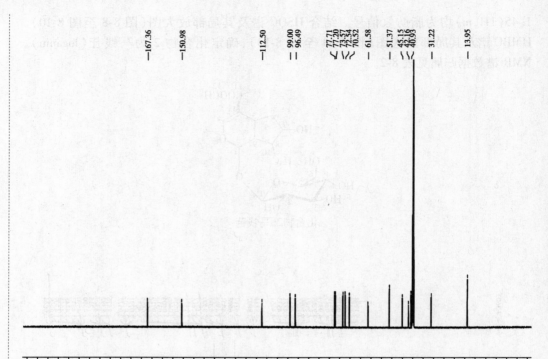

图 8-7 化合物 2 的 ^{13}C-NMR 谱（DMSO-d_6，150MHz）

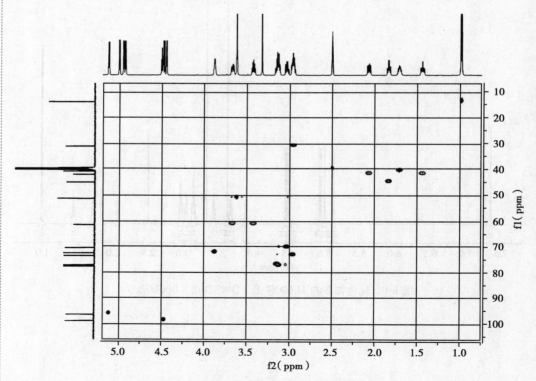

图 8-8 化合物 2 的 HSQC 谱（DMSO-d_6）

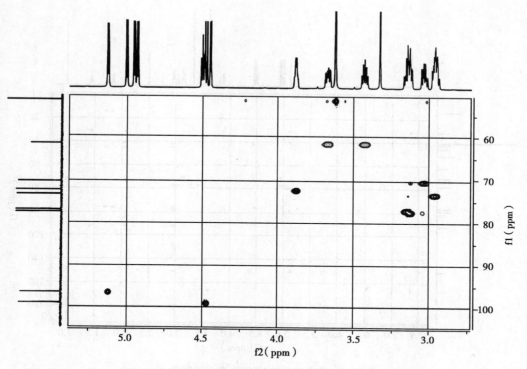

图 8-9　化合物 2 的 HSQC 谱局部放大图 1（DMSO-d_6）

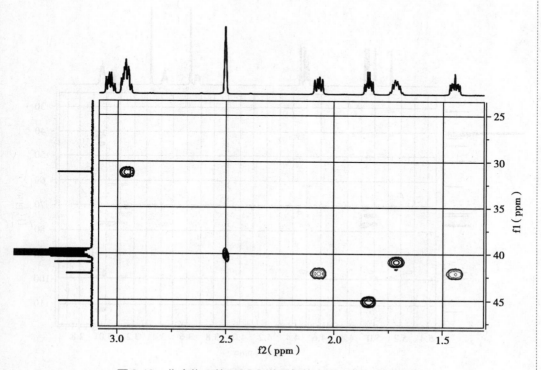

图 8-10　化合物 2 的 HSQC 谱局部放大图 2（DMSO-d_6）

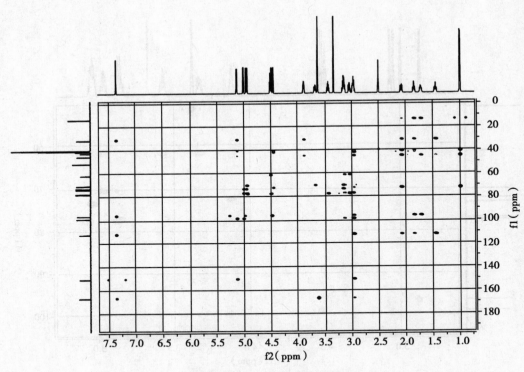

图 8-11　化合物 2 的 HMBC 谱（DMSO-d_6）

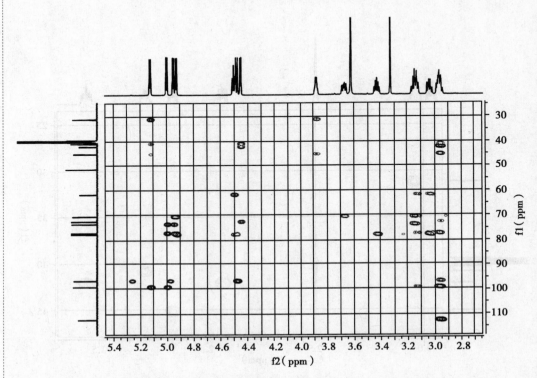

图 8-12　化合物 2 的 HMBC 谱局部放大图 1（DMSO-d_6）

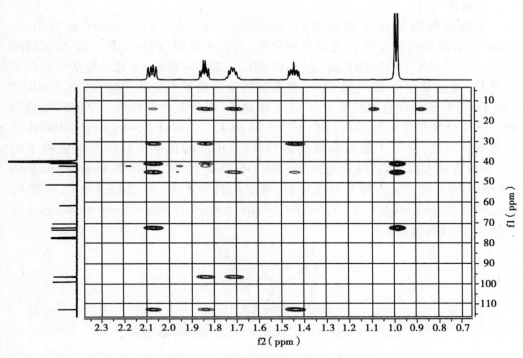

图 8-13 化合物 2 的 HMBC 谱局部放大图 2（DMSO-d_6）

表 8-2 化合物 2 的 NMR 数据（DMSO-d_6）

No.	δ_H（J，Hz）	δ_C	No.	δ_H（J，Hz）	δ_C
1	5.13（1H，d，5.0）	96.5	1′	4.48（1H，d，7.9）	99.0
2	–	–	2′	2.96（1H，m）	73.6
3	7.36（1H，s）	150.0	3′	3.14（1H，m）	77.2
4	–	112.5	4′	3.04（1H，m）	70.5
5	2.96（1H，m）	31.2	5′	3.14（1H，m）	77.7
6	2.07（1H，m） 1.45（1H，m）	42.2	6′	3.68（1H，m） 3.43（1H，m）	61.6
7	3.88（1H，m）	72.5	7-OH	4.45（1H，d，4.3）	–
8	1.72（1H，m）	40.9	2′-OH	5.00（1H，d，5.3）	–
9	1.84（1H，m）	45.2	3′-OH	4.95（1H，d，5.0），	–
10	0.99（3H，d，6.9）	14.0	4′-OH	4.93（1H，d，5.4）	–
11	–	167.4	6′-OH	4.50（1H，t，5.9）	–
12	3.62（3H，s）	51.4			

笔记

实例 3

从唇形科植物线纹香茶菜［*Rabdosialophanthoides*（Buch.-Ham. ex D. Don）Hara］中分离得到化合物 3，为白色油状物，可溶于甲醇、丙酮。茴香醛-浓硫酸喷雾显紫色（105℃）。^{1}H-NMR 谱（图 8-14）中，在 δ5.74 和 5.81 处出现 2 个单质子二重峰，偶合常数为 15.7Hz，是一个典型的反式双键上氢质子信号；^{13}C-NMR 谱（图 8-15）显示该化合物结构中有 13 个碳原子，提示此化合物为一个降碳型倍半萜。该化合物与文献报道的（6*S*,9*R*）-6-羟基-4,7-二烯-3-酮-megastigma-9-*O*-β-D-葡萄糖苷比较，少了 1 组葡萄糖的信号峰，且 C-9 的化学位移向高场位移了约 10，其他数据大致相同，推断其为（6*S*,9*R*）-6-羟基-4,7-二烯-3-酮-megastigma-9-*O*-β-D-葡萄糖苷的苷元。综合以上解析，确定化合物 3 为（6*S*,9*R*）-6,9-二羟基-4,7-二烯-3-酮-megastigma［（6*S*,9*R*）-6,9-dihydroxy-4,7-diene-3-one-megastigma］。NMR 数据归属见表 8-3。

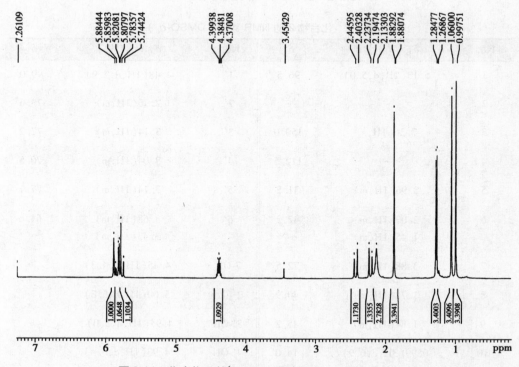

化合物3: (6*S*,9*R*)-6,9-二羟基-4,7-二烯-3-酮-megastigma

图 8-14　化合物 3 的[1]H-NMR 谱（CDCl₃，400MHz）

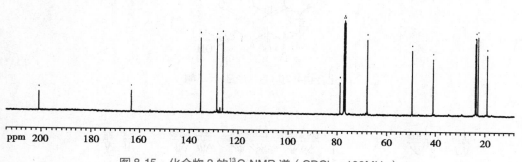

图8-15 化合物3的¹³C-NMR谱（CDCl₃，100MHz）

表8-3 化合物3的NMR数据（CDCl₃）

No.	δ_H（J，Hz）	δ_C	No.	δ_H（J，Hz）	δ_C
1	–	41.1	8	5.81（1H,dd,15.7,5.1）	135.6
2	2.19,2.40（each 1H,d,17.1）	49.6	9	4.38（1H,m）	67.9
3	–	201.2	10	1.27（3H,d,6.4）	22.8
4	5.88（1H,s）	126.6	11	1.00（3H,s）	23.6
5	–	163.8	12	1.06（3H,s）	24.0
6	–	78.9	13	1.88（3H,s）	19.1
7	5.74（1H,d,15.7）	128.9			

实例4

化合物4为无色油状物，溶于丙酮。5%香草醛-浓硫酸显蓝紫色。HR-FAB-MS谱给出准分子离子峰［M+H］⁺为 m/z 269.1748（calcd. for 269.1746），确定其分子式为 $C_{15}H_{24}O_4$。在¹H-NMR谱（图8-16）中δ0.87（3H,d,J=6.5Hz）、1.07（3H,s）、1.11（3H,s）和1.72（3H,s）处显示4个甲基信号；δ4.76（1H,d,J=4.0Hz）为烯氢信号。在¹³C-NMR谱（图8-17）中共出现15个碳信号，提示其为倍半萜类化合物，其中δ214.7和209.3为酮羰基碳信号，δ133.9和128.9为烯碳信号，δ69.9和66.3为连氧碳信号。与萮二酮的氢谱比较，12,13-CH₃质子信号变为单峰，并向低场位移至δ1.11

和 1.07 处,提示结构中的 11 位碳发生羟基化。结合 HSQC 谱（图 8-18）,确定 $\delta 4.55$ 和 4.67 处信号为活泼氢。在 HMBC 谱（图 8-19）中,$\delta 4.55$（11-OH）、2.88（H-7）、2.65（H-6）、1.11（13-CH$_3$）和 1.07（12-CH$_3$）处质子信号与 $\delta 69.9$（C-11）处碳有远程相关信号,进一步证明结构中 11 位碳连有羟基。另外,$\delta 4.26$（H-1）、2.32（H-4）、1.91（H$_\beta$-3）和 1.64（H$_\alpha$-3）处质子与 $\delta 66.3$（C-2）处碳有远程相关信号;$\delta 4.26$（H-2）处质子与 $\delta 128.9$ 处碳有远程相关信号,确定 C-2 连有羟基。在 NOESY 谱（图 8-20）中,$\delta 4.26$（H-2）质子与 $\delta 2.32$（4-H$_\alpha$）处质子产生 NOE 信号,提示 2-OH 为 β-构型。综合上述信息,确定化合物 4 为 2β,11-二羟基-莪二酮（2β,11-dihydroxycurdione）。NMR 数据见表 8-4。

化合物4: 2β,11-二羟基-莪二酮

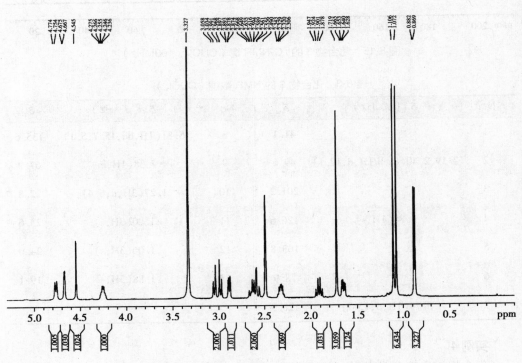

图 8-16　化合物 4 的 ^{1}H-NMR 谱（DMSO-d_6，500MHz）

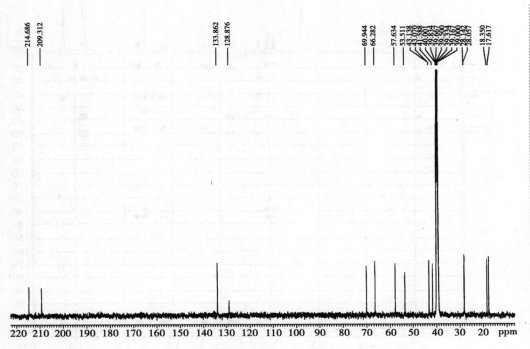

图 8-17　化合物 4 的 ^{13}C-NMR 谱（DMSO-d_6，125MHz）

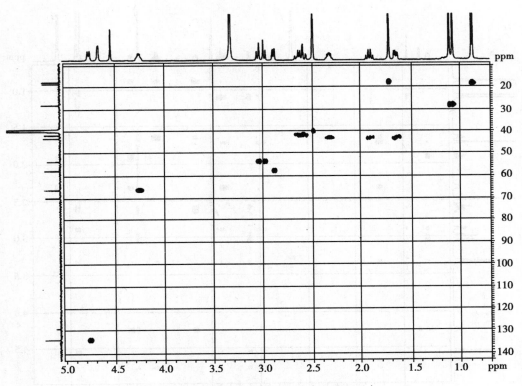

图 8-18　化合物 4 的 HSQC 谱（DMSO-d_6）

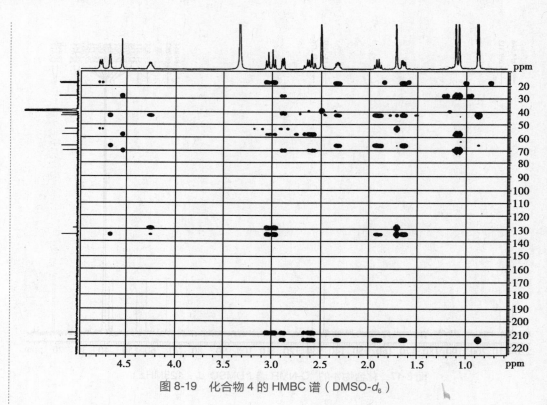

图 8-19 化合物 4 的 HMBC 谱（DMSO-d_6）

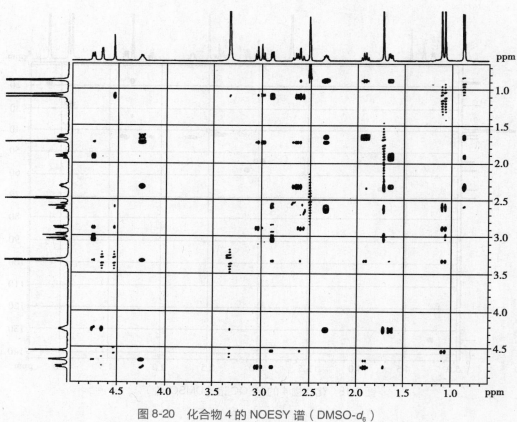

图 8-20 化合物 4 的 NOESY 谱（DMSO-d_6）

表8-4　化合物4的NMR数据（DMSO-d_6）

No.	δ_H（J, Hz）	δ_C	HMBC（C→H）
1	4.76（1H,d,4.0）	133.9	H-2,H-3,H-9
2	4.26（1H,m,α-H）	66.3	H-3,H-4
3	1.91（1H,dd,11.5,β-H） 1.64（1H,m,α-H）	43.1	H-1,H-2,H-4
4	2.32（1H,m）	43.1	H-3,H-14
5	–	214.7	H-3,H-4,H-7,H-14
6	2.65（2H,m）	41.6	H-7
7	2.88（1H,dd,9.5,2.0）	57.6	H-6,H-9,H-12,H-13
8	–	209.3	H-6,H-7,H-9
9	3.04（1H,d,12.0,β-H） 2.97（1H,d,12.0,α-H）	53.5	H-7,H-15
10	–	128.9	H-2,H-9,H-15
11	–	69.9	H-6,H-7,H-12
12	1.07（3H,s）	28.0	H-7,H-13
13	1.11（3H,s）	28.1	H-7,H-12
14	0.87（3H,d,6.5）	18.4	H-3,H-4
15	1.72（3H,s）	17.6	H-1,H-9

实例5

从爵床科穿心莲属穿心莲（*Andrographis paniculata*）叶中分离得到化合物5,为无色结晶,易溶于甲醇、乙醇和丙酮,微溶于三氯甲烷、乙醚,难溶于水、石油醚和苯。^{1}H-NMR谱（图8-21）中,在δ0.68（3H,s）和1.52（3H,s）为2个季碳上的甲基质子信号;δ3.64（1H,d,J = 10.9Hz）、3.68（1H,dd,J = 10.8,5.3Hz）、4.46（1H,d,J = 10.9Hz）、4.53（1H,dd,J = 9.9,1.2Hz）、4.62（1H,dd,J = 9.9,6.1Hz）、4.87（1H,br.s）、4.89（1H,br.s）、5.39（1H,d,J = 5.4Hz,H-14α）为连电负性基团或双键上的质子信号;δ7.22（1H,brs）为双键上的质子信号。在^{13}C-NMR谱（图8-22）中共出现20个碳信号,提示其可能为二萜类化合物,其中δ64.2、66.0、75.5和79.9为4个烷氧碳信号;δ108.8~170.8有5个sp^{2}杂化的碳信号,其中δ170.8为一酯羰基碳信号。结合DEPT（图8-23）、HSQC谱（图8-24~图8-26）,确定δ4.87（108.8）、4.89（108.8）为末端双键信号。NMR数据见表8-5。

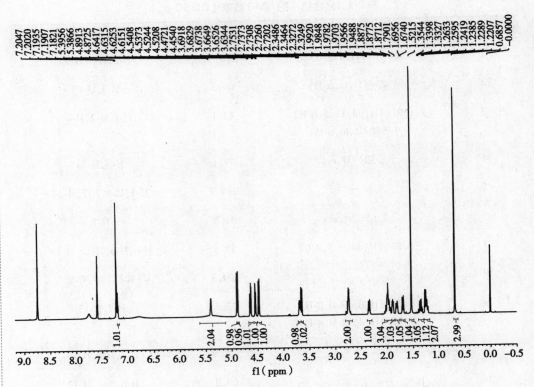

图 8-21　化合物 5 的 ^{1}H-NMR 谱（pyridine-d_6，600MHz）

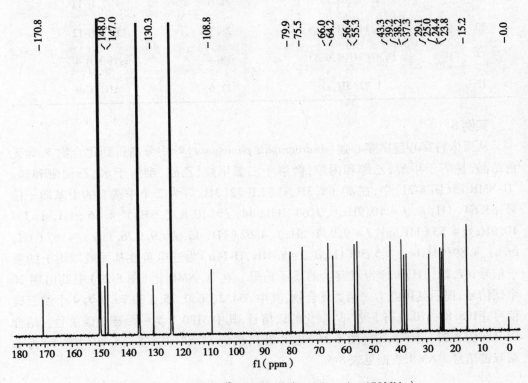

图 8-22　化合物 5 的 ^{13}C-NMR 谱（pyridine-d_6，150MHz）

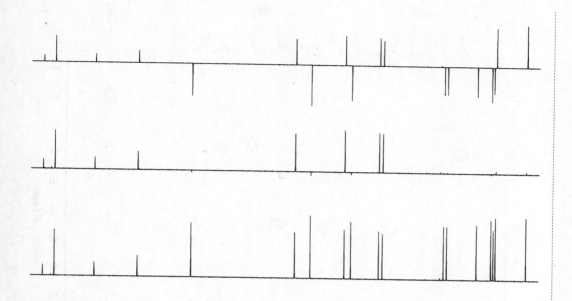

图 8-23　化合物 5 的 DEPT 谱（pyridine-d_6）

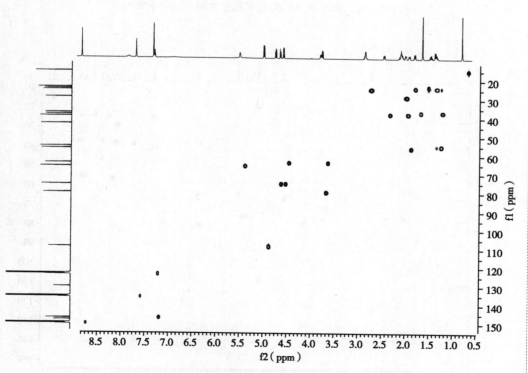

图 8-24　化合物 5 的 HSQC 谱（pyridine-d_6）

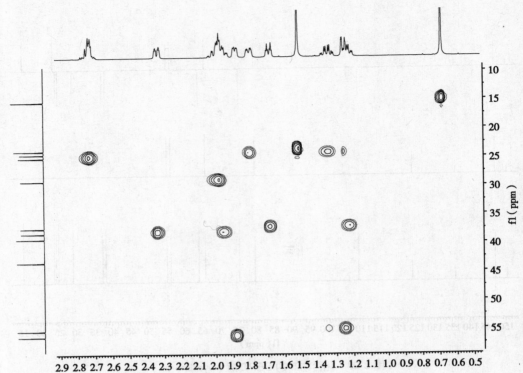

图 8-25　化合物 5 的 HSQC 谱局部放大图 1（pyridine-d_6）

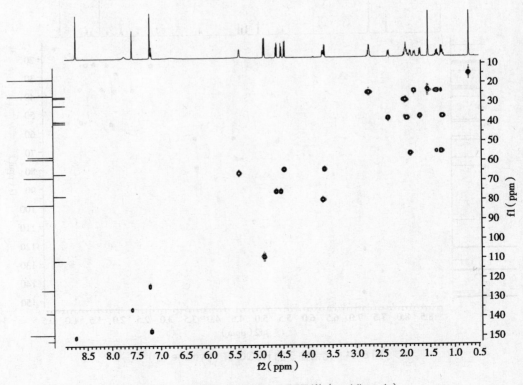

图 8-26　化合物 5 的 HSQC-DEPT 谱（pyridine-d_6）

在 HMBC 谱(图 8-27~图 8-29)中,δ1.51(23.8)的甲基质子分别与 δ43.3、55.3、64.2 和 79.9 的碳有远程相关,δ[3.64,4.46](64.2)的亚甲基质子分别与 δ23.8、43.3、55.3 和 79.9 的碳有远程相关,δ1.98(29.1)的亚甲基质子分别与 δ39.2、43.3 和 79.9 的碳有远程相关,δ[1.68,1.23](37.3)的亚甲基质子分别与 δ15.2、29.1、39.2、56.4 和 79.9 的碳有远程相关,δ0.68(15.2)的甲基质子分别与 δ39.2 和 56.4 的碳有远程相关,结合 ¹H-¹H COSY 谱(图 8-30)中 δ1.98 与 δ1.23、1.68、3.68 有 COSY 相关,得出结构片段 A 环;而末端双键上的烯氢质子 δ[4.87,4.89](108.8)的质子分别与 δ38.2、56.4 和 147.9 的碳有远程相关,δ[1.95,2.34](38.2)的亚甲基质子分别与 δ24.4、55.3、108.8 和 147.9 的碳有远程相关,δ[1.34,1.80](24.4)的亚甲基质子分别与 δ38.2、56.4 和 147.9 的碳有远程相关,δ1.25(55.3)的次甲基质子分别与 δ15.2、24.4、39.2、56.4 和 64.2 的碳有远程相关,可得结构片段 B 环;通过共用碳原子 δ55.3、56.4 将片段 A,B 环进行连接。在 HMBC 谱中也可得出如下信息:δ[4.53,4.62](75.5)的亚甲基质子分别与 δ66.0、130.3 和 170.8 的碳有远程相关,δ5.39(66.0)的次甲基质子分别与 δ75.5、130.3、147.0 和 170.8 的碳有远程相关,δ2.73(25.0)的亚甲基质子分别与 δ39.2、56.4、130.3、147.0 和 170.8 的碳有远程相关,δ1.88(56.4)的次甲基质子分别与 δ15.2、25.0、38.2、39.2、55.3 和 108.8 的碳有远程相关,通过共用碳 δ25.0、147.0、56.4 结合 ¹H-¹H COSY 谱(图 8-30)中 δ2.73 与 δ1.88、7.19 的 COSY 相关,δ5.39 与 δ4.62、4.53 的 COSY 相关信息,确定化合物 5 的平面结构。

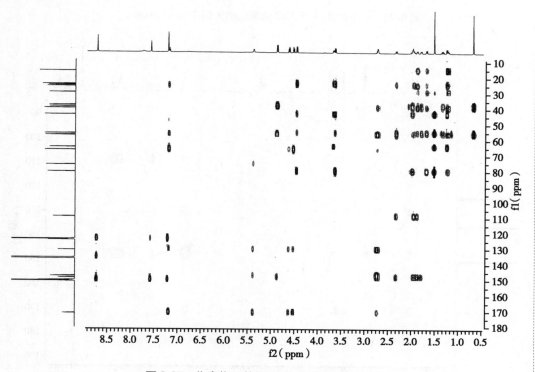

图 8-27　化合物 5 的 HMBC 谱(pyridine-d_6)

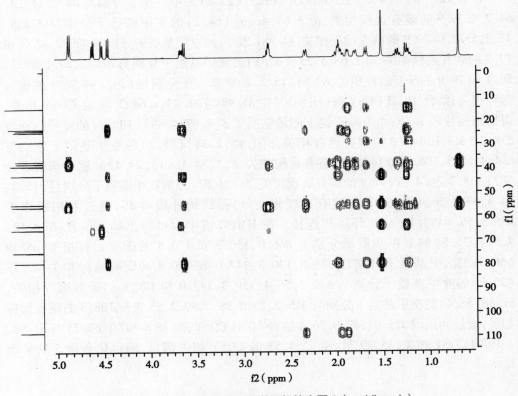

图 8-28　化合物 5 的 HMBC 谱局部放大图 1（pyridine-d_6）

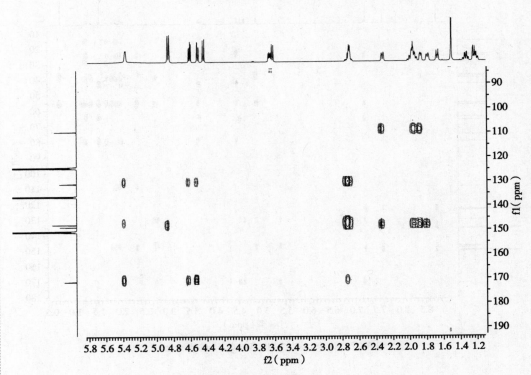

图 8-29　化合物 5 的 HMBC 谱局部放大图 2（pyridine-d_6）

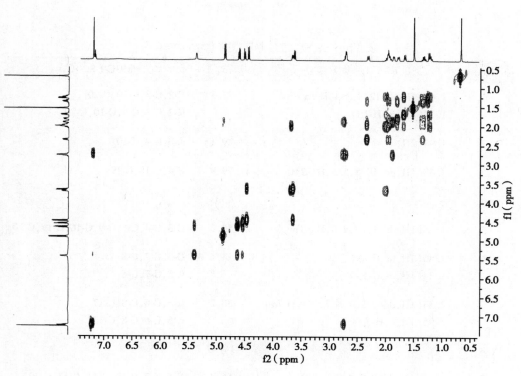

图 8-30　化合物 5 的 ^{1}H-^{1}H COSY 谱（pyridine-d_6）

相对构型的确定：在 NOESY 谱（图 8-31）中，H-20（0.86）与 H-1α、H-6α、H-19 有 NOE 相关，19-CH$_2$OH 与 6α、20α 有 NOE 相关，可以确定 20-CH$_3$ 及 19-CH$_2$OH 同时处于 a 键；H-1α 与 H-9 相关，故 H-9 处于 a 键；3-H 与 18-CH$_3$、H-1β、H-5β、H-7β 有 NOE 效应，确定 H-3 处于 e 键，由此确定化合物 5 的相对构型。综合上述信息，将化合物 5 鉴定为穿心莲内酯（andrographolide）。

化合物5: 穿心莲内酯

表8-5 化合物5的NMR数据（pyridine-d_6）

No.	δ_H（ J , Hz）	δ_C	HMBC（H→C）
1	1.68（1H,dt,12.8,3.4,H-1α）	37.3	C-2,C-3,C-10,C-20
	1.23（1H,m,H-1β）		C-2,C-3,C-9,C-10,C-20
2	1.98（2H,o）	29.1	C-3,C-4,C-10
3	3.68（1H,dd,10.8,5.3,H-3β）	79.9	C-4,C-18,C-19
4	–	43.3	
5	1.25（1H,dd,12.8,2.0,H-5β）	55.3	C-3,C-4,C-6,C-9,C-10,C-19,C-20
6	1.80（1H,m,H-6β）	24.4	C-5,C-7,C-8
	1.34（1H,m,H-6α）		C-5,C-7,C-8
7	2.34（1H,ddd,12.7,3.7,2.4,H-7α）	38.2	C-5,C-6,C-8,C-17
	1.95（1H,o,H-7β）		C-5,C-6,C-8,C-17
8	–	147.9	
9	1.88（1H,dd,9.9,3.9,H-9β）	56.4	C-5,C-7,C-10,C-11,C-17,C-20
10	–	39.2	
11	2.73（2H,m）	25.0	C-9,C-10,C-12,C-13,C-16
12	7.19（1H,td,6.7,1.6）	147.0	C-9,C-11,C-13,C-14,C-16
13	–	130.3	
14	5.39（1H,d,5.4,H-14β）	66.0	C-12,C-13,C-15,C-16
15	4.62（1H,dd,9.9,6.1,H-15α）	75.5	C-13,C-14,C-16
	4.53（1H,dd,9.9,1.2,H-15β）		C-13,C-14,C-16
16	–	170.8	
17	4.89（1H,brs）	108.8	C-7,C-8,C-9
	4.87（1H,brs）		C-7,C-8,C-9
18	1.52（3H,s,H-18β）	23.8	C-3,C-4,C-5,C-19
19	4.46（1H,d,10.9）	64.2	C-3,C-4,C-5,C-18
	3.64（1H,d,10.9）		C-3,C-4,C-5,C-18
20	0.68（3H,s,H-20α）	15.2	C-9,C-10

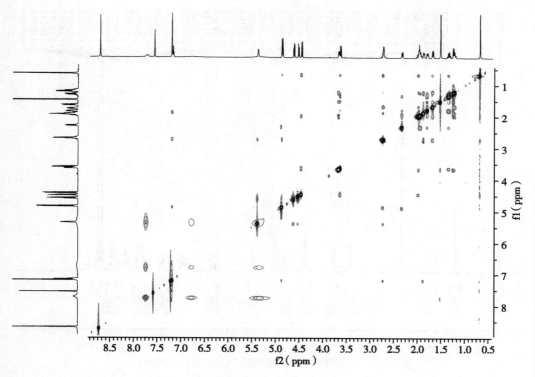

图 8-31 化合物 5 的 NOESY 谱图（pyridine-d_6）

实例 6

从唇形科植物线纹香茶菜[*Rabdosia lophanthoides*（Buch. Ham. ex D. Don）Hara]中分离得到化合物 6，为白色簇状结晶，m. p. 248~250℃。茴香醛-浓硫酸喷雾显黄色（105℃）。ESI-MS 给出分子量为 364。^{1}H-NMR 谱（图 8-32）中 δ1.07 和 1.12（each3H,s）为 2 个甲基的氢信号，δ3.68（1H,d,J=6.8Hz）为 1 位氢信号，δ3.01（1H,d,J=9.6Hz）为 6 位氢信号，δ4.25（1H,d,J=9.0Hz）和 4.03（1H,dd,J=9.0,1.2Hz）为 20 位 2 个氢信号。^{13}C-NMR 谱（图 8-33）显示 20 个碳信号，其中 δ209.9 为一羰基碳，δ153.2 和 120.4 提示分子中含有末端双键。除此之外，其他碳都在较高场，显示出香茶菜属于富含贝壳杉烷型二萜类化合物的特征。与文献报道的冬凌草甲素（oridonin）波谱数据对照，两者基本一致，故确定化合物 6 为冬凌草甲素。NMR 数据见表 8-6。

化合物6: 冬凌草甲素

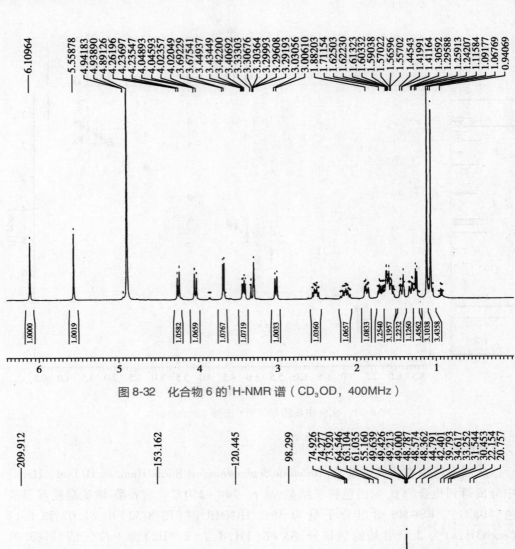

图 8-32　化合物 6 的 ^{1}H-NMR 谱（CD$_3$OD，400MHz）

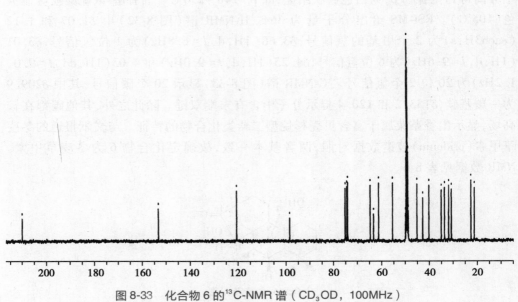

图 8-33　化合物 6 的 ^{13}C-NMR 谱（CD$_3$OD，100MHz）

表8-6　化合物 6 的 ^{13}C-NMR 数据（CD$_3$OD）

No.	δ_C	No.	δ_C	No.	δ_C	No.	δ_C
1	74.9	6	74.3	11	20.8	16	153.2
2	30.5	7	98.3	12	31.5	17	120.4
3	39.8	8	63.1	13	44.8	18	33.3
4	34.6	9	55.2	14	73.9	19	22.2
5	61.0	10	42.4	15	209.9	20	64.5

实例 7

从唇形科植物碎米桠［*Rabdosia rubescens*（Hemsl.）Hara］的干燥地上部分（冬凌草）中分离得到化合物 7，为白色粉末，易溶于丙酮、三氯甲烷。茴香醛-浓硫酸加热显紫红色（105℃）。^{1}H-NMR 谱（图 8-34）中 δ5.29（1H,br. s,H-12）为双键上氢质子，δ3.21（1H,t,J=2.7Hz,H-3）为连氧碳上的氢，δ0.6~1.2 之间出现 7 个甲基氢质子，δ1.0~2.1 出现多个 CH、CH$_2$ 氢信号峰。^{13}C-NMR 谱（图 8-35）显示该化合物结构中含有 30 个碳原子，其中 δ182.1 为 1 个羰基碳，δ143.6 和 122.6 处 2 个双键碳说明该化合物为齐墩果酸型五环三萜，δ79.0 为氧代次甲基碳信号，其他碳都位于较高场。与文献报道的齐墩果酸（oleanolic acid）的 NMR 数据对照，两者基本一致，故确定化合物 7 为齐墩果酸。NMR 数据见表 8-7。

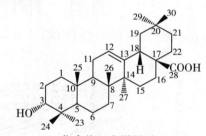

化合物7: 齐墩果酸

表8-7　化合物 7 的 ^{13}C-NMR 数据（CDCl$_3$）

No.	δ_C	No.	δ_C	No.	δ_C
1	38.7	11	23.0	21	33.8
2	27.7	12	122.6	22	32.4
3	79.0	13	143.6	23	28.1
4	38.4	14	41.1	24	15.5
5	55.2	15	27.2	25	15.3
6	18.3	16	23.4	26	17.1
7	32.6	17	46.5	27	25.9
8	39.3	18	41.6	28	182.1
9	47.6	19	45.9	29	33.0
10	37.1	20	30.7	30	23.6

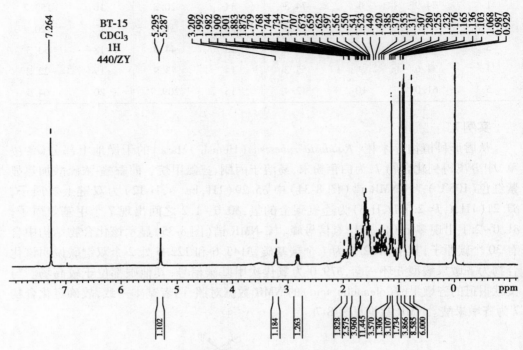

图 8-34 化合物 7 的 ^{1}H-NMR 谱（CDCl$_3$，400MHz）

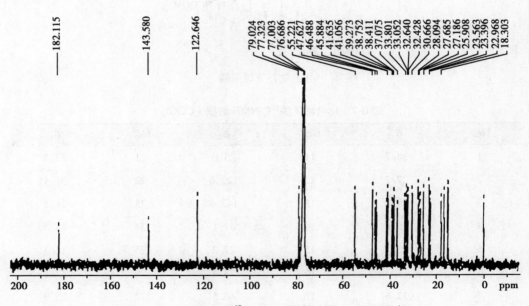

图 8-35 化合物 7 的 ^{13}C-NMR 谱（CDCl$_3$，100MHz）

实例 8

化合物 8 为白色粉末，^{1}H-NMR（图 8-36）给出该化合物在 δ0.84、1.05、1.16、1.17、1.37、1.43 和 1.48 处 7 个季碳上的甲基质子信号。^{13}C-NMR（图 8-37）给出了 30 个碳信号，提示其为三萜类化合物。同甘草次酸的 NMR 数据比较发现，两者的 NMR 数据十分相似，只是出现了 1 个新的连氧叔碳信号（δ68.1，图 8-38）。同时 C-5 和 C-7 信号分别向低场位移至 δ55.1 和 41.7，提示 6 位可能连有羟基。从 HSQC 谱（图 8-39）中找到 68.1 对应的氢为 δ4.50（1H，br. s），在 HMBC 谱（图 8-40）中，δ4.50（1H，br. s）处氢信号与 δ46.4、57.0 有远程相关，提示其为甘草次酸的 6 位羟基化物。在 NOESY 谱（图 8-41）中，发现 δ4.50 处氢信号与 δ0.75（H-5）、1.05（H-23）有 NOE 关系，提示 6 位羟基为 β-构型。综合上述信息鉴定该化合物为 6β-羟基甘草次酸（6β-hydroxyglycyrrhetinic acid）。NMR 数据归属见表 8-8。

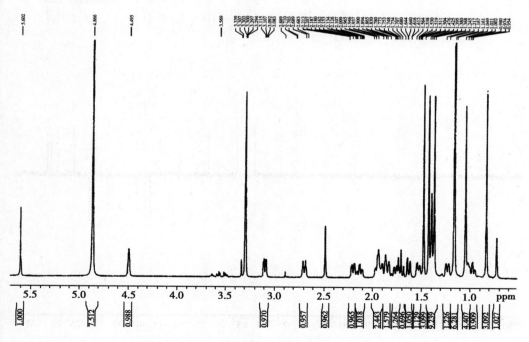

化合物 8：6β-羟基甘草次酸

图 8-36 化合物 8 的 ^{1}H-NMR 谱（CD₃OD，500MHz）

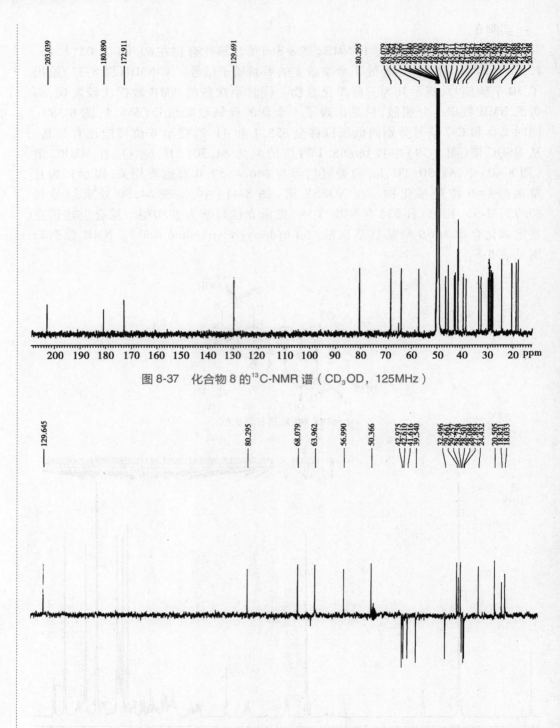

图 8-37　化合物 8 的 ^{13}C-NMR 谱（CD$_3$OD，125MHz）

图 8-38　化合物 8 的 DEPT 135 谱（CD$_3$OD，125MHz）

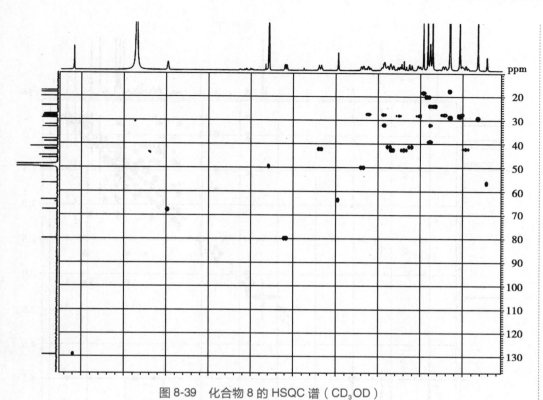

图 8-39 化合物 8 的 HSQC 谱（CD₃OD）

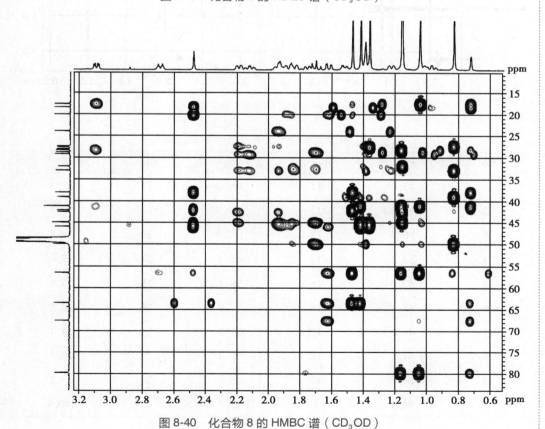

图 8-40 化合物 8 的 HMBC 谱（CD₃OD）

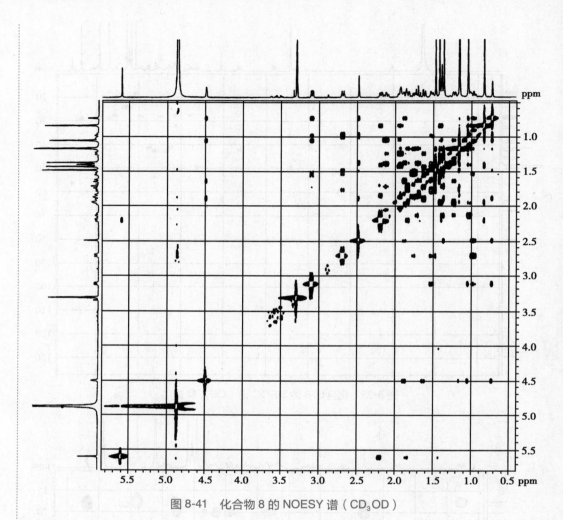

图 8-41　化合物 8 的 NOESY 谱（CD₃OD）

表 8-8　化合物 8 的¹³C-NMR 数据（CD₃OD）

No.	δ_C	No.	δ_C	No.	δ_C
1	43.6	11	203.0	21	32.5
2	28.6	12	129.7	22	39.5
3	80.3	13	172.9	23	28.8
4	38.5	14	45.4	24	18.0
5	57.0	15	28.1	25	18.8
6	68.1	16	27.9	26	20.5
7	41.7	17	33.5	27	24.4
8	41.6	18	50.4	28	29.7
9	64.0	19	43.0	29	29.3
10	46.4	20	45.4	30	180.9

实例9

从唇形科植物裂叶荆芥（*Schizonepeta tenuifolia* Briq.）中分离得到化合物9，为白色粉末，易溶于丙酮、三氯甲烷。茴香醛-浓硫酸加热显紫红色（105℃），Liebermann-Burchard 反应呈紫红色。^{1}H-NMR 谱（图 8-42）中 $\delta 0.6 \sim 1.2$ 显示有 7 个角甲基的氢信号，$\delta 5.22$（1H，t，$J=3.4$Hz）为烯氢信号；^{13}C-NMR 谱（图 8-43）显示共有 30 个碳，其中有 7 个季碳、7 个次甲基、9 个亚甲基和 7 个甲基，进一步说明为三萜类化合物，$\delta 126.9$（CH）和 139.6（C）2 个信号峰说明该化合物是乌苏烷型五环三萜。与文献熊果酸的 NMR 数据对照，两者基本一致，因此确定化合物 9 为熊果酸（ursolic acid）。^{13}C-NMR 数据归属见表 8-9。

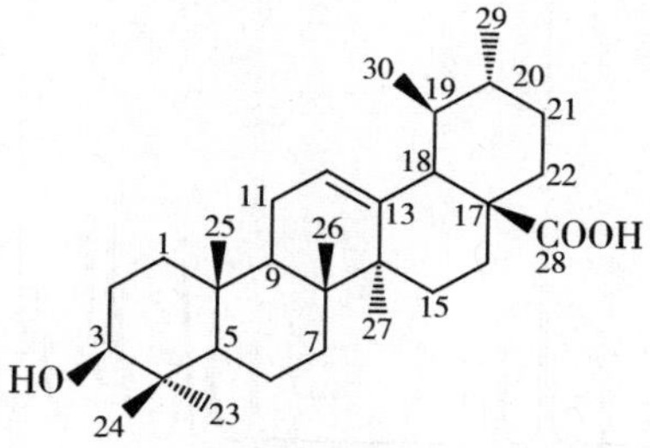

化合物9: 熊果酸

表 8-9 化合物 9 的 ^{13}C-NMR 数据（CD$_3$OD）

No.	δ_C	No.	δ_C	No.	δ_C
1	39.8	11	24.1	21	31.8
2	27.9	12	126.9	22	38.1
3	79.7	13	139.6	23	28.8
4	40.4	14	43.2	24	16.0
5	56.7	15	29.2	25	16.3
6	19.5	16	25.3	26	17.6
7	34.3	17	49.3	27	24.4
8	40.8	18	54.4	28	181.6
9	49.1	19	40.4	29	17.8
10	38.1	20	40.0	30	21.6

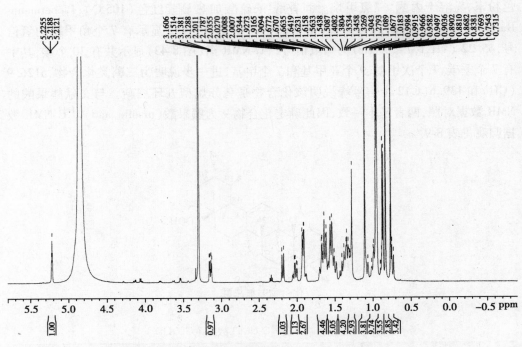

图 8-42　化合物 9 的 ^{1}H-NMR 谱（CD$_3$OD，500MHz）

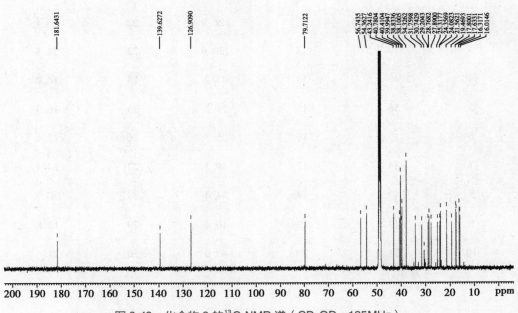

图 8-43　化合物 9 的 ^{13}C-NMR 谱（CD$_3$OD，125MHz）

实例10

从豆科植物野葛［*Pueraria lobata*（Willd）.Ohwi］的根中分离得到化合物10，为白色无定形粉末，易溶于石油醚、三氯甲烷，难溶于甲醇、乙醇。加入5%浓硫酸加热显紫红色（105℃）。EI-MS谱（图8-44）显示分子离子峰 *m/z* 426［M］[+]。^{1}H-NMR谱（图8-45）中出现7个甲基氢信号δ1.67（3H，s）、1.01（3H，s）、0.95（3H，s）、0.93（3H，s）、0.81（3H，s）、0.77（3H，s）和0.75（3H，s）；δ4.67和4.55处各出现2个单质子宽单峰，为一末端双键上的氢信号。^{13}C-NMR谱（图8-46）中共有30个碳信号，其中δ150.6和109.3为羽扇豆烷型化合物的末端双键特征信号。以上数据与文献羽扇豆醇（lupeol）对照，两者基本一致，故确定化合物10为羽扇豆醇。^{13}C-NMR数据归属见表8-10。

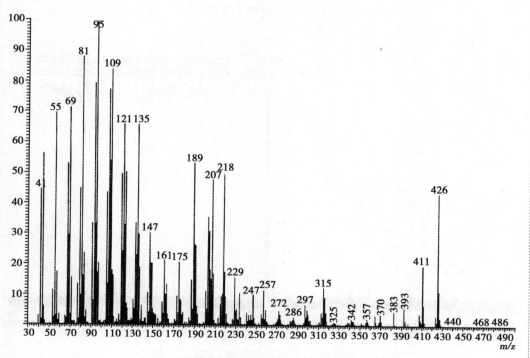

化合物10：羽扇豆醇

图8-44 化合物10的EI-MS谱

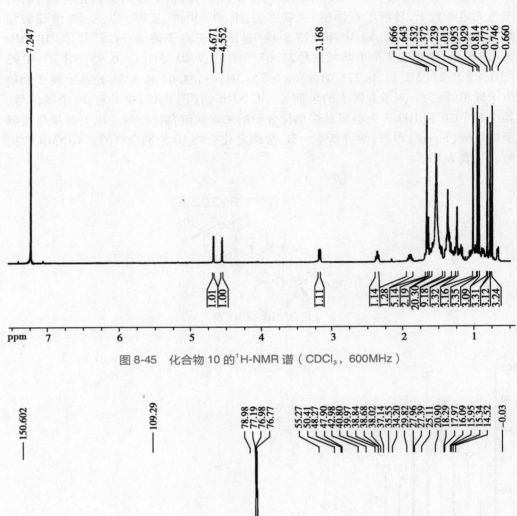

图 8-45　化合物 10 的 ^{1}H-NMR 谱（CDCl$_3$，600MHz）

图 8-46　化合物 10 的 ^{13}C-NMR 谱（CDCl$_3$，150MHz）

表 8-10　化合物 10 的 ^{13}C-NMR 数据（CDCl$_3$）

No.	δ_C	No.	δ_C	No.	δ_C
1	38.7	11	20.8	21	29.8
2	28.0	12	25.1	22	40.0
3	79.0	13	38.0	23	28.5
4	39.0	14	43.0	24	15.3
5	55.3	15	27.4	25	16.1
6	18.3	16	35.5	26	15.9
7	34.2	17	43.0	27	14.5
8	40.8	18	48.3	28	18.0
9	50.4	19	48.0	29	109.3
10	37.1	20	150.6	30	20.9

实例 11

化合物 11 为白色无定形粉末，HR ESI-MS 谱（图 8-47）在 m/z 1017.7600、1039.7411 和 491.3719 处分别显示[2M+H]$^+$、[2M+Na]$^+$和[M-H$_2$O+H]$^+$峰，提示其分子式为 C$_{30}$H$_{52}$O$_6$。与 20(S)-原人参三醇相比，^{13}C-NMR（图 8-49）和 DEPT 谱（图 8-50）中 CH 信号由 8 个增加到 10 个，增加的 2 个叔碳分别是 δ79.4 和 71.6，CH$_2$ 的信号由 8 个减为 6 个，提示可能有两个 CH$_2$ 氧化成了 CHOH。在 ^{13}C-NMR 谱中，C-17、C-28 的位移值分别向高场移动了 δ2.1 和 6.6，而 C-14 向低场移动了 2.0，说明可能 C-15 位连有羟基。在 HMBC 谱（图 8-52）中，δ71.6 的碳信号与 H-17 和 28-CH$_3$ 有远程相关，它对应的氢信号（图 8-48）与 C-17、C-13 有远程相关，证实了 C-15 位和羟基相连。NOESY 谱（图 8-54）中，H-15、H-13 和 18-CH$_3$ 均产生 NOE 信号，说明 15-OH 为 α-构型。在 ^{13}C-NMR 谱中，C-6、C-8 的位移值分别向低场移动了 δ3.7 和 5.0，而 C-18 则向高场移动了 5.8。在 HMBC 谱中，δ79.4 的碳信号与 H-6 和 18-CH$_3$ 有远程相关，它对应的氢信号与 C-6、C-8、C-14 和 C-18 有远程相关，提示 C-7 亦连有羟基。NOESY 谱中，H-7 与 H-9、H-5 和 29-CH$_3$ 均有 NOE 相关信号，显示 7-OH 为 β-构型。另外根据 HMBC 相关图谱确定 3-、7-、12-、15-和 20-OH 的位置，说明羟基间并未发生环合脱水，m/z 491.3719 处的离子峰是化合物分子脱去 1 分子水后形成的碎片峰。根据 DEPT、HSQC（图 8-51）、HMBC 及 ^{1}H-^{1}H COSY 谱（图 8-53）可以确定化合物 11 的结构为 7β，15α-二羟基-20(S)-原人参三醇[7β,15α-dihydroxy-20(S)-protopanaxatriol]。NMR 数据归属见表 8-11。

化合物 11: 7β,15α-二羟基-20(S)-原人参三醇

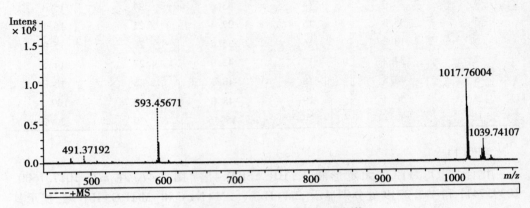

图 8-47　化合物 11 的 HR-ESI-MS 谱

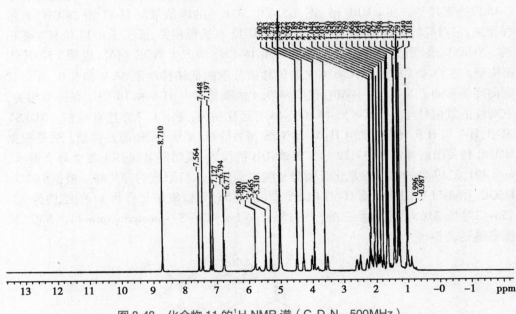

图 8-48　化合物 11 的 ^{1}H-NMR 谱（C_5D_5N，500MHz）

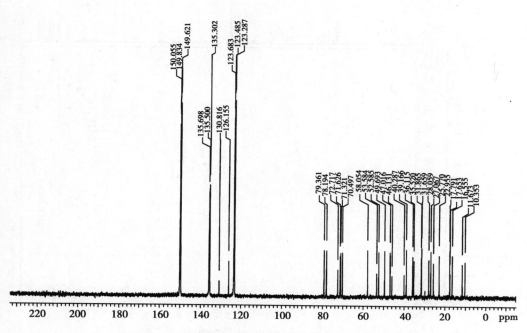

图 8-49　化合物 11 的 ^{13}C-NMR 谱（C_5D_5N，125MHz）

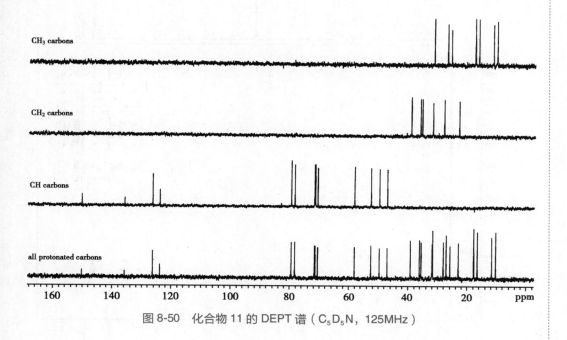

图 8-50　化合物 11 的 DEPT 谱（C_5D_5N，125MHz）

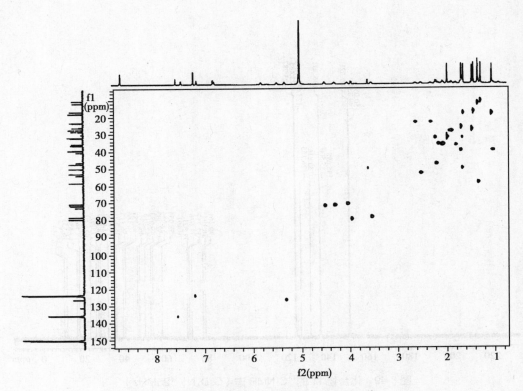

图 8-51 化合物 11 的 HSQC 谱（C₅D₅N）

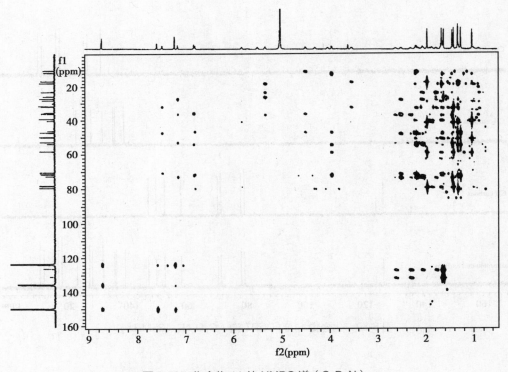

图 8-52 化合物 11 的 HMBC 谱（C₅D₅N）

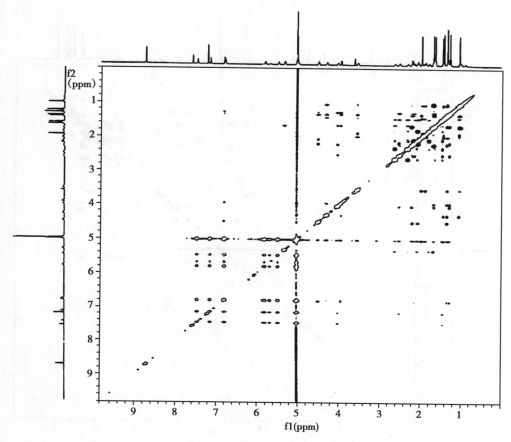

图 8-53　化合物 11 的 ^{1}H-^{1}H COSY 谱（C_5D_5N）

表 8-11　化合物 11 的 NMR 数据（C_5D_5N）

No.	δ_H（J，Hz）	δ_C	No.	δ_H（J，Hz）	δ_C
1	1.67,0.99（each 1H,m）	39.2	16	2.12,2.04（each 1H,m）	35.5
2	1.89,1.86（each 1H,m）	28.1	17	2.49（1H,td,11.0,6.0）	52.6
3	3.52（1H,m）	78.2	18	1.31（3H,s）	11.7
4	–	40.3	19	1.02（3H,s）	17.8
5	1.29（1H,m）	58.1	20	–	72.7
6	4.28（1H,t,9.5）	71.3	21	1.43（3H,s）	27.1
7	3.93（1H,d,9.0）	79.4	22	2.04,1.76（each 1H,m）	36.1
8	–	46.1	23	2.60,2.29（each 1H,m）	23.0
9	1.63（1H,m）	49.7	24	5.31（1H,t,6.0）	126.2
10	–	39.2	25	–	130.8
11	2.19,1.63（each 1H,m）	31.9	26	1.65（3H,s）	25.8
12	4.01（1H,m）	70.5	27	1.61（3H,s）	17.7
13	2.17（1H,m）	47.0	28	1.95（3H,s）	31.7
14	–	53.6	29	1.40（3H,s）	16.6
15	4.48（1H,t,9.0）	71.6	30	1.25（3H,s）	10.4

笔记

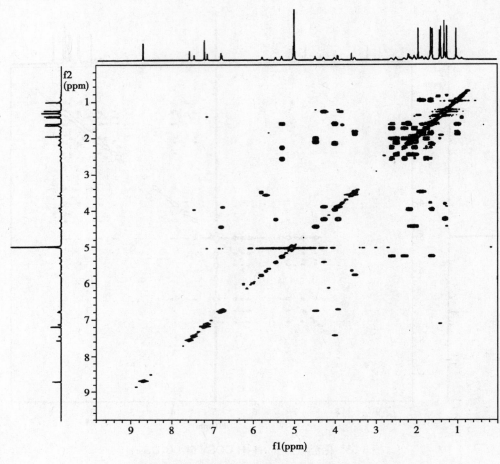

图 8-54 化合物 11 的 NOESY 谱（C_5D_5N）

学习小结

1. 学习内容

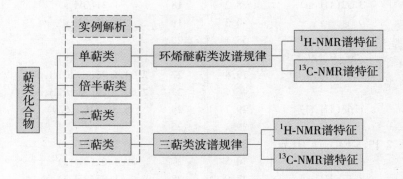

2. 学习方法 在学习本章内容时，首先要在熟悉萜类化合物结构和分类的基础上，结合图例理解单萜、倍半萜、二萜以及三萜的 NMR 图谱区别特征。然后，重点把握环烯醚萜类化合物和三萜类化合物的波谱规律，学会利用角甲基、双键等特征基团

的化学位移和偶合裂分模式来推断结构类型和取代变化。另外,应了解 2D-NMR 方法在含较多糖基的三萜类化合物的结构研究中发挥的作用。

(邱 峰)

复习思考题

1. 如何区别单萜、倍半萜、二萜以及三萜类化合物?
2. 环烯醚萜类化合物 C-1 位立体构型的确定方法有哪些?
3. 各类型三萜类化合物的甲基峰在 ^{1}H-NMR 谱中有何不同特征?
4. 如何区别四环三萜和五环三萜类化合物?

第九章

甾体类化合物

学习目的

通过本章的学习,理解和学会甾体皂苷、强心苷、醉茄内酯、胆汁酸、植物甾醇、C_{21} 甾和昆虫变态激素等甾体化合物的 NMR 图谱特征和结构解析方法。

学习要点

甾体皂苷、强心苷类和醉茄内酯类化合物的 ^1H-NMR、^{13}C-NMR 波谱规律。

第一节 波谱规律

甾体类化合物(steroids)是广泛存在于自然界中的一类天然化学成分,具有环戊烷骈多氢菲(称为甾核或甾体)的环系结构。依据其结构特点一般可分为甾体皂苷、强心苷、C_{21} 甾、醉茄内酯、植物甾醇、胆汁酸、昆虫变态激素、甾体生物碱和蟾毒配基等。甾体类化合物具有广泛的生物活性,如抗肿瘤、强心、镇痛、抗炎、抗抑郁、抑菌、抗凝血、抗生育等。目前,甾体皂苷、强心苷、醉茄内酯和 C_{21} 甾等甾体类成分的分离与结构鉴定研究取得了许多突破性的进展,成为甾体类化合物的研究热点。甾体类化合物的结构研究,除各种化学法(包括各种水解反应)外,随着超导核磁共振技术的普及和各种一维、二维核磁共振技术的不断开发应用和日趋完善,波谱分析已成为确定甾体类化合物化学结构的重要手段。以下重点介绍甾体皂苷、强心苷、醉茄内酯及植物甾醇类化合物的波谱学规律。

笔记

一、甾体皂苷类化合物

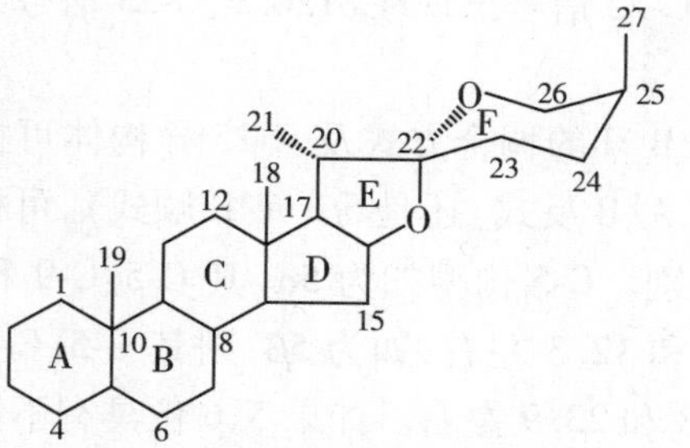

螺甾烷醇型 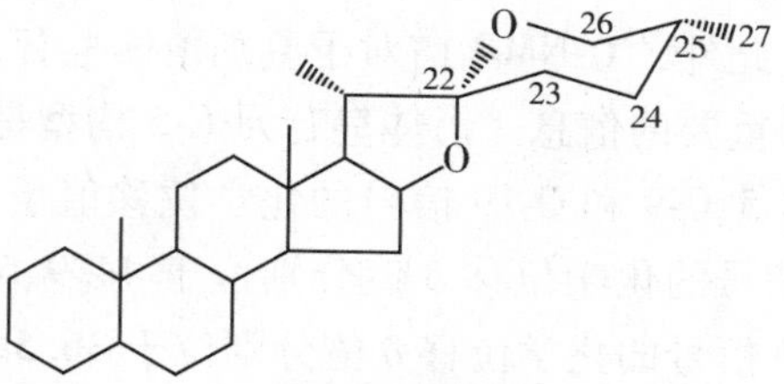　　　　　　　　　　　异螺甾烷醇型

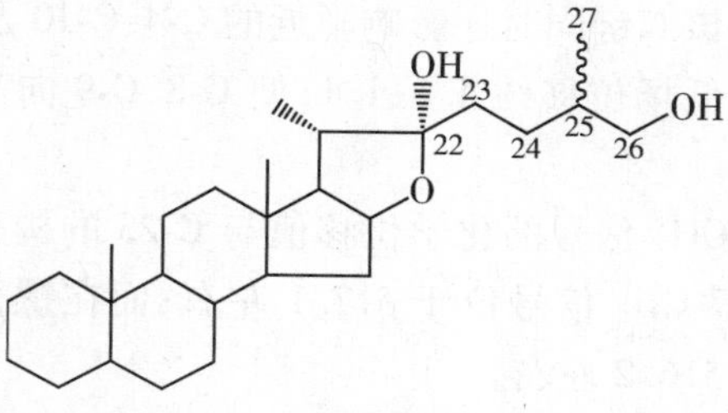

呋甾烷醇型 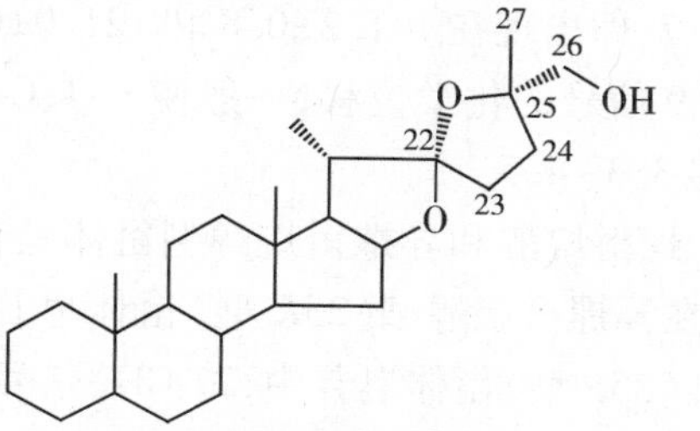　　　　　　　　　　　变型螺甾烷醇型

（一）^{1}H-NMR 谱

甾体皂苷元在高场区可明显地观察有 4 个归属于甲基(18、19、21 和 27 位甲基)的特征峰,其中 18-CH$_3$ 和 19-CH$_3$ 均为单峰,前者处于较高场,后者处于较低场;21-CH$_3$ 和 27-CH$_3$ 均为双峰,且 27-CH$_3$ 常处于 18-CH$_3$ 的高场,21-CH$_3$ 则常位于 19-CH$_3$ 的低场;如果 C$_{25}$ 位有羟基取代,则 27-CH$_3$ 为单峰,并向低场移动。C-16 和 C-26 上的氢是与氧同碳的质子,处于较低场,易于辨认;其他各碳原子上质子的化学位移值相近,彼此重叠,不易识别。

根据 27-CH$_3$ 的化学位移值可鉴别甾体皂苷元的两种 C-25 异构体,即 C-25 上的甲基为 α-取向(25R 型)时,其甲基质子信号(δ 约 0.70)要比 β-取向(25S 型)的甲基质子信号(δ 约 1.10)处于较高场。27-CH$_3$ 的取向也可用溶剂效应进行确定,在 CDCl$_3$ 和 C$_6$D$_6$ 中分别测试,如 27-CH$_3$ 为 α-取向(25R 型)时,$\Delta\delta_{CDCl_3-C_6D_6}$ 值为 0.08 ~ 0.13;为 β-取向(25S 型)时,$\Delta\delta_{CDCl_3-C_6D_6}$ 值为 -0.02。此外,C-26 上 2 个氢质子信号在 25R 异构体中化学位移值相近,而在 25S 异构体中则差别较大,故也可用于区别 25R 和 25S 两种异构体。

（二）^{13}C-NMR 谱

甾体皂苷元 18、19、21 和 27 位的 4 个甲基的化学位移 δ 值均低于 25。其余碳原子上如有羟基取代,化学位移向低场位移 40 ~ 45。如羟基与糖结合成苷,则发生苷化位移,向低场位移 6 ~ 10。双键碳化学位移 δ 值在 115 ~ 150 范围内,羰基碳 δ 值在 200 左右。

16 位和 22 位 2 个碳信号的化学位移是甾体皂苷元最主要的 ^{13}C-NMR 谱特征。在螺甾烷醇类和异螺甾烷醇类化合物中,C-16 和 C-22 化学位移 δ 值分别在 80 和 109

左右。呋甾烷型甾体皂苷元 C-22 信号出现在 $\delta 90.3$，当 C-22 连有羟基时出现在 $\delta 110.8$ 处；当 C-22 位连有甲氧基时出现在 $\delta 113.5$ 处（其甲氧基碳在较高场，一般为 $\delta 47.2$）。变形螺甾烷类的 F 环为五元呋喃环，C-22 信号出现在 $\delta 120.9$，C-25 信号出现在 $\delta 85.6$。

此外，^{13}C-NMR 谱对于鉴别甾体皂苷元 A/B 环的稠合方式及 C-25 异构体可提供极为重要的信息。甾体皂苷元 C-5 构型是 5α（A/B 反式）还是 5β（A/B 顺式），可根据其 C-5、C-9 和 C-19 信号的化学位移值予以区别。C-5 构型如为 5α，其 C-5、C-9 和 C-19 信号的化学位移 δ 值分别位于 44.9、54.4 和 12.3 左右；如为 5β，则其 C-5、C-9 和 C-19 信号的化学位移 δ 值分别位于 36.5、39.8 和 23.9 左右。如果 5、6 位具有不饱和键则形成 Δ^5-甾烯类，与饱和甾体化合物相比，其 C-5 和 C-6 分别向低场位移 +96 和 +92.7，即出现在 141.2 ± 0.8 和 121.0 ± 0.4。该双键同时还影响附近的 C-4、C-10 及 C-8、C-9 信号的化学位移，一般使 C-4、C-10 向低场位移约 4.0、1.1；使 C-8、C-9 向高场位移 3.3~4.5。

螺甾烷醇和异螺甾烷醇型甾体皂苷 27-CH$_3$ 信号的化学位移值与 C-25 的构型有关，在异螺甾烷醇型（25R 型）甾体皂苷中，27-CH$_3$ 信号位于 $\delta 17.1$ 左右；而在螺甾烷醇型（25S 型）甾体皂苷中，27-CH$_3$ 信号位于 $\delta 16.2$ 左右。

（三）MS 谱

甾体皂苷元的质谱裂解方式很典型，由于分子中具有螺缩酮，EI-MS 中均出现很强的 m/z 139 基峰、中等强度的 m/z 115 碎片及 1 个弱的 m/z 126 辅助离子峰。如果 F 环有不同取代，则上述 3 个碎片峰可发生相应质量位移或峰强度变化，因而对于鉴定皂苷元尤其是 F 环上的取代情况十分有用。此外，甾体皂苷的 EI-MS 中同时伴有甾体母核或甾核加 E 环的系列碎片。这些离子的质荷比可因取代基的性质和数目发生相应的质量位移，根据这些特征碎片峰可以鉴别是否为甾体皂苷元，并可推测母核上取代基的性质、数目及取代位置等。

二、强心苷类化合物

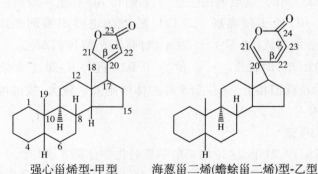

强心甾烯型-甲型　　　　海葱甾二烯(蟾蜍甾二烯)型-乙型

（一）^{1}H-NMR 谱

强心苷可分为甲型和乙型两种，主要区别在于甲型含有 1 个 α,β-不饱和五元内酯环，乙型含有 1 个 α,β-不饱和六元内酯环。甲型强心苷 $\Delta^{\alpha,\beta}$-γ-内酯环 C-21 上的 2 个质子以宽单峰、三重峰或 AB 型四重峰（$J=18\text{Hz}$）出现在 $\delta 4.80 \sim 5.30$ 区域；C-

笔记

22 上的烯质子因与 C-21 上的 2 个质子产生远程偶合,故以宽单峰出现在 $\delta5.60 \sim$ 6.20 区域内。在乙型强心苷中,其 $\Delta^{\alpha\beta,\gamma\delta}$-$\delta$-内酯环上的 H-21 以单峰形式出现在 $\delta7.20$ 左右。H-22 和 H-23 各以二重峰形式分别出现在 $\delta7.80$ 和 6.30 左右,各出现 1 个烯氢双峰。

强心苷元的 18-CH$_3$ 和 19-CH$_3$ 在 $\delta1.00$ 左右有特征吸收峰,均以单峰形式出现,易于辨认,且一般 18-CH$_3$ 的信号位于 19-CH$_3$ 的低场。若 C-10 位为醛基取代,则 C-10 位甲基峰消失,而在 $\delta9.5 \sim 10.0$ 内出现 1 个醛基质子的单峰。若 C-10 上连有羟甲基时,则在高场区仅见 1 个归属于 18-CH$_3$ 的单峰信号,在低场区则出现归属于 19-CH$_2$OH 的信号,酰化后更向低场位移,一般在 $\delta4.00 \sim 4.50$ 区域内呈 AB 型四重峰,J 值约为 18.0Hz。

强心苷中除常见的糖外,常连有 2-去氧糖和 6-去氧糖。在 ^{1}H-NMR 谱中,6-去氧糖在高场区 $\delta1.0 \sim 1.5$ 出现 1 个 3 氢双峰($J = 6.5$Hz)或多重峰。2-去氧糖的端基氢与 2-羟基糖不同,呈双二重峰(dd 峰),C-2 上的 2 个质子处于高场区。含有甲氧基的糖,其甲氧基以单峰出现在 $\delta3.50$ 左右。

(二)^{13}C-NMR 谱

强心苷分子中的甾体母核各类碳的化学位移值范围如下:伯碳 $\delta12 \sim 24$,仲碳 $\delta20 \sim 50$,叔碳 $\delta35 \sim 57$,季碳 $\delta27 \sim 52$,醇碳 $\delta65 \sim 91$,烯碳 $\delta119 \sim 176$,羰基碳 $\delta170 \sim 220$。在 5α-强心苷的 A/B 环中大多数碳的 δ 值比 5β-强心苷处于低场 $\delta2 \sim 8$,而且前者 19-甲基碳的 δ 值约为 12.0,后者(5β-甾体)的 δ 值约为 24.0。两者相差 11 $\sim$ 12,易于辨认,利用这一规律有助于判断 A/B 环的构象。

甲型强心苷不饱和内酯环上 20、21、22 和 23 位碳信号出现在 $\delta172$、75、117 和 176 左右,乙型强心苷不饱和内酯环显示 1 个不饱和双键和 1 个 α,β-不饱和内酯的羰基信号。

一般来说,在强心苷元的结构中引入羟基,可使羟基的 α 位碳和 β 位碳向低场位移。如洋地黄毒苷元与羟基洋地黄毒苷元比较,后者的 C-16 位有羟基,所以其 C-15、C-16 和 C-17 的化学位移值($\delta42.6$、72.8 和 58.8)均比洋地黄毒苷元相应碳原子的化学位移值($\delta33.0$、27.3 和 51.5)大。如果 C-5 位引入 β-羟基,C-4、C-5 和 C-6 信号均向低场移动。当羟基被酰化后,与酰氧基相连的碳的信号向低场位移,而其 β 位碳则向高场位移。如洋地黄毒苷元 C-2、C-3 和 C-4 的 δ 值分别为 28.0、66.9 和 33.5,而 3-乙酰基洋地黄毒苷元的 C-2、C-3 和 C-4 的 δ 值为 25.4、71.4 和 30.8。

(三)MS 谱

强心苷的主要开裂方式是苷键的 α-断裂,而苷元的开裂方式较多,也较复杂,除 RDA 裂解、羟基的脱水、脱甲基、脱 17 位侧链和醛基脱 CO 外,还有一些由复杂开裂产生的特征碎片。

甲型强心苷元可产生保留 γ-内酯环或内酯环加 D 环的特征碎片离子峰,m/z111、124、163 和 164。乙型强心苷元的裂解可见保留 δ-内酯环的碎片离子峰,m/z 109、123、135 和 136,借此可与甲型强心苷元相区别。

三、醉茄内酯类化合物

withanolides

（一）¹H-NMR 谱

醉茄内酯类化合物（withanolides）大多具有 1-酮-2-烯-4-亚甲基结构部分。在¹H-NMR 谱中,归属于 H-2 和 H-3 的质子信号非常特征性地分别出现在 δ5.70~5.80 及 6.60~6.70 处,H-2 一般以 dd 峰的形式出现,偶合常数分别为 9.0~10.0Hz 和 2.0~3.0Hz;H-3 则以 ddd 峰的形式出现,其偶合常数分别为 9.0~10.0Hz、4.5~5.0Hz 和 2.0~3.0Hz。

¹H-NMR 谱的偶合裂分模式可为鉴别醉茄内酯类化合物立体构型提供极为重要的信息。醉茄内酯类化合物的 6,7-环氧多数为 α-构型,H-6 和 H-7 多表现为 1 个双峰和 1 个三重峰,偶合常数在 3.0~4.0Hz;当 6,7-环氧为 β-构型时,H-6 和 H-7 表现为 2 个双峰,其偶合常数为 10.0Hz。

5,6-二羟基醉茄内酯类化合物的 5-OH 多数为 α-构型,当 6-OH 为 β-构型时,H-6 一般呈现 1 个宽单峰或裂分程度很小的 t 峰;当 6-OH 为 α-构型时,H-6 呈现 1 个双二重峰,偶合常数分别约为 10.0 和 3.0Hz。在 5,6,7-三羟基类醉茄内酯中,5-OH 亦多为 α-构型,6,7-二羟基构型主要为 6α,7β-二羟基和 6β,7α-二羟基。两种类型的 H-6 和 H-7 化学位移值无明显差异,均裂分为双峰和三重峰,偶合常数却具有区别特征,当为 6α,7β-二羟基取代时 H-6 和 H-7 的偶合常数为 9.0Hz,6β,7α-二羟基取代时 H-6 和 H-7 的偶合常数为 2.6~3.2Hz。

醉茄内酯 12-OH 构型是 α 还是 β,可根据 H-12 的偶合裂分模式予以区别。如果 12-OH 处在 a 键上,即 α-取向时,H-12 和 C-11 上的 2 个氢产生 ae 和 ee 偶合,H-12 一般呈现 1 个宽单峰;当 12-OH 处在 e 键上,即 β-取向时,H-12 和 C-11 上的 2 个氢产生 aa 和 ae 偶合,H-12 呈现 1 个 dd 峰,偶合常数分别约为 9.0 和 4.0Hz。

C-22 为 R-构型时,H-22 表现为 1 个双三重峰[偶合常数分别为（13.0±0.5）Hz、（3.4±0.2）Hz];为 S-构型时,H-22 表现为 1 个宽单峰;当 C-20 通过羟甲基和 C-24 形成醚环,则 H-22 信号出现 1 个宽单峰,C-22 亦为 R-构型。

（二）¹³C-NMR 谱

一般来说,18-CH₃ 碳信号的化学位移主要受 C 环和 D 环羟基有无的影响。当 C 环和 D 环均无含氧基团取代时,18-CH₃ 的碳信号出现在 δ12.2~13.0 处;当

C-12 有 β-羟基取代时,则 18-CH₃ 碳信号比 C-12 无羟基取代时大幅度向高场位移,出现在 $\delta8.0\sim8.3$ 处;当 C-12 上有 α-羟基取代时,其 18-CH₃ 碳信号仍出现在 $\delta12.8$ 处。

C-5、C-6 和 C-7 位上的含氧基团的有无,对 C-1、C-2、C-3 和 C-4 的化学位移亦有少许影响。当存在 5α-羟基、6α,7α-环氧取代基时,1-酮-2-烯-4-亚甲基结构部分的 C-1、C-2、C-3 和 C-4 信号分别出现在 $\delta205.7\sim206.1$、$129.4\sim129.5$、$142.2\sim142.4$ 和 $37.9\sim38.1$ 的范围内。当存在 5α,6β-二羟基、5α,6β,7α-三羟基以及 5α,6α,7β-三羟基时,C-1、C-2、C-3 和 C-4 信号分别出现在 $\delta207.0\sim207.6$、$128.9\sim129.0$、$143.3\sim145.0$ 和 $36.2\sim36.6$ 范围内;与 5α-羟基、6α,7α-环氧取代时相应碳信号相比较,C-1 信号向低场位移 $1.0\sim2.0$,而 C-4 信号则向高场位移 $1.3\sim1.9$。

在 5,6-二羟基醉茄内酯化合物中,5-OH 绝大多数为 α-构型,C-4 一般出现在 $\delta36.5\sim38.5$;当 5-OH 为 β-构型时,C-4 一般出现在 $\delta31.0\sim35.0$ 范围内。

四、植物甾醇类化合物

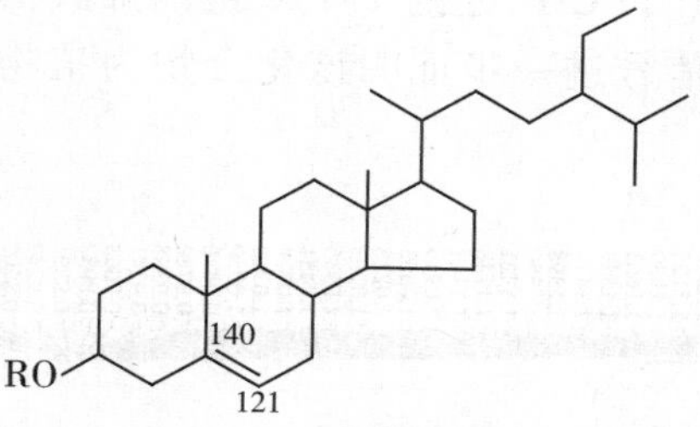

R=H β-谷甾醇
R=Glc 胡萝卜苷

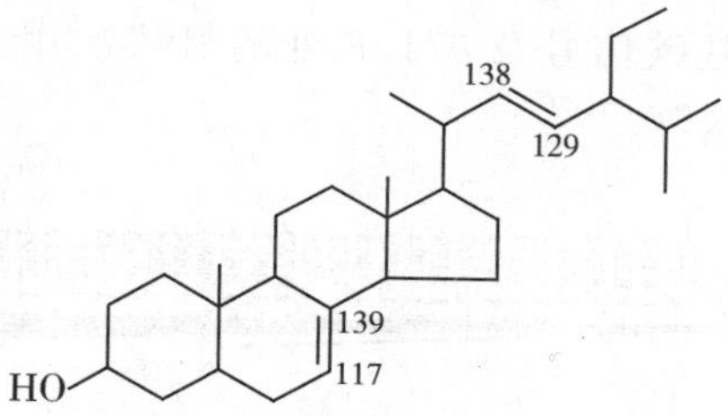

菠甾醇

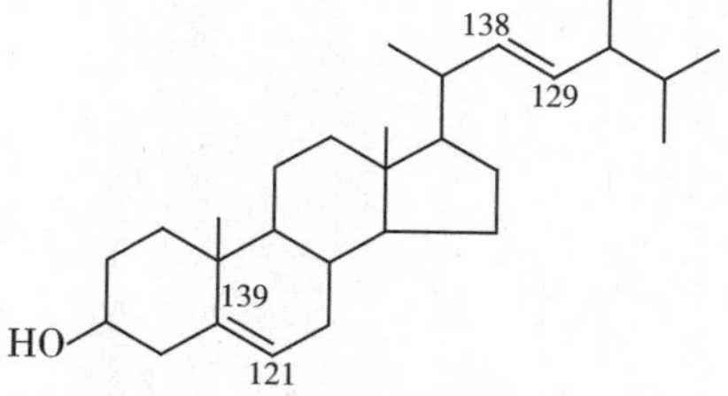

豆甾醇

植物甾醇为甾体母核 C-17 位具有 8~10 个碳原子链状侧链的甾体生物。由于植物甾醇在几乎所有的植物中都可以分离得到,所以一般情况下主要凭借其理化性质,加上和标准品对照就可以初步判断其结构。中药中常见的植物甾醇有 β-谷甾醇(β-sitosterol)及其葡萄糖苷[胡萝卜苷(daucosterol)]、α-菠甾醇(bessisterol)、豆甾醇(stigmasterol)等。

在 ¹H-NMR 谱中,植物甾醇类化合物在高场区多出现甲基单峰(2~3 个)和双峰(2~3)个,一般情况下结构中含有 1 或 2 个双键,烯氢 δ 值约在 5.2。¹³C-NMR 谱中出现 1 或 2 个不饱和双键的碳信号,例如 β-谷甾醇和胡萝卜苷 5、6 位有双键,其化学位移一般分别在 $\delta140$ 和 121 左右;菠甾醇 7、8 位双键的化学位移分别在 $\delta139$ 和 117 左右;豆甾醇 5、6 位双键的化学位移一般分别在 $\delta139$ 和 121 左右。

第二节 结构解析实例

实例 1

从五加科植物刺五加[*Acanthopanax senticosus* (Rupr. et Maxim.) Harms] 的叶中分离得到化合物 1,为无色针状结晶(三氯甲烷)。结合 ^{1}H-NMR、^{13}C-NMR 及 DEPT 135 谱推断其分子式为 $C_{29}H_{50}O$,计算不饱和度为 5。

在 ^{1}H-NMR 谱(图 9-1)中,可以观察到 $\delta0.66$(3H,s,CH_3-18)、0.81(3H,d,$J=6.8Hz$,CH_3-26)、0.79(3H,d,$J=6.8Hz$,CH_3-27)、0.82(3H,t,$J=7.4Hz$,CH_3-29)、0.99(3H,s,CH_3-19)和 0.90(3H,d,$J=6.6Hz$,CH_3-21)处的 6 个甲基质子信号,初步推断化合物 1 为甾醇类。^{13}C-NMR 谱(图 9-2)共出现 29 个碳信号,根据 DEPT 135 谱(图 9-3)可确定该化合物含有 6 个甲基、11 个亚甲基、9 个次甲基和 3 个季碳,其中在 $\delta140.8$(C)、121.7(CH)处的 1 个双键的烯碳信号、6 个甲基碳信号及 $\delta71.8$ 处的氧代次甲基碳信号进一步证明该化合物为植物甾醇类化合物。

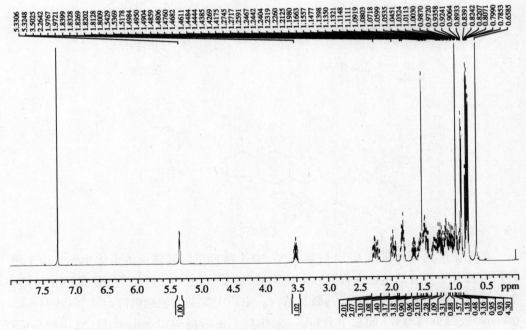

图 9-1 化合物 1 的 ^{1}H-NMR 谱(CDCl$_3$,500MHz)

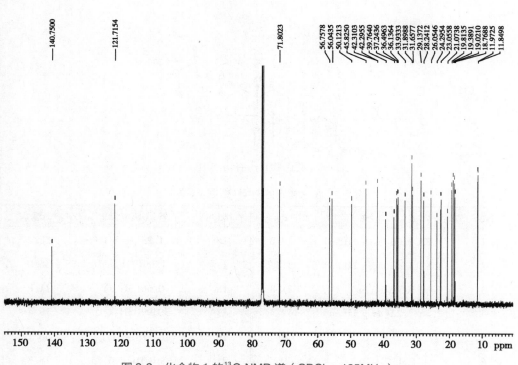

图 9-2 化合物 1 的 ^{13}C-NMR 谱（CDCl$_3$，125MHz）

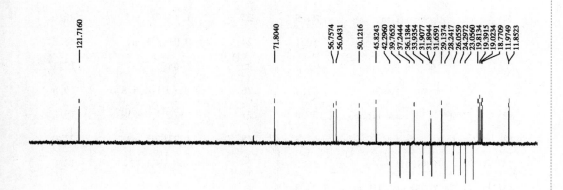

图 9-3 化合物 1 的 DEPT 135 谱（CDCl$_3$，125MHz）

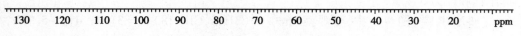

将化合物 1 的 ^{1}H-NMR、^{13}C-NMR 谱数据（表 9-1）与文献报道的 β-谷甾醇（β-sitosterol）进行比较，两者基本一致,故鉴定化合物 1 为 β-谷甾醇。NMR 谱数据归属见表 9-1。

化合物1: β-谷甾醇

表 9-1　化合物 1 的 NMR 数据（CDCl$_3$）

No.	δ_H（J, Hz）	δ_C	No.	δ_H（J, Hz）	δ_C
1	1.83,1.06（each 1H,m）	37.2	16	1.82,1.23（each 1H,m）	28.2
2	1.82,1.48（each 1H,m）	31.6	17	1.09（1H,m）	56.0
3	3.50（1H,m）	71.8	18	0.66（3H,s）	11.8
4	2.26,2.22（each 1H,m）	42.3	19	0.99（3H,s）	19.4
5	–	140.8	20	1.33（1H,m）	36.1
6	5.43（1H,m）	121.7	21	0.90（3H,d,6.6）	18.8
7	1.97,1.48（each 1H,m）	31.9	22	1.30,1.00（each 1H,m）	33.9
8	1.93（1H,m）	31.9	23	1.14（2H,m）	26.0
9	0.91（1H,m）	50.1	24	0.91（1H,m）	45.8
10	–	36.5	25	1.64（1H,m）	29.1
11	1.48（2H,m）	21.1	26	0.81（3H,d,6.8）	19.8
12	1.99,1.13（each 1H,m）	39.8	27	0.79（3H,d,6.8）	19.0
13	–	42.3	28	1.23（2H,m）	23.0
14	0.98（1H,m）	56.8	29	0.82（3H,t,7.4）	12.0
15	1.55,1.06（each 1H,m）	24.3			

实例 2

从尾参科植物白肛海地瓜（*Acaudina leucoprocta*）中分离得到化合物 2,为无色针晶（三氯甲烷）。结合 ^{1}H-NMR、^{13}C-NMR 及 DEPT 135 谱推断其分子式为 $C_{27}H_{46}O$,计算不饱和度为 5。

^{1}H-NMR 谱（图 9-4）中,可观察到 $\delta0.66$（3H,s,CH$_3$-18）、0.83（3H,d,$J=5.3$Hz,CH$_3$-26）、0.84（3H,d,$J=5.3$Hz,CH$_3$-27）、0.89（3H,d,$J=5.2$Hz,CH$_3$-21）和 0.98（3H,s,CH$_3$-19）处的 5 个甲基质子信号,结合 $\delta5.33$（1H,br. d,$J=4.1$Hz,H-6）处的烯氢信号及 $\delta3.50$（1H,m,H-3）处的氧代次甲基质子信号推测其可能为一具有胆甾母核

的化合物。^{13}C-NMR 谱（图 9-5）共给出 27 个碳信号，DEPT 135 谱（图 9-6）和 DEPT 90 谱（图 9-7）显示其中有 5 个甲基、11 个亚甲基、8 个次甲基和 3 个季碳，其中在 δ140.7 和 121.7 处为 2 个烯碳信号，δ71.8 处为氧代次甲基碳信号，由此可进一步推测化合物 2 为胆甾醇。

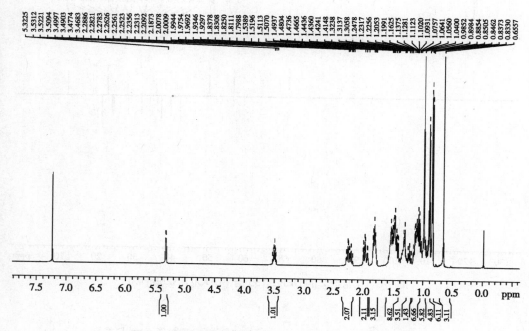

图 9-4 化合物 2 的 ^1H-NMR 谱（CDCl₃，500MHz）

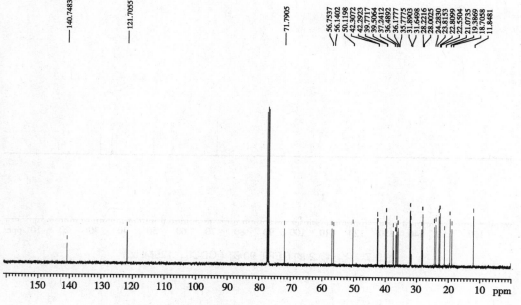

图 9-5 化合物 2 的 ^13C-NMR 谱（CDCl₃，125MHz）

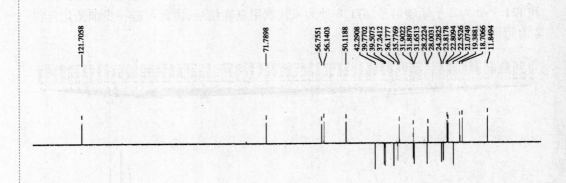

图9-6　化合物2的DEPT 135谱（CDCl₃，125MHz）

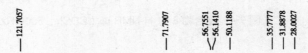

图9-7　化合物2的DEPT 90谱（CDCl₃，125MHz）

将化合物 2 的 ^{1}H-NMR、^{13}C-NMR 谱数据（表 9-2）与文献报道的胆甾醇（cholesterol）进行比较，两者基本一致，故鉴定化合物 2 为胆甾醇。NMR 谱数据归属见表 9-2。

化合物2: 胆甾醇

表 9-2　化合物 2 的 NMR 数据（CDCl$_3$）

No.	δ_H（J, Hz）	δ_C	No.	δ_H（J, Hz）	δ_C
1	1.07, 1.83（each 1H, m）	37.2	15	1.52（2H, m）	24.3
2	1.97（2H, m）	31.6	16	1.22, 1.83（each 1H, m）	28.2
3	3.50（1H, m）	71.8	17	1.13（1H, m）	56.1
4	2.24（2H, m）	42.3	18	0.66（3H, s）	11.8
5	–	140.7	19	0.98（3H, s）	19.4
6	5.33（1H, br. d, 4.1）	121.7	20	1.31（1H, m）	35.8
7	1.82, 1.50（each 1H, m）	31.9	21	0.89（3H, d, 5.2）	18.7
8	1.82（1H, m）	31.9	22	1.07（2H, m）	36.2
9	1.07（1H, m）	50.1	23	1.32（2H, m）	23.8
10	–	36.5	24	1.13（2H, m）	39.5
11	1.48（2H, m）	21.1	25	1.52（1H, m）	28.0
12	2.01（2H, m）	39.8	26	0.83（3H, d, 5.3）	22.6
13	–	42.3	27	0.84（3H, d, 5.3）	22.8
14	0.99（1H, m）	56.8			

实例 3

由鹅去氧胆酸为起始物合成得到化合物 3，为白色粉末。Liebermann-Burchard 反应呈阳性，Molish 反应呈阴性提示其为甾体苷元；该化合物的 ESI-MS 谱在 m/z 357.28 处给出 [M+H−2H$_2$O]$^+$ 离子峰，表明化合物 3 的分子量为 392；结合 ^{1}H-NMR、^{13}C-NMR 及 DEPT 135 等谱推测其分子式为 C$_{24}$H$_{40}$O$_4$，计算不饱和度为 5。

^{1}H-NMR 谱（图 9-8）中，高场区可以观察到 $\delta 0.68$（3H, s, CH$_3$-18）、0.95（3H, s, CH$_3$-19）和 1.00（3H, d, J=6.4Hz, CH$_3$-21）处的 3 个甲基质子信号，在低场区 $\delta 14.7$ 处可归属于羧酸的活泼氢质子信号，$\delta 3.85$（1H, m, H-3）和 3.77（1H, m, H-7）处可见 2 个

氧代次甲基质子信号。^{13}C-NMR 谱（图 9-9）中共出现 24 个碳信号,结合 DEPT 135 谱（图 9-10）分析可知该化合物结构中存在 3 个甲基、10 个亚甲基、8 次甲基以及 3 个季碳,其中 δ70.6（C-7）和 71.0（C-3）处的碳信号为 2 个氧代次甲基碳信号,这与^{1}H-NMR 谱 δ3.77（1H,m）和 3.85（1H,m）处的信号是相对应的。另外,在 δ176.6（C-24）处还可见 1 个羧基碳信号。

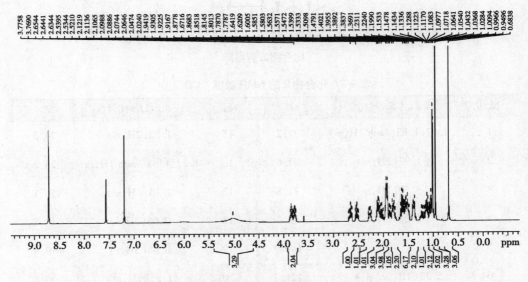

图 9-8　化合物 3 的^{1}H-NMR 谱（C_5D_5N，500MHz）

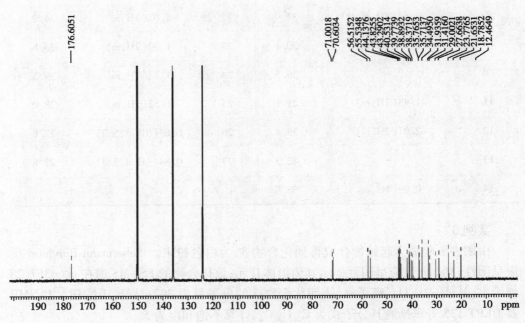

图 9-9　化合物 3 的^{13}C-NMR 谱（C_5D_5N，125MHz）

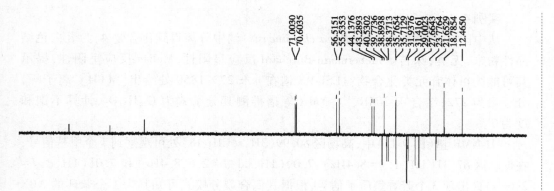

图9-10　化合物3的DEPT 135谱（C_5D_5N，125MHz）

将化合物3的[1]H-NMR、^{13}C-NMR谱数据（表9-3）与文献报道的熊去氧胆酸（ursodeoxycholic acid）进行比较，两者基本一致，故鉴定化合物3为熊去氧胆酸。NMR谱数据归属见表9-3。

化合物3: 熊去氧胆酸

表9-3　化合物3的NMR数据（C_5D_5N）

No.	δ_H (J, Hz)	δ_C	No.	δ_H (J, Hz)	δ_C
1	1.94, 2.05 (each 1H, m)	38.4	13	–	43.8
2	1.60, 1.93 (each 1H, m)	31.4	14	1.09 (1H, m)	55.5
3	3.85 (1H, m)	71.0	15	1.80, 2.26 (each 1H, m)	27.7
4	1.88, 2.11 (each 1H, m)	38.9	16	1.38, 1.93 (each 1H, m)	29.0
5	1.62 (1H, m)	44.1	17	1.14 (1H, m)	56.5
6	1.53, 1.80 (each 1H, m)	35.7	18	0.68 (3H, s)	12.5
7	3.77 (1H, m)	70.6	19	0.95 (3H, s)	23.8
8	1.48 (1H, m)	43.3	20	1.53 (1H, m)	39.8
9	1.04 (1H, m)	35.8	21	1.00 (3H, d, 6.4)	18.8
10	–	34.5	22	2.53, 2.66 (each 1H, m)	31.9
11	1.22, 1.38 (each 1H, m)	21.6	23	1.60, 2.11 (each 1H, m)	31.9
12	1.04, 1.91 (each 1H, m)	40.5	24	–	176.6

实例 4

从中国东北产的哈士蟆(*Rana chensinensis*)油中分离得到化合物 4,为乳白色结晶性粉末,无臭,味苦。Liebermann-Burchard 反应呈阳性,Molish 反应呈阴性,提示其可能为甾体苷元类化合物。ESI-MS 谱在 *m/z* 273.1850 处给出[M+H]$^+$离子峰,分子量为 272;结合^{1}H-NMR、^{13}C-NMR 等谱推测其分子式为 $C_{18}H_{24}O_2$,计算不饱和度为 7。

^{1}H-NMR 谱(图 9-11)中,高场区 $\delta 0.99$(3H,s,CH$_3$-18)处可观察到 1 个甲基信号;在低场区 $\delta 7.31$(1H,d,J = 8.4Hz)、7.09(1H,dd,J = 2.6,8.4Hz)和 7.01(1H,d,J = 2.6Hz)处出现 3 个芳香氢质子信号,根据其偶合裂分模式可知其为 1 个苯环的 ABX 偶合系统;此外,$\delta 3.92$(1H,br. t,J = 8.6Hz,H-17)处还可见 1 个氧代次甲基质子信号。

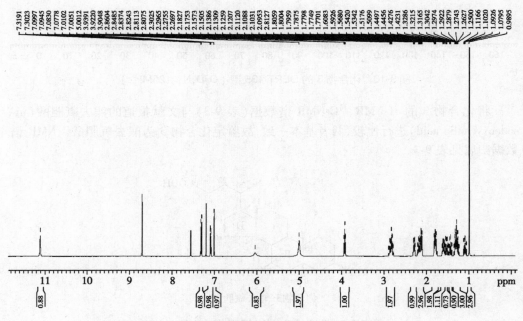

图 9-11 化合物 4 的^{1}H-NMR 谱(C$_5$D$_5$N,500MHz)

^{13}C-NMR 谱(图 9-12)中共出现 18 个碳信号,结合 DEPT 135 谱(图 9-13)和 HSQC 谱(图 9-16、图 9-17)分析归属可知结构中存在 1 个甲基、6 个亚甲基、7 个次甲基和 4 个季碳。$\delta 127.0$(CH)、113.9(CH)、156.8(C)、116.4(CH)、138.3(C)和 131.6(C)处为三取代苯环上一组碳信号,加之 $\delta 81.4$(CH)处的氧代次甲基信号峰可推测化合物 4 可能为雌二醇母核的甾体化合物。

HMBC 谱(图 9-18 至图 9-20)中,$\delta 2.83$(2H,m,H-6)处的氢与 $\delta 116.4$(C-4)、138.3(C-5)、131.6(C-10)处的碳呈现相关信号,$\delta 1.53$(1H,m,H-11)处的氢与 $\delta 44.5$(C-9)、131.6(C-10)处的碳呈现相关信号,同时^{1}H-^{1}H COSY 谱(图 9-14、图 9-15)中,$\delta 1.28$(1H,m,H-7)处的信号分别与 $\delta 2.83$(2H,m,H-6)和 1.44(1H,m,H-8)处的信号相关、$\delta 1.44$(1H,m,H-8)与 $\delta 2.18$(1H,m,H-9)两处信号呈现相关,由

此推断结构中 A 和 B 环连接；HMBC 谱中，$\delta 0.99$（3H，s，H-18）处的氢与 $\delta 37.6$（C-12）、43.8（C-13）、50.4（C-14）、81.4（C-17）处的碳呈现相关，$\delta 3.92$（1H，br. t，$J = 8.6$Hz，H-17）处的氢与 $\delta 37.6$（C-12）、43.8（C-13）、11.8（C-18）处的碳呈现相关，^{1}H-^{1}H COSY 谱中，$\delta 1.31$（1H，m，H-15）与 $\delta 1.09$（1H，m，H-14）和 2.14（1H，m，H-16）两处的信号相关，$\delta 1.79$（1H，m，H-16）处的信号又与 $\delta 3.92$（1H，br. t，$J = 8.6$Hz，H-17）处的信号呈现相关，由此推断结构中 C 和 D 环连接，并通过共用碳原子 C-13、C-14 相连形成骈环。

结合 DEPT 135、^{1}H-^{1}H COSY、HSQC 和 HMBC 等谱图，对该化合物进行综合解析，并将其 ^{1}H-NMR、^{13}C-NMR 谱数据（表 9-4）与文献报道的雌二醇（estradiol）进行对照，两者基本一致，因此鉴定化合物 4 为雌二醇。NMR 谱数据归属见表 9-4。

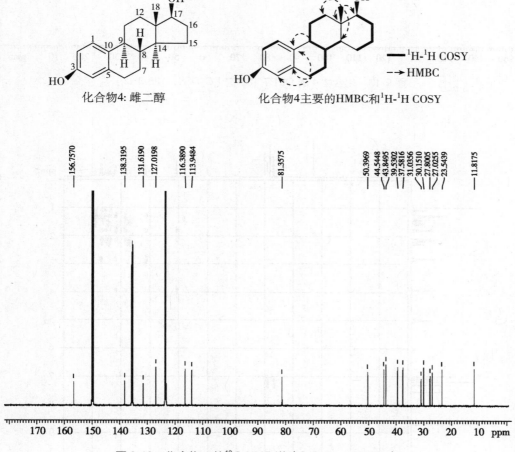

化合物4：雌二醇

化合物4主要的HMBC和^{1}H-^{1}H COSY

图 9-12　化合物 4 的 ^{13}C-NMR 谱（C_5D_5N，125MHz）

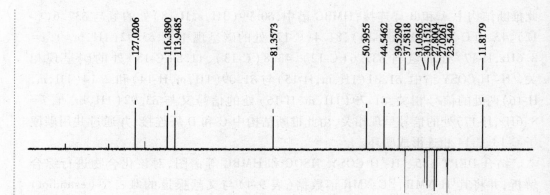

图 9-13 化合物 4 的 DEPT 135 谱（C_5D_5N，125MHz）

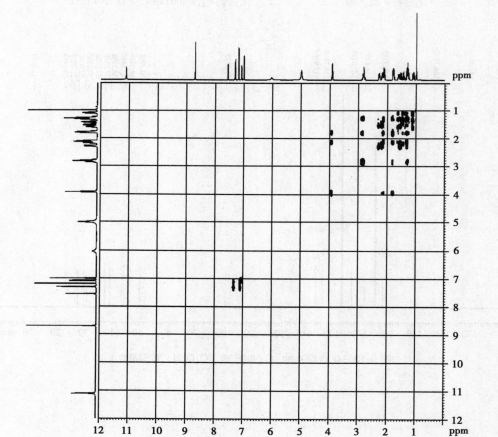

图 9-14 化合物 4 的 ^1H-^1H COSY 谱（C_5D_5N）

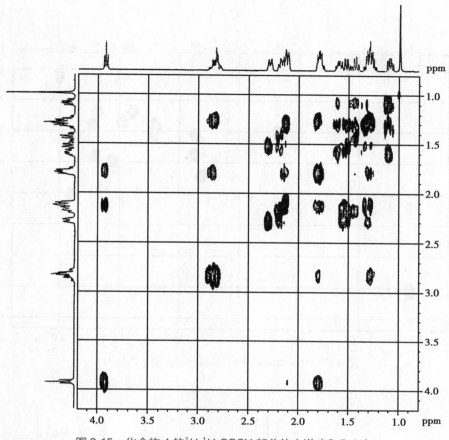

图 9-15 化合物 4 的 ^{1}H-^{1}H COSY 部分放大谱（C_5D_5N）

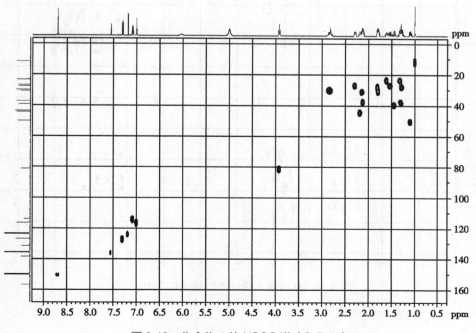

图 9-16 化合物 4 的 HSQC 谱（C_5D_5N）

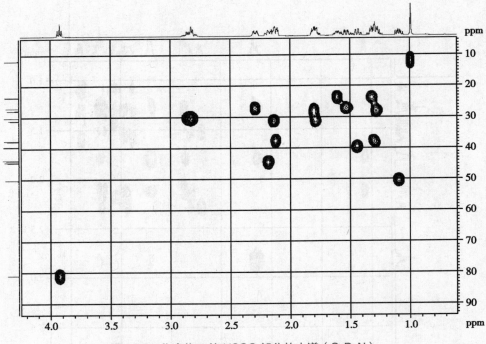

图 9-17　化合物 4 的 HSQC 部分放大谱（C_5D_5N）

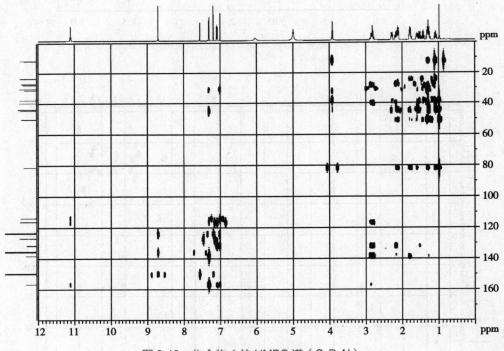

图 9-18　化合物 4 的 HMBC 谱（C_5D_5N）

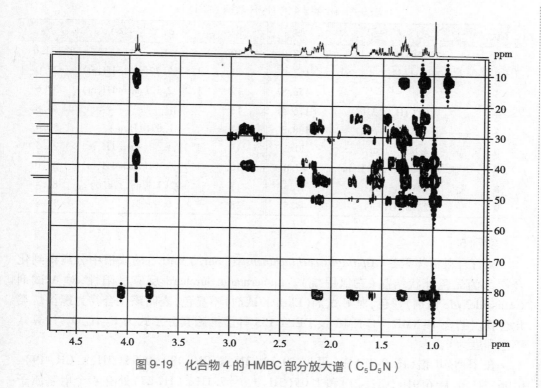

图 9-19 化合物 4 的 HMBC 部分放大谱（C_5D_5N）

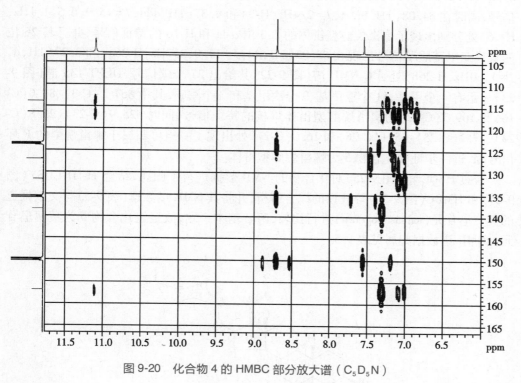

图 9-20 化合物 4 的 HMBC 部分放大谱（C_5D_5N）

表9-4　化合物4的NMR数据（C_5D_5N）

No.	δ_H（J, Hz）	δ_C	No.	δ_H（J, Hz）	δ_C
1	7.31(1H,d,8.4)	127.0	10	–	131.6
2	7.09(1H,dd,8.4,2.6)	113.9	11	1.53,2.29(each 1H,m)	27.0
3	–	156.8	12	1.29,2.12(each 1H,m)	37.6
4	7.01(1H,d,2.6)	116.4	13	–	43.8
5	–	138.3	14	1.09(1H,m)	50.4
6	2.83(2H,m)	30.2	15	1.31,1.60(each 1H,m)	23.5
7	1.28,1.80(each 1H,m)	27.8	16	1.79,2.14(each 1H,m)	31.0
8	1.44(1H,m)	39.5	17	3.92(1H,br. t,8.6)	81.4
9	2.18(1H,m)	44.5	18	0.99(3H,s)	11.8

实例5

从百合科植物天冬［*Asparagus cochinchinensis*（Lour.）Merr.］的块根中分离得到化合物5，为无色针状结晶（三氯甲烷）。Liebermann-Burchard 反应呈阳性，对 A 试剂（Anisaldehyde 试剂）显色，对 E 试剂（Ehrlich 试剂）不显色，表明该化合物为螺甾烷类化合物。结合 ^{1}H-NMR、^{13}C-NMR 及 DEPT 135 等谱推测其分子式为 $C_{27}H_{44}O_3$，计算其不饱和度为6。

在 ^{1}H-NMR 谱（图9-21）中，可见 δ0.73（3H,s,CH$_3$-18）、0.95（3H,s,CH$_3$-19）、0.96（3H,d,J=6.9Hz,CH$_3$-21）和1.05（3H,d,J=7.1Hz,CH$_3$-27）处有 4 个甲基质子信号；同时在 δ4.08（1H,br. t,J=2.4Hz,H-3）和4.37（1H,ddd,J=15.9,6.5,1.1Hz,H-16）处分别出现了螺甾烷醇型甾体的 C-3 位 α-H 和 H-16 的特征信号，并且其 26 位的氧代亚甲基质子信号出现在 δ3.93（1H,dd,J=11.0,2.7Hz,H-26a）和3.27（1H,d,J=11.0Hz,H-26b）处。^{13}C-NMR 谱（图9-22）共给出 27 个碳信号，DEPT 135 谱（图9-23）显示有 4 个甲基、11 个亚甲基、9 个次甲基和 3 个季碳，其中 δ67.1（C-3）、81.0（C-16）和109.7（C-22）为螺甾烷醇型甾体母核的特征信号，同时 δ25.9（C-23）、25.8（C-24）、27.1（C-25）、65.1（C-26）和16.0（C-27）处出现了一组可归属于螺甾烷醇的 F 环信号峰，进一步证明化合物 5 为螺甾烷醇型甾体。

通过 HSQC 谱（图9-25）对化合物的 NMR 数据进行了归属，结合 ^{1}H-^{1}H COSY（图9-24）和 HMBC（图9-26）等波谱的综合解析，并将其 NMR 谱数据（表9-5）与文献报道的菝葜皂苷元（sarsasapogenin）进行比较，两者基本一致，故鉴定化合物 5 为菝葜皂苷元。NMR 谱数据归属见表9-5。

化合物5: 菝葜皂苷元

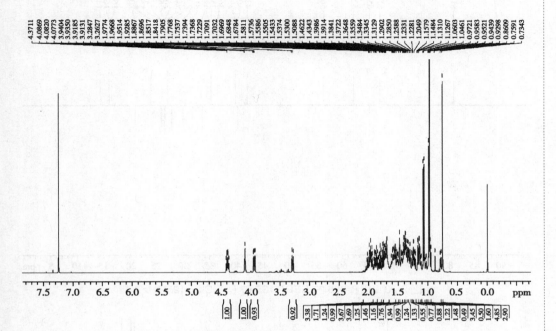

图 9-21 化合物 5 的 ^{1}H-NMR 谱（CDCl$_3$，500MHz）

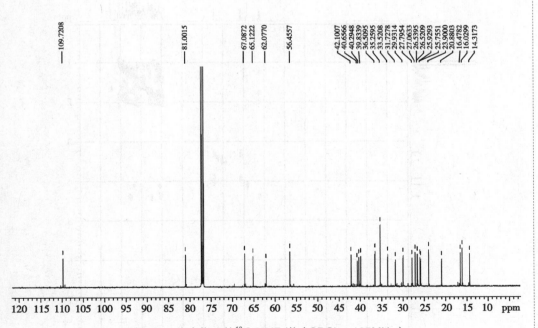

图 9-22 化合物 5 的 ^{13}C-NMR 谱（CDCl$_3$，125MHz）

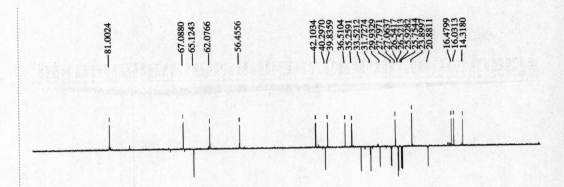

图 9-23　化合物 5 的 DEPT 135 谱（CDCl₃，125MHz）

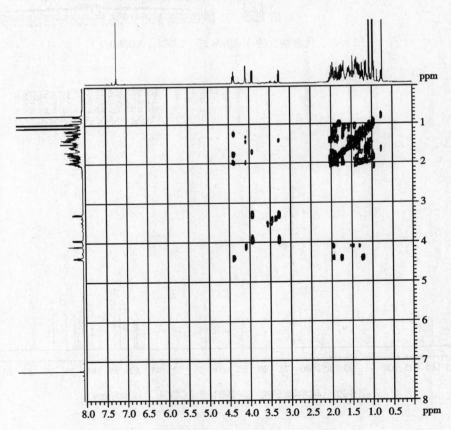

图 9-24　化合物 5 的 ¹H-¹H COSY 谱（CDCl₃）

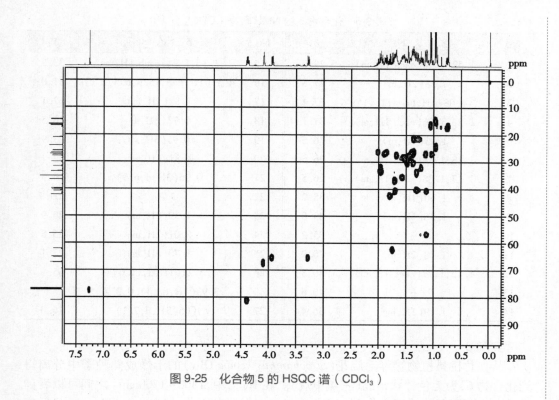

图 9-25 化合物 5 的 HSQC 谱（CDCl$_3$）

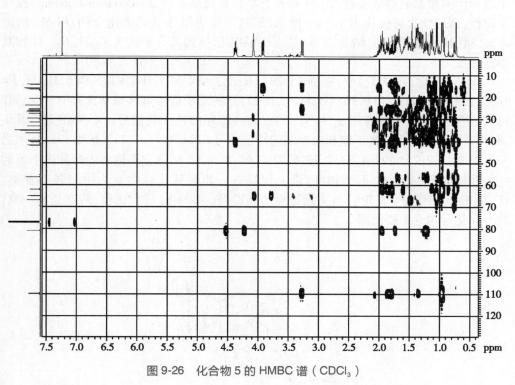

图 9-26 化合物 5 的 HMBC 谱（CDCl$_3$）

表 9-5　化合物 5 的 NMR 数据（CDCl₃）

No.	δ_H (J, Hz)	δ_C	No.	δ_H (J, Hz)	δ_C
1	1. 52,1. 40（each 1H,m）	29. 9	15	1. 36,1. 94（each 1H,m）	33. 5
2	1. 53（2H,m）	27. 8	16	4. 37（1H,ddd,15. 9,6. 5,1. 1）	81. 0
3	4. 08（1H,br. t,2. 4）	67. 1	17	1. 82（1H,m）	62. 1
4	1. 23,1. 96（each 1H,m）	31. 7	18	0. 73（3H,s）	16. 5
5	1. 73（1H,m）	36. 5	19	0. 95（3H,s）	23. 9
6	1. 18,1. 88（each 1H,m）	26. 5	20	1. 81（1H,m）	42. 1
7	1. 17,1. 88（each 1H,m）	26. 5	21	0. 96（3H,d,6. 9）	14. 3
8	1. 60（1H,m）	35. 2	22	–	109. 7
9	1. 36（1H,m）	39. 8	23	1. 39（2H,m）	25. 9
10	–	35. 2	24	2. 01（2H,m）	25. 8
11	1. 38（2H,m）	20. 9	25	1. 70（1H,m）	27. 1
12	1. 15,1. 77（each 1H,m）	40. 3	26	3. 27（1H,d,11. 0）	65. 1
13	–	40. 6		3. 93（1H,dd,11. 0,2. 7）	
14	1. 19（1H,m）	56. 4	27	1. 05（3H,d,7. 1）	16. 0

实例 6

从夹竹桃科植物绿毒毛旋花（*Strophanthus kombe* Oliv）的干燥成熟种子中分离得到化合物 6,为无色针状结晶（三氯甲烷）。在 IR 谱中,1800～1700cm⁻¹ 之间可以看到不饱和内酯羰基的特征吸收,在 3500cm⁻¹ 左右有羟基吸收;Liebermann-Burchard 反应呈阳性,薄层酸水解仅检出 L-鼠李糖,提示其可能为甾体苷元类化合物;EI-MS 给出 m/z 584［M］⁺的离子峰,结合¹H-NMR、¹³C-NMR 谱推测其分子式为 $C_{29}H_{44}O_{12}$,计算其不饱和度为 8。

¹H-NMR 谱（图 9-27）中,根据 δ5. 29（1H,d,J = 14. 5Hz,H-21a）、5. 04（1H,dd,J = 14. 5,1. 3Hz,H-21b）和 6. 10（1H,br. s,H-22）处的质子信号可推测其具有甲型强心苷母核,这 3 个质子信号为其 α,β-不饱和五元内酯环的特征氢信号。¹³C-NMR 谱（图 9-28）中,可看到一组 α,β-不饱和内酯酮的特征信号 δ174. 4、74. 1、117. 6 和 175. 4,加之一组鼠李糖碳信号 δ99. 4、72. 7、72. 6、73. 7、67. 8 和 17. 6,除去不饱和内酯和鼠李糖的 4 个不饱和度尚余 4 个不饱和度,以上信息进一步确认化合物 6 为甲型强心苷类。将¹³C-NMR 谱数据（表 9-6）与文献报道的哇巴因（ouabain）进行比较,两者基本一致,故鉴定化合物 6 为哇巴因。

化合物6：哇巴因

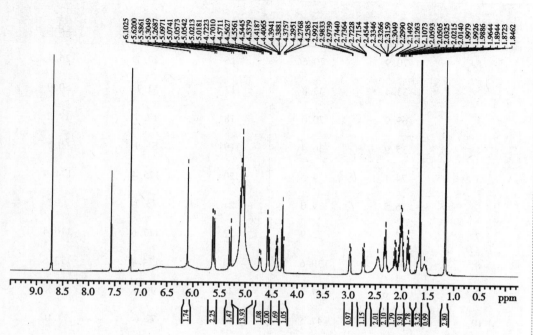

图 9-27 化合物 6 的 ^{1}H-NMR 谱（C_5D_5N，500MHz）

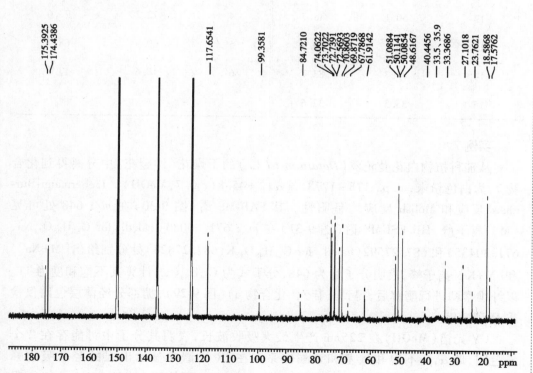

图 9-28 化合物 6 的 ^{13}C-NMR 谱（C_5D_5N，125MHz）

表 9-6　化合物 6 及哇巴因的 ^{13}C-NMR 数据（C_5D_5N）

No.	δ_C		No.	δ_C	
---	化合物 6	哇巴因	---	化合物 6	哇巴因
1	70.9	70.6	16	27.1	26.4
2	33.4	33.8	17	51.1	50.0
3	69.9	70.0	18	17.6	17.2
4	35.9	36.4	19	61.9	60.7
5	74.1	74.5	20	175.4	174.9
6	35.5	35.0	21	73.7	73.2
7	23.8	22.9	22	117.6	116.4
8	40.4	39.6	23	174.4	173.6
9	48.6	47.8	1′	99.4	97.8
10	48.6	47.5	2′	72.6	71.0
11	67.8	66.7	3′	72.7	71.1
12	50.1	48.7	4′	72.7	72.6
13	50.1	49.2	5′	69.9	68.4
14	84.7	83.7	6′	18.6	17.8
15	33.3	32.6			

实例 7

从茄科植物白花曼陀罗（*Datura metel* L.）的干燥花（洋金花）中分离得到化合物 7，为白色粉末，m. p. 175～177℃，$[\alpha]_D^{20}$ +45.8（*c* 0.7，MeOH）。Liebermann-Burchard 反应和 Molish 反应均呈阳性。其 FAB-MS 谱（图 9-30）在 *m/z* 648 处可见 [M]$^+$ 离子峰，HR-ESI-MS 谱（图 9-31）在 *m/z* 671.30083（calcd. for $C_{34}H_{48}O_{12}Na$，671.30435）和 687.27592（calcd. for $C_{34}H_{48}O_{12}K$，687.27828）处分别给出 [M+Na]$^+$ 和 [M+K]$^+$ 离子峰，表明分子量为 648，分子式为 $C_{34}H_{48}O_{12}$，计算其不饱和度为 11。以纤维素酶进行酶解后，得到其苷元（化合物 a）（图 9-29），糖部分经薄层色谱仅检出 D-葡萄糖。

UV 光谱（MeOH）在 225nm 产生最大吸收波长，表明其分子中可能存在 2 个发色团，即 α,β-不饱和羰基和 δ-酮体系。在 IR 光谱中显示出强的羟基吸收峰（3400cm^{-1}）以及 α,β-不饱和羰基（1670cm^{-1}）和 δ-酮体系（1680cm^{-1}）的特征吸收峰。

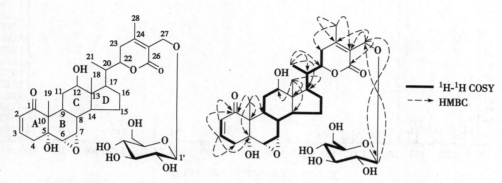

化合物7：白曼陀罗苷A　　　　　　　　　化合物7的主要HMBC和¹H-¹H COSY相关关系

^1H-^1H COSY
HMBC

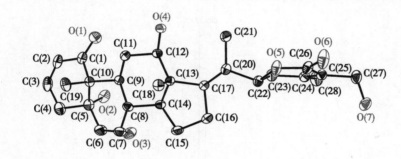

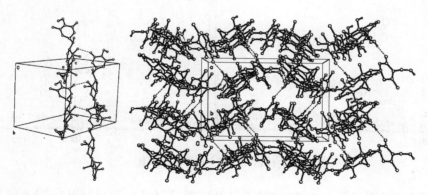

图 9-29　化合物 a 的 X-射线图

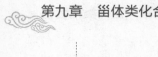

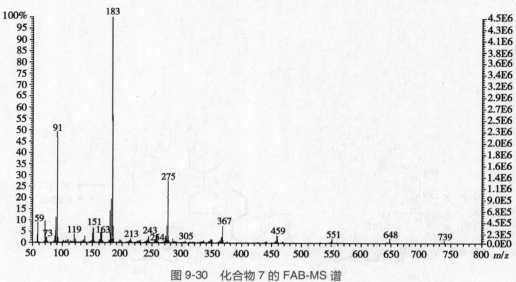

图 9-30　化合物 7 的 FAB-MS 谱

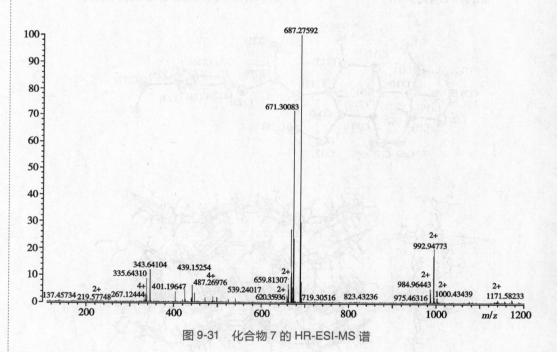

图 9-31　化合物 7 的 HR-ESI-MS 谱

^{13}C-NMR 谱（图 9-33）中，在 $\delta 103.9$（CH）、78.3（CH）、78.3（CH）、75.0（CH）、71.6（CH）和 62.8（CH$_2$）处亦可观察到一组归属于 1 个葡萄糖基的碳信号。在 $\delta 205.7$（C）处的 1 个季碳信号为酮羰基信号，$\delta 168.6$（C）处的季碳信号为 1 个酯羰基信号。另外，在 $\delta 160.3$（C）、123.6（C）、142.4（CH）和 129.4（CH）处还可观察到归属于 2 个双键的 4 个烯碳信号。^{1}H-NMR 谱（图 9-32）中，在 $\delta 0.74$（3H,s）、1.06（3H,s）、1.18（3H,d,$J=6.5$Hz）和 2.08（3H,s）处可见 4 个甲基质子信号。还可观察到 $\delta 4.27$（1H,d,$J=8.0$Hz）处的 β-D-葡萄糖端基氢信号，这些信息表明化合物 7 为醉茄甾内酯

苷类。结合 DEPT(图 9-34)、^{1}H-^{1}H COSY(图 9-35)、HSQC(图 9-36)和 HMBC(图 9-37)等波谱，将^{1}H-NMR 谱中的各质子信号和^{13}C-NMR 谱中的全部碳原子信号均进行了准确的归属(表 9-7)。

将^{13}C-NMR 谱的碳信号化学位移值与化合物 a 的相应数据进行比较，发现除葡萄糖基部分的碳信号外，苷元部分 A-D 环的各碳原子的化学位移值与化合物 a 的相应碳信号几乎完全一致，仅归属于侧链部分的碳信号出现差异。与化合物 a 相比较，侧链的 C-27 向低场位移 $\delta 7.1$，相当于 C-27 的烯丙基位置的 C-24 也向低场位移 $\delta 2.4$，而相当于 C-27 的 β 位的 C-25 则向高场位移 $\delta 2.8$，两者侧链的其他碳信号的化学位移基本一致。这些结果表明 C-27 位上的羟基与葡萄糖连接结成苷。此外，在 HMBC 谱中，能清晰地观察到 $\delta 4.42$ 和 4.56 处 C-27 亚甲基的 2 个质子信号分别与 $\delta 103.9$ 处的 β-D-葡萄糖端基碳信号呈相关关系。另一方面，$\delta 4.27$ 处葡萄糖端基氢的信号与 $\delta 63.5$ 处的源于苷元 C-27 亚甲基的碳信号亦呈相关关系，这进一步确证 β-D-葡萄糖基连接在苷元的 C-27 位上。

当 12-OH 处在 a 键上，H-12 和 C-11 上的两个氢产生 ae 和 ee 偶合，H-12 一般呈现 1 个宽单峰；当 12-OH 处在 e 键上，H-12 和 C-11 上的两个氢产生 aa 和 ae 偶合，H-12 呈现双二重峰。由于 H-12 为双二重峰，且偶合常数分别为 11.0 和 4.5Hz，故将其 12-OH 确定为 β-构型。一般说来，当 C-22 为 S-构型时，H-22 的共振信号呈现一个宽单峰，而当 C-22 为 R-构型时，则 H-22 的共振信号呈现双三重峰，这是由于 H-22 和 H-23 的 2 个氢发生 aa 和 ae 偶合造成的。就^{1}H-NMR 谱来说，H-22 的共振信号呈现双三重峰，表明 C-22 为 R-构型。在 CD 谱(图 9-38)中，252nm 处呈现正性 Cotton 效应，同样表明其 C-22 为 R-构型。

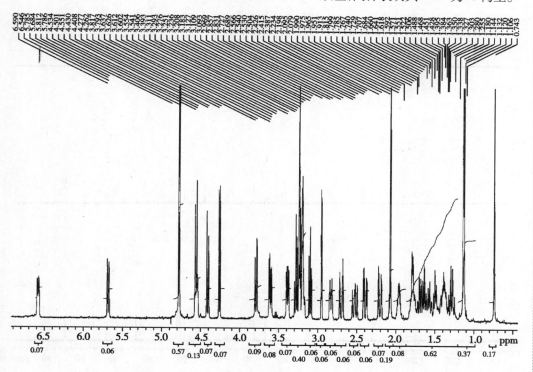

图 9-32 化合物 7 的^{1}H-NMR 谱(CD$_3$OD，400MHz)

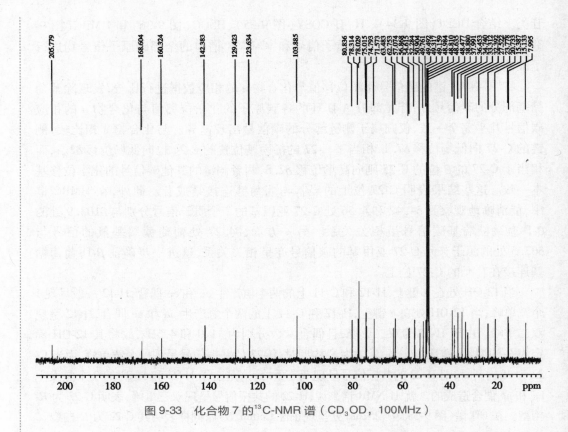

图 9-33　化合物 7 的^{13}C-NMR 谱（CD$_3$OD，100MHz）

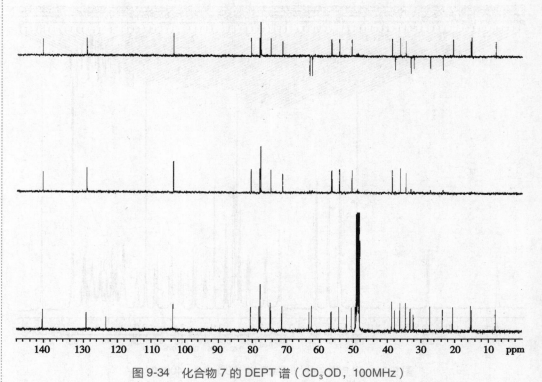

图 9-34　化合物 7 的 DEPT 谱（CD$_3$OD，100MHz）

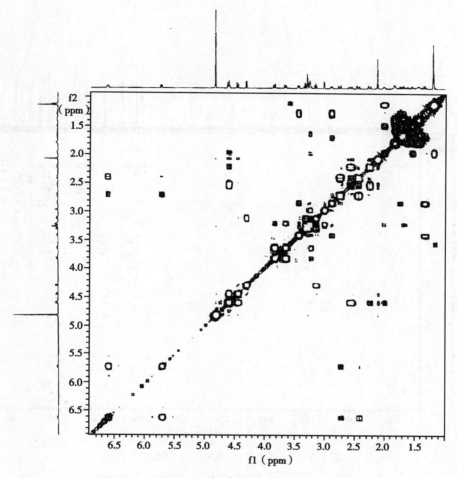

图 9-35　化合物 7 的 ^{1}H-^{1}H COSY 谱（CD$_3$OD）

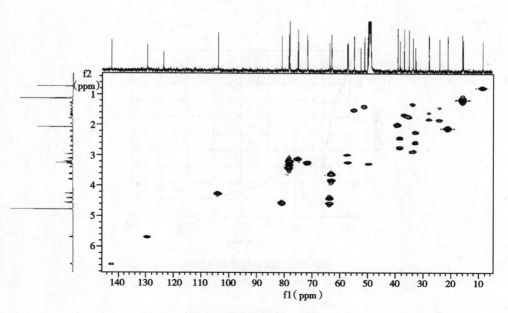

图 9-36　化合物 7 的 HSQC 谱（CD$_3$OD）

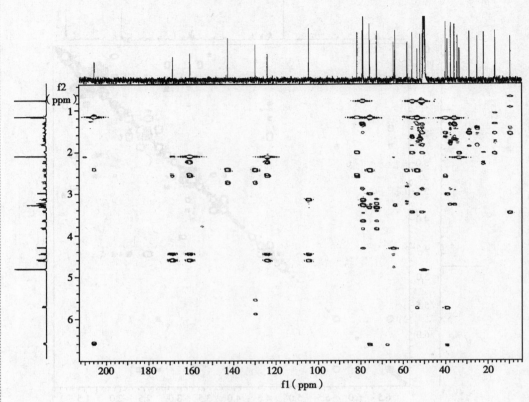

图 9-37　化合物 7 的 HMBC 谱（CD₃OD）

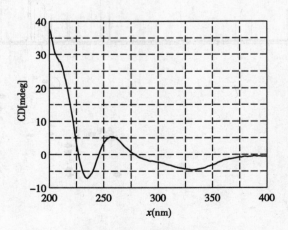

图 9-38　化合物 7 的 CD 谱

表9-7 化合物7的NMR数据（CD₃OD）

No.	δ_H (J, Hz)	δ_C	No.	δ_H (J, Hz)	δ_C
1	–	205.7	18	0.74(3H,s)	8.0
2	5.69(1H,dd,10.0,2.5)	129.4	19	1.06(3H,s)	15.1
3	6.58(1H,ddd,10.0,5.0)	142.4	20	1.93~1.99(1H,m)	38.9
4	2.40(1H,dd,19.5,5.0)	38.0	21	1.18(3H,d,6.5)	15.4
	2.71(1H,dt,19.5,2.5)		22	4.55(1H,dt,13.0,3.0)	80.8
5	–	74.8	23	2.21(1H,dd,18.0,3.0)	32.4
6	2.97(1H,d,3.5)	57.0		2.54(1H,dd,18.0,13.0)	
7	3.18~3.25(1H,m)	56.9	24	–	160.3
8	1.60~1.67(1H,m)	36.5	25	–	123.6
9	1.67~1.72(1H,m)	34.7	26	–	168.6
10	–	52.3	27	4.42(1H,d,11.2)	63.5
11	1.22~1.27(2H,m)	33.3		4.56(1H,d,11.2)	
12	3.39(1H,dd,11.0,4.5)	78.3	28	2.08(3H,s)	20.7
13	–	49.7	1′	4.27(1H,d,8.0)	103.9
14	1.36~1.45(1H,m)	50.9	2′	3.11(1H,t,8.0)	75.0
15	1.36~1.45(2H,m)	23.8	3′	3.19~3.33(1H,m)	78.0
16	1.55~1.62(1H,m)	27.5	4′	3.19~3.33(1H,m)	71.6
	1.74~1.83(1H,m)		5′	3.19~3.33(1H,m)	78.0
17	1.55~1.62(1H,m)	54.6	6′	3.62(1H,dd,12.0,5.0)	62.8
				3.80(1H,dd,12.0,1.9)	

　　为了进一步确证其立体结构,用甲醇对化合物 a 进行重结晶,得到了适合进行 X-射线衍射的无色针状晶体。从 X-射线单晶衍射图所得的晶体图（图9-29）中可以看出 C-5 的羟基、C-6 和 C-7 位的环氧均为 α-构型,C-12 上的羟基为 β-构型,C-20 的绝对构型为 S,C-22 的绝对构型为 R,与 NMR 数据所推结构完全一致。

　　综合以上数据及分析,确定化合物 7 的结构为 $5\alpha,12\beta,27$-三羟基-$6\alpha,7\alpha$-环氧-$(20S,22R)$-1-酮-醉茄甾-2,24-二烯内酯-27-O-β-D-吡喃葡萄糖苷〔$(5\alpha,6\alpha,7\alpha,12\beta,20S,22R)$-6,7-epoxy-5,12,27-trihydroxy-1-oxoergost-2,24-dien-27-O-β-D-glucopyranoside〕。将化合物 7 的 NMR 数据（表9-7）与文献报道的白曼陀罗苷 A（baimantuoluoside A）进行比较,两者基本一致,因此确定化合物 7 为白曼陀罗苷 A。

学习小结

1. 学习内容

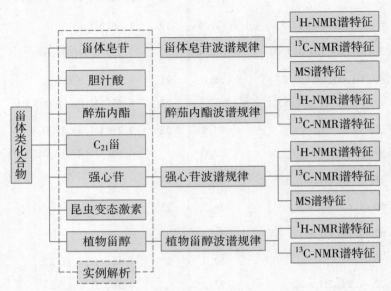

2. 学习方法

在学习本章内容时,首先要熟悉甾体类化合物的结构和分类,把握甾体 NMR 谱总体特征,将甾体与其他类型化合物区分开,这是正确解析结构的前提。甾体化合物的 ^{1}H-NMR 谱中,在高场区出现因环外甲基、环上亚甲基和次甲基质子信号相互重叠堆积而成的复杂峰图,且在其中可明显地观察到归属于甲基的特征峰信号。对于无侧链的甾体化合物,位于季碳上的甲基个数最多有 3 个;对于有侧链的甾体化合物,其侧链甲基多与叔碳或仲碳相连,故在氢谱中虽表现为多个(一般多于 3 个)甲基,但季碳上的甲基个数最多有 3 个(个别甾体例外),即 ^{1}H-NMR 中高场区最多有 3 个甲基单峰,因此可根据甲基峰和甲基单峰数目来初步判断是否为甾体类化合物及其分类型。在此基础上,掌握甾体皂苷、强心苷、醉茄内酯等的波谱规律,要学会利用角甲基、双键等特征基团的化学位移和偶合裂分模式来推断结构和取代变化,必要时借助二维 NMR 谱及 MS 谱等手段,确认甾体类化合物的平面及立体结构。

(杨炳友)

复习思考题

1. 如何区别甾体类化合物与三萜类化合物?

2. 如何区别甾体皂苷、强心苷、醉茄内酯、植物甾醇、C_{21} 甾和昆虫变态激素类化合物?

3. 如何判断甾体类化合物各个环的稠合方式?

4. 如何确定植物甾醇、醉茄内酯、胆汁酸和昆虫变态激素的 C-20 位绝对构型?

第十章

含氮有机化合物

学习目的

通过本章的学习，理解和学会腺苷类、小檗碱型生物碱、四氢异喹啉类生物碱等含氮有机化合物的 NMR 图谱特征和结构解析方法。

学习要点

含氮有机化合物中 N 原子的 ^{1}H-NMR、^{13}C-NMR 位移效应以及生物碱的波谱解析方法和 NMR、MS 波谱规律。

第一节　波谱规律

目前研究含氮类化合物的结构主要依靠波谱分析法，尤其是核磁共振谱和质谱。由于含氮类化合物的种类繁多，结构类型也多种多样，因此其波谱特征也因结构不同而各有差异。下面仅把常见的两类含氮化合物的 NMR 和 MS 谱规律作一简单介绍。

一、核苷类化合物

核苷类成分的结构中往往含有核糖和脱氧核糖，这两种糖均为五碳糖，与苷元（碱基）以 C-N 键相连，其^{13}C-NMR 谱特征是核糖在 δ85~95（C-1）、71（C-2）、75（C-3）、86（C-4）和 62（C-5）出现一组碳信号；脱氧核糖与核糖的区别在于脱氧核糖 2 位脱去-OH，故^{13}C-NMR 谱中在 δ80~85（C-1）、40（C-2）、71（C-3）、88（C-4）和 62（C-5）出现一组碳信号。在^{1}H-NMR 谱中，核糖端基氢 δ 值在 5.0~6.0 出现双重峰，偶合常数 J=6.0Hz；脱氧核糖氢 δ 值则在 5.0~6.0 出现双二重峰。

核苷结构中的碱基均为嘧啶和嘌呤，碱基结构中含有 2~4 个 N 原子，碱基在^{13}C-NMR 谱中具有特定的化学位移值，通过与参考文献的数据对照，很容易确定其结构。

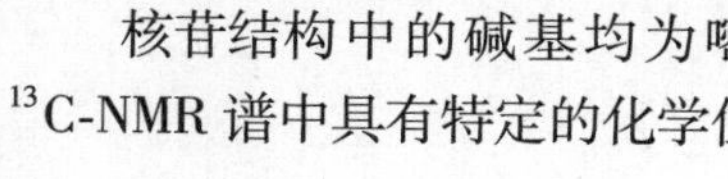

嘧啶型碱基

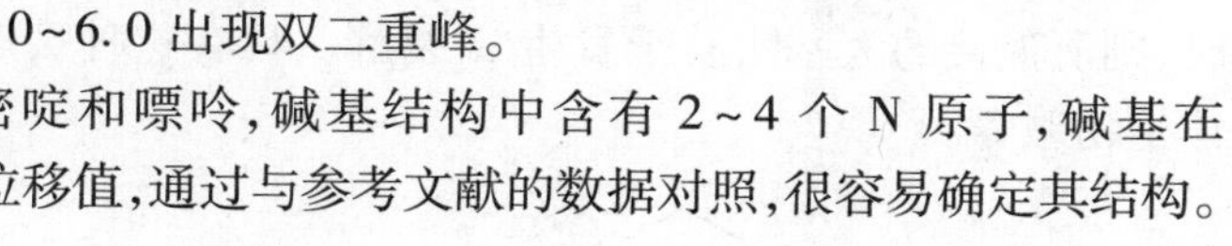

嘌呤型碱基

二、生物碱类化合物

对于未知生物碱的结构研究,主要依靠核磁共振氢谱、碳谱及质谱。生物碱结构中 N 原子周围的碳、氢受 N 的影响较大,距离 N 原子较远的碳、氢几乎不受影响。因此,对于大多数生物碱来说,NMR 谱解析规律同其他类型化合物区别不大。

（一）生物碱类化合物的核磁共振谱特征

1. ^{1}H-NMR 谱　N-H 质子:通常由于 N-H 质子的快速交换,H-N-C-H 的自旋偶合很难观察到。如果存在 CH-NH-C＝结构片段(如烯胺、芳香胺、酰胺),常常可见裂分峰。偶合常数与构型和构象有关,如果 H-N-C-H 能够自由旋转,则 $J_{H-N-C-H}$＝5~6Hz。

现将受氮原子影响的氢化学位移范围作一简单总结。不同类型 N 上氢原子的 δ 值范围如下:脂肪胺 $\delta 0.3 \sim 2.2$;芳香胺 $\delta 2.6 \sim 5.0$;酰胺 $\delta 5.2 \sim 10.0$。生物碱不同类型 N 上甲基的 δ 值范围($CDCl_3$)如下:叔胺 $\delta 1.97 \sim 2.56$;仲胺 $\delta 2.3 \sim 2.5$;芳叔胺和芳仲胺 $\delta 2.6 \sim 3.1$;芳杂环 $\delta 2.7 \sim 4.0$;酰胺 $\delta 2.6 \sim 3.1$;季铵 $\delta 2.7 \sim 3.5$(DMSO-d_6)。

2. ^{13}C-NMR 谱　同 ^{1}H-NMR 谱一样,^{13}C-NMR 谱也是确定生物碱结构最重要的手段之一。碳谱规律同样适用于生物碱类化合物。下面只对和生物碱有关的 ^{13}C-NMR 谱某些特殊规律进行归纳。

（1）氮原子电负性对邻近碳原子化学位移的影响:生物碱结构中氮原子的电负性较强,产生的吸电子诱导效应使邻近碳原子向低场位移,其中 α 碳的位移幅度最大。一般规律为 α 碳>γ 碳>β 碳,如吡啶和烟碱。同样,在 N-氧化物和季铵以及 N-甲基季铵盐中的氮原子使 α 碳向低场位移幅度更大。如在化合物海南青牛胆碱中,氮原子周围的 3 个 α 碳的 δ 值分别是 60.56、60.75 和 64.70,较 2 个 β 碳(δ 值分别是 22.77 和 27.81)大大向低场位移。

（2）氮原子电负性对甲基碳化学位移的影响:氮原子的电负性使与氮原子相连甲基的化学位移较普通甲基向低场移动。N-甲基的 δ 值一般在 30~47。

（二）生物碱类化合物的质谱特征

在生物碱结构确定中,MS 谱的作用不仅可以确定分子量、分子式,还可以利用生物碱碎片裂解规律推定结构。在判断生物碱的分子离子峰时,要注意该离子峰是否符合氮律。以下介绍生物碱 MS 谱的一些裂解规律。

1. α-裂解　裂解主要发生在和氮原子相连的 α 碳和 β 碳之间的键,即 α 键上。其特征是基峰或强峰是含氮的基团或部分。另外,当氮原子的 α 碳连接的基团不同时,则所连接的大基团易于发生 α-裂解。具有这种裂解的生物碱很多,如金鸡宁、甾体生物碱等。

金鸡宁　m/z 294(M^+)　　　m/z 158　　　m/z 136(100)

2. RDA 裂解　即双键的 β 位键的裂解。当生物碱存在相当于环己烯部分时，常发生此类裂解，产生 1 对互补离子。如四氢原小檗碱型生物碱从 C 环发生的 RDA 裂解，产生保留 A、B 和 D 环的 1 对互补离子，不仅可以证实该生物碱的类型，还可以由相应的碎片峰 m/z 值推断 A 环和 D 环上的取代基类型和数目。该类型生物碱裂解产生 a、b、c 和 d 4 个主要的离子碎片，具有诊断价值。如下面四氢帕马丁的 RDA 裂解。

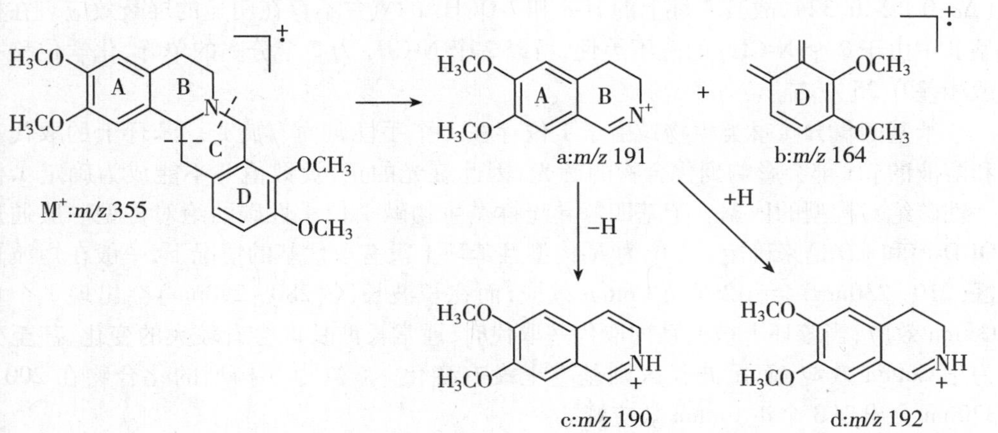
H3CO
H3CO
A
B
C
D
OCH3
OCH3
M+:m/z 355
a:m/z 191
b:m/z 164
–H
+H
NH
c:m/z 190
d:m/z 192

需要注意的是，有些生物碱在发生 RDA 裂解后产生的不是 1 对互补离子，可进一步发生 α-裂解，此时产生的含氮环部分离子峰的 m/z 也为基峰。

3. 其他裂解

（1）难以裂解或由取代基及侧链裂解产生的离子：当生物碱主要为芳香体系组成或为主，或环系多、分子结构紧密者，环裂解较为困难，一般看不到由骨架裂解产生的特征离子，裂解主要发生在取代基或侧链上。此种裂解的 M^+ 或 $[M-1]^+$ 峰多为基峰或强峰。如喹啉类、去氢阿朴啡类、苦参碱类、吗啡碱类、萜类及某些甾体生物碱类等可产生此类裂解。

（2）主要由苄基裂解产生的离子：此种裂解发生在苄基，是苄基四氢异喹啉和双苄基四氢异喹啉生物碱的主要裂解类型。裂解产生的二氢异喹啉离子碎片多数为基峰。

（三）苄基四氢异喹啉类生物碱的波谱规律

苄基四氢异喹啉类生物碱的结构特征是在异喹啉的 1 位连接了 1 个苄基，分子结构中的 6、7、3′和 4′位多为羟基或甲氧基取代。对它们的 NMR 图谱研究发现该类化合物在溶液中有两种稳定的构象，即 1-位苄基位于异喹啉苯环下方（构象Ⅰ、Ⅱ）和 1-位苄基的苯环位于相反的方向（构象Ⅲ）。大多数的 *N*-甲基苄基四氢异喹啉类生物碱其 A 环和 C 环位于分子结构的同侧（构象Ⅰ、Ⅱ为主），而具有芳香性的苄基异喹啉类生物碱如罂粟碱及其甲碘化物（成盐），C 环优先位于叔氮和季氮的同侧（构象Ⅲ为主）。

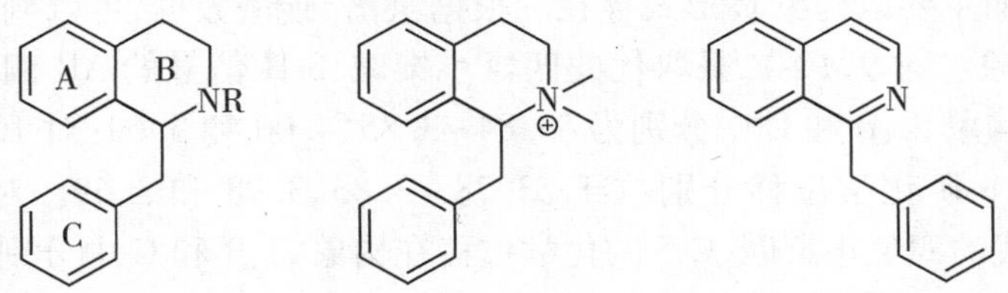
A
B
NR
C
N
N

Ⅰ　　　Ⅱ　　　Ⅲ

笔记

苄基四氢异喹啉类生物碱的稳定构象为 Ⅰ 和 Ⅱ 时，苯环上的 H-8 和 7-OCH$_3$ 的氢会受到 B 环的屏蔽效应，相对于 H-5 处于较高场。H-8 比 H-5 的化学位移小约 0.5，而 7-OCH$_3$ 的氢信号比 6-OCH$_3$ 小约 0.3。B 环对 A 环芳氢的屏蔽作用在构型 Ⅲ 或是不连有苄基的异喹啉结构中是不存在的。例如罂粟碱的甲碘化物，H-5 为 $\delta7.68$，而 H-8 为 $\delta7.49$（$\Delta\delta$：0.19<0.52）；6-OCH$_3$ 和 7-OCH$_3$ 的氢信号分别为 $\delta4.12$ 和 4.00（$\Delta\delta$：0.12<0.32），故其苯环上的 H-8 和 7-OCH$_3$ 的氢并不存在明显的屏蔽效应。在构型 Ⅱ 中由于 2 个 N-CH$_3$ 的磁不等性，所以 2 个 N-CH$_3$ 为 2 个分离的单峰，化学位移一般相差 0.25 左右。

苄基四氢异喹啉类生物碱由于 1 位存在 1 个手性碳而有旋光。苯环上的取代基和溶液的 pH 都会影响到化合物的旋光，因此旋光的正、负数值并不能成为确定 1 位手性碳绝对构型的依据。苄基四氢异喹啉类生物碱 1 位手性碳的绝对构型一般通过 ORD 谱和 CD 谱来确定。1 位为 R-构型且苯环上没有取代基的情况下，一般在短波长区（210～230nm）会有 2 个负 Cotton 效应，而在长波长区（280～290nm）会出现 1 个负 Cotton 效应；当苯环上被一系列取代基取代时，通常长波长区会有较大的变化，甚至变为正 Cotton 效应，而短波长区则基本上没有变化。1 位为 S-构型的化合物在 200～320nm 会出现 3 个正 Cotton 效应峰。

（四）原小檗碱类和小檗碱类生物碱的波谱规律

原小檗碱类生物碱主要是由四环骨架变化而来的一系列生物碱，其骨架上的 2、3、9 和 10 位多被羟基、甲氧基等含氧基团取代，其 ^{1}H-NMR 谱规律如下：①对 2、3、9 和 10 位四取代的原小檗碱类生物碱，H-1 和 H-4 为单峰，H-11、H-12 一般为 AB 型的双峰或因 H-11、H-12 化学位移相等为含 2 个氢的单峰。②若是 3-OH、2-OCH$_3$ 取代，H-1 和 H-4 的化学位移差约 0.05；若是 2-OH、3-OCH$_3$ 取代，H-1 和 H-4 的化学位移差约 0.2。③若是 9-OH、10-OCH$_3$ 或 9-OCH$_3$、10-OH 取代，H-11、H-12 为含 2 个氢的单峰。前者的化学位移 δ 值约在 6.72，后者化学位移 δ 值在 6.82 左右。④若是 10-OH、11-OCH$_3$ 取代，在 $\delta6.63$ 附近出现含 2 个氢的单峰；若是 10-OCH$_3$、11-OH 取代，在 $\delta6.71$ 和 6.56 附近看到 2 个单峰。⑤10、11 位取代生物碱中的 H-12 比 9、10 位取代位于较高场，δ 值在 6.53～6.63 附近出现 1 个单峰。⑥二氧亚甲基的氢信号一般在 $\delta5.86$～6.06 处，甲氧基的氢信号一般在 $\delta3.73$～3.90。

由于原小檗碱类生物碱（A）N 上的 1 对孤电子对与 H-13a 存在顺、反异构，所以原小檗碱类生物碱一般存在 B/C 环 trans 和 cis 稠合两种异构体。但 N 上孤电子对构型翻转的能量较低，故它们被称为构象异构体，一般两种构象共存，具体以何种构象为主，与 13 位的取代有较大的关系。如 13-甲基四氢小檗碱中的咖维定（cavidine）主要以 trans 稠合的构象 A 形式存在，而其同分异构体唐松叶碱（thalictrifoline）在三氯甲烷中主要以 cis 稠合的构象 B 形式存在。13-羟甲基四氢小檗碱由于 13-羟甲基与 7-N 形成分子内氢键而主要以构象 C 形式存在。根据氢谱、碳谱数据，可以判断该四氢小檗碱类的稳定构象。对 9,10-二氧取代的四氢小檗碱，8-H 信号的 AB 四重峰中心的化学位移 δ 值在构象 A、B 和 C 中分别为 $\delta3.84$～3.85、4.00 和 3.69；对 10,11-二氧取代的四氢小檗碱，8-H 化学位移分别位于 $\delta3.78$～3.83、3.98 和 3.69。对 9,10-二氧和 10,11-二氧取代的四氢小檗碱，C-5 的化学位移在构象 A、B 和 C 中分别位于 $\delta28.73$～29.28、27.16～27.88 和 23.37～24.39。

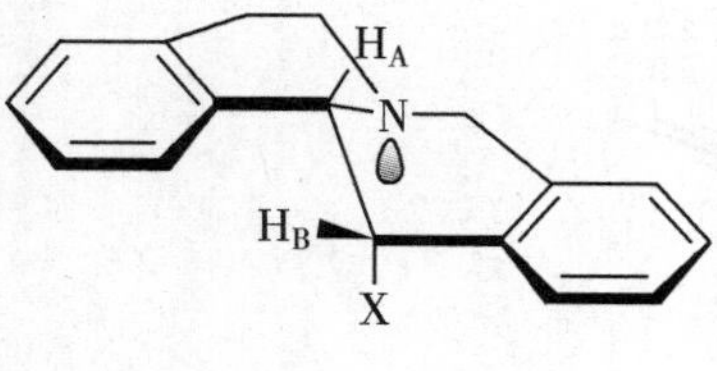

A

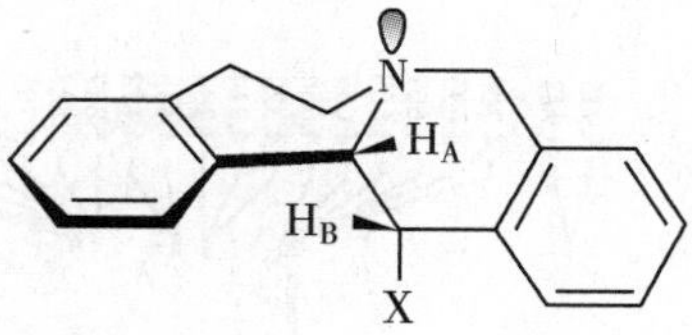

B

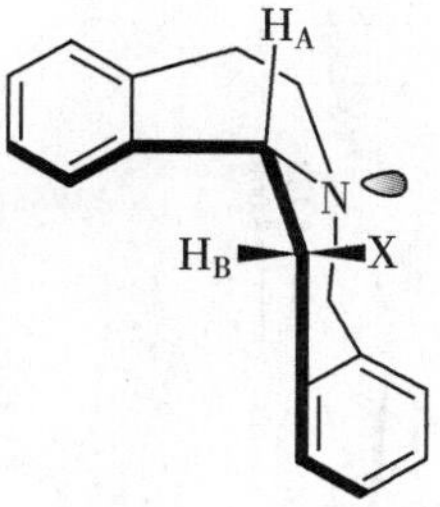

C

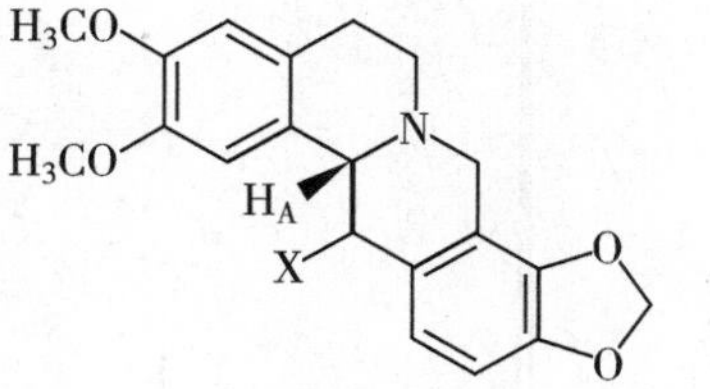

咖维定　　　X= ⅲⅲCH₃
唐松叶碱　　X= ◄CH₃
13-羟甲基四氢小檗碱　X= ◄CH₂OH

第二节　结构解析实例

实例 1

从卷柏科植物卷柏[*Selaginella tamariscina*（Beauv.）Spring]中分离得到化合物 1,为白色粉末(甲醇),易溶于水和甲醇,难溶于丙酮,m. p. 234～236℃。改良碘化铋钾反应呈阳性。IR 光谱 ν_{max}^{KBr}:3430～3328cm^{-1} 间出现 2 个吸收峰,为伯胺 N-H 伸缩振动特征峰;在 3200cm^{-1} 左右出现-OH 伸缩振动特征峰;在 1640cm^{-1} 左右有 C＝N 双键伸缩振动特征峰出现。^{1}H-NMR 谱(图 10-1)中,$\delta8.19(1H,s)$ 和 8.07(1H,s)2 个氢信号为氮杂环上不饱和氢的信号;$\delta5.93(1H,d,J=6.0Hz)$为糖端基氢信号;$\delta3.5～5.0$ 有 5 个糖上氢的信号。用 DMSO-d_6 作溶剂测定的 ^{1}H-NMR 谱(图 10-2)中上述 8 个氢信号更清楚,此外还显示有 5 个活泼氢信号。^{13}C-NMR 谱(图 10-3)中,低场区显示 5 个不饱和碳信号 $\delta156.4(C-6)$、153.3(C-2)、149.2(C-4)、141.3(C-8)和 119.9(C-5),根据 ^{13}C-NMR 数据确定为腺嘌呤;糖基区给出了糖的端基碳信号 $\delta89.1(C-1')$和糖上其他 4 个碳信号 $\delta86.6(C-4')$、74.4(C-2')、71.4(C-3')和 62.3(C-5')。DEPT 谱(图 10-4)显示 $\delta89.1$、86.6、74.4 和 71.4 为叔碳,$\delta62.3$ 为仲碳。根据糖的 ^{13}C-NMR 谱数据确定为核糖。根据以上分析,确定化合物 1 为腺嘌呤核苷(adenosine)。NMR 数据归属见表 10-1。

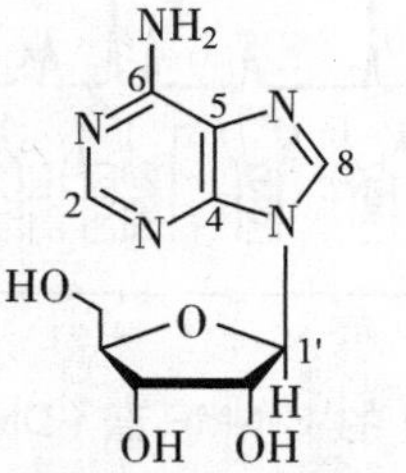

化合物1: 腺嘌呤核苷

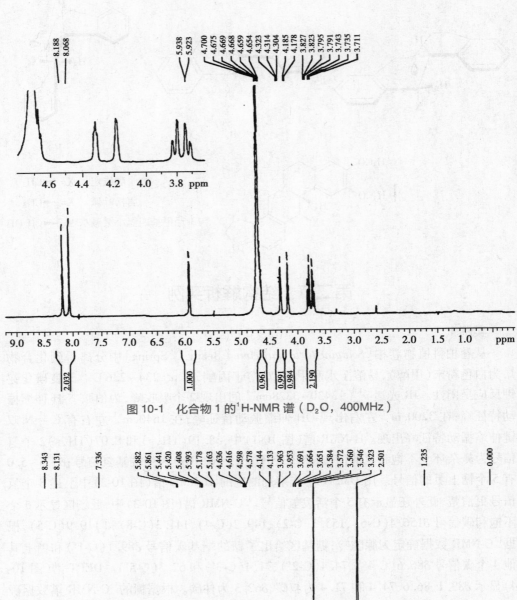

图 10-1 化合物 1 的 ¹H-NMR 谱（D₂O，400MHz）

图 10-2 化合物 1 的 ¹H-NMR 谱（DMSO-d_6，300MHz）

笔记

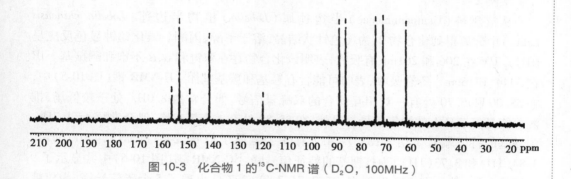

图 10-3　化合物 1 的 ^{13}C-NMR 谱（D$_2$O，100MHz）

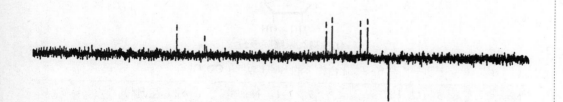

图 10-4　化合物 1 的 DEPT135 谱（D$_2$O，100MHz）

表 10-1　化合物 1 的 NMR 数据（D_2O）

No.	δ_H (J, Hz)	δ_C	No.	δ_H (J, Hz)	δ_C
2	8.07(1H,s)	153.3	1'	5.93(1H,d,6.0)	89.1
4	–	149.2	2'	4.65(1H,t,6.0)	71.4
5		119.9	3'	4.31(1H,t,3.6)	74.4
6		156.4	4'	4.18(1H,m)	86.6
8	8.19(1H,s)	141.3	5'	3.82(1H,dd,12.8,1.6) 3.74(1H,dd,12.8,3.2)	62.3

实例 2

从桔梗科（Campanulaceae）半边莲属（*Lobelia*）植物半边莲（*Lobelia chinensis* Lour.）中分离得到化合物 2，为无色针状结晶，溶于甲醇、丙酮。碘化铋钾显色反应呈阳性。UV 在 206 和 261nm 有吸收，表明该化合物存在双键和 α,β-不饱和酮羰基。IR 在 3444、1716cm^{-1} 等有吸收，表明可能含有羟基和羰基基团。^{1}H-NMR 谱（图 10-5）中，在 δ8.00 和 5.70 处有一对相互偶合的双峰氢信号，偶合常数 8.0Hz，处于较低场，推测可能是氮杂环上的烯氢信号。另外，在 δ5.89 处有 1 个氢双峰，偶合常数 J=4.7Hz，为糖基的特征端基氢信号；δ3.7~4.2 有 5 个氢质子信号［δ4.17(2H)、4.01(1H)、3.84(1H) 和 3.73(1H)］为核糖基的特征信号峰。^{13}C-NMR 谱（图 10-6）中共显示了 9 个碳信号峰，其中在 δ90.8，86.4，75.7，71.3 和 62.3 处出现了 5 个碳信号峰，为核糖基上碳的特征信号峰。此外，在 δ166.1、152.5、142.7 和 102.7 处还显示了 4 个不饱和碳信号，因此推测该化合物可能为核糖氮苷类化合物。经与文献数据进行比较，确定化合物 2 为尿嘧啶核苷（uridine）。NMR 数据归属见表 10-2。

化合物2：尿嘧啶核苷

表 10-2　化合物 2 的 NMR 数据（CD_3OD）

No.	δ_H (J, Hz)	δ_C	No.	δ_H (J, Hz)	δ_C
2	–	152.5	2'	3.73(1H,dd,12.2)	71.3
4	–	166.1	3'	3.84(1H,dd,12.2)	75.7
5	5.70(1H,d,8.0)	102.7	4'	4.01(1H,m)	86.4
6	8.00(1H,d,8.0)	142.7	5'	4.17(2H,m)	62.3
1'	5.89(1H,d,4.7)	90.8			

笔记

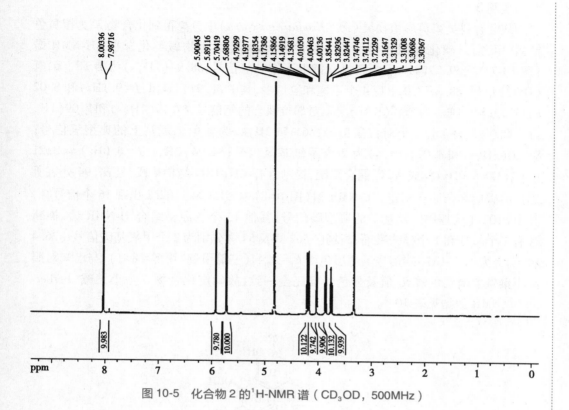

图 10-5　化合物 2 的 ^{1}H-NMR 谱（CD$_3$OD，500MHz）

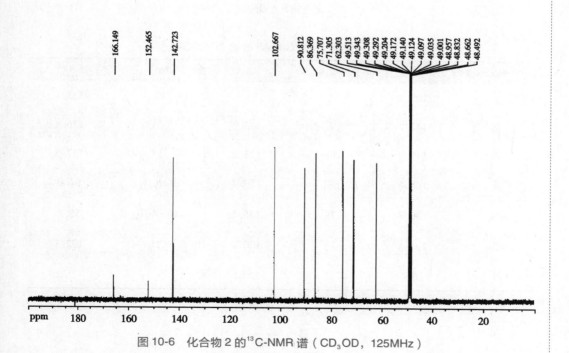

图 10-6　化合物 2 的 ^{13}C-NMR 谱（CD$_3$OD，125MHz）

实例3

从芸香科吴茱萸属植物吴茱萸(*Evodia rutaecarpa*)中分离得到化合物3,为橙黄色针晶(甲醇)。碘化铋钾显色反应呈阳性,提示可能为生物碱类化合物。^{1}H-NMR 谱(图 10-7)中,$\delta 9.89(1H,s)$为碳氮双键上不饱和氢信号,$\delta 8.94(1H,s)$为 D 环上烯氢(H-13)信号;$\delta 8.3 \sim 7.0$ 出现 4 个不饱和氢信号,其中 $\delta 8.21(1H,d,J=9.1Hz)$和 $8.02(1H,d,J=9.1Hz)$为苯环(B 环)上 1 对邻位偶合的氢信号;$\delta 7.79(1H,s)$和 $7.09(1H,s)$为苯环(A 环)上 2 个对位氢信号;$\delta 6.17(2H,s)$为亚甲二氧基上的典型氢信号;$\delta 4.10(3H,s)$和 $4.07(3H,s)$为 2 个甲氧基氢信号;$\delta 4.94(2H,t,J=6.0Hz)$与 $3.21(2H,t,J=6.0Hz)$构成 A_2X_2 偶合系统,提示含有-CH$_2$-CH$_2$-结构片段,且 $\delta 4.94$ 处氢所连接的碳应和杂原子相连。^{13}C-NMR 谱(图 10-8)中,$\delta 150.4 \sim 102.1$ 出现 16 个信号峰,其中 $\delta 102.1$ 为亚甲二氧基上的典型碳信号;其他 15 个碳原子结合[1]H-NMR 谱,推断含有 1 个苯环和 1 个异喹啉环;高场区 $\delta 62.0$ 及 55.2 分别为 2 个甲氧基碳信号;$\delta 26.4$ 和 57.1 为-CH$_2$-CH$_2$-碳信号。薄层色谱 $R_f=0.44$(三氯甲烷:甲醇=8:1),与已知对照品小檗碱的薄层色谱 R_f 值及显色特征完全一致,故确定化合物 3 为小檗碱(berberine)。NMR 数据见表 10-3。

化合物3: 小檗碱

表 10-3 化合物 3 的[13]C-NMR 数据(DMSO-d_6)

No.	δ_C	No.	δ_C	No.	δ_C
1	105.5	6	57.1	12a	133.1
2	147.7	8	143.7	13	126.8
3	149.9	8a	121.2	14	137.5
4	108.5	9	150.4	9-OCH$_3$	62.0
4a	130.7	10	145.5	10-OCH$_3$	55.2
4b	123.6	11	120.2	—O—CH$_2$—O—	102.1
5	26.4	12	120.5		

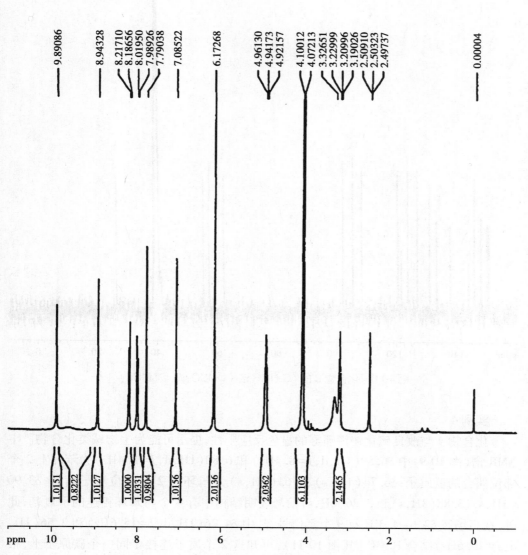

图 10-7　化合物 3 的 ^{1}H-NMR 谱（DMSO-d_6，300MHz）

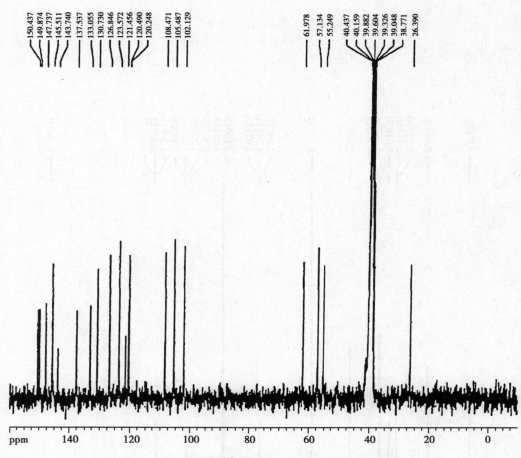

图 10-8 化合物 3 的 ^{13}C-NMR 谱（DMSO-d_6，75MHz）

实例 4

化合物 4 与改良碘化铋钾喷雾的显色反应阳性,提示可能为生物碱类化合物。^{1}H-NMR 谱（图 10-9）中 $\delta6.89$（1H,d,$J=8.4$Hz）和 6.80（1H,d,$J=8.4$Hz）为苯环上 2 个邻位偶合的氢质子;$\delta6.74$（1H,s）、6.63（1H,s）为苯环上 2 个对位质子信号;$\delta3.90$（3H,s）、3.88（3H,s）和 3.86（6H,s）信号表明结构中有 4 个与苯环相连的甲氧基;此外,在高场区 $\delta2.6\sim4.3$ 还有 9 个氢信号,其中 4.26（1H,d,$J=15.6$Hz）和 3.56（1H,d,$J=15.6$Hz）结合 HSQC 谱（图 10-11）,可知这 2 个质子连接于同一个碳原子上,根据化学位移可知该亚甲基连接于杂原子氮上。^{13}C-NMR 谱（图 10-10）中有 21 个碳原子信号,其中芳香碳 12 个（$\delta150.3\sim108.5$）,显示结构中有 2 个苯环存在;4 个甲氧基碳信号,还有 5 个碳信号 $\delta29.1$、36.4、51.5、54.0 和 59.3。根据 HSQC 谱可确定碳氢的归属,同时由 C-6（$\delta51.5$）、C-8（$\delta54.0$）和 C-14（$\delta59.3$）及所连氢的化学位移可推断这 3 个碳原子均与 N 原子相连,并结合 HMBC 谱（图 10-12、图 10-13）中由 H-5、H-6 与 C-4a,H-14 与 C-4b,H-13、H-14 与 C-12a,H-8 与 C-8a 的远程相关,提示该化合物为原四氢小檗碱型。HMBC 谱中 4 个甲氧基信号 $\delta3.90$（3H,s）、3.88（3H,s）、3.86（3H,s）和 3.86（3H,s）分别与 C-2、C-3、C-9 和 C-10 的远程相关,提示 4 个甲氧基分别与 C-2、

C-3、C-9 和 C-10 相连。根据上述数据可确定化合物 4 为四氢帕马丁（tetrahydropalma-tine）。NMR 谱数据见表 10-4。

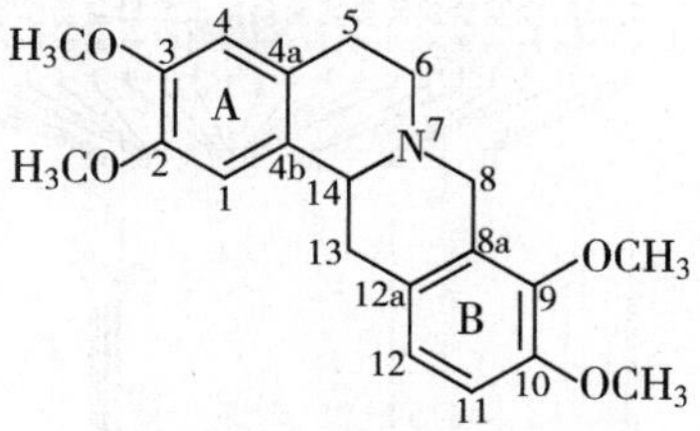

化合物4: 延胡索乙素

表 10-4　化合物 4 的 NMR 数据（CDCl₃）

No.	δ_H (J, Hz)	δ_C	No.	δ_H (J, Hz)	δ_C
1	6.74(1H,s)	108.5	12	6.89(1H,d,8.4)	123.9
2	–	147.4	13	3.28(1H,dd,3.6,1.6) 2.84(1H,m)	36.4
3	–	147.4	14	3.56(1H,d,15.6)	59.3
4	6.63(1H,s)	111.3	4a	–	126.8
5	3.18(1H,m) 2.66(1H,m)	29.1	8a	–	127.7
6	3.18(1H,m) 2.66(1H,m)	51.5	12a	–	128.7
7			14a	–	129.7
8	4.26(1H,d,15.6) 3.56(1H,d,15.6)	54.0	2-OCH₃	3.88(3H,s)	55.9
9	–	150.3	3-OCH₃	3.90(3H,s)	56.1
10	–	145.0	9-OCH₃	3.86(3H,s)	60.2
11	6.80(1H,d,8.4)	110.9	10-OCH₃	3.86(3H,s)	55.8

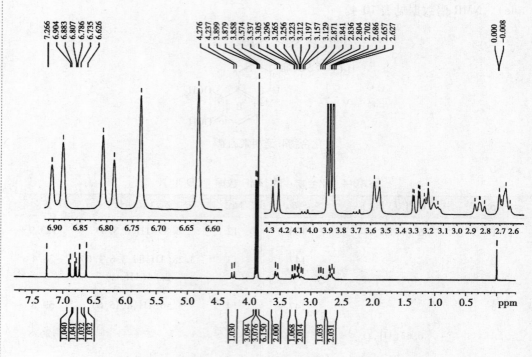

图 10-9 化合物 4 的¹H-NMR 谱（CDCl₃，400MHz）

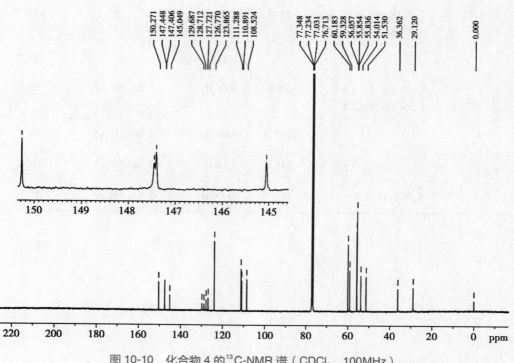

图 10-10 化合物 4 的¹³C-NMR 谱（CDCl₃，100MHz）

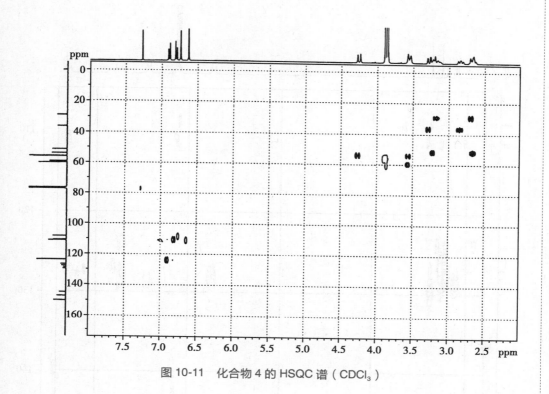

图 10-11 化合物 4 的 HSQC 谱（CDCl₃）

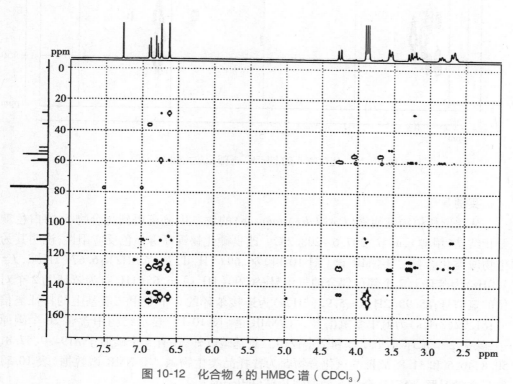

图 10-12 化合物 4 的 HMBC 谱（CDCl₃）

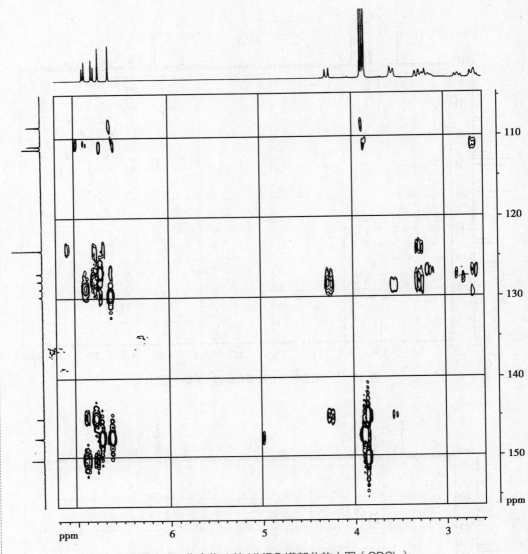

图 10-13 化合物 4 的 HMBC 谱部分放大图（CDCl₃）

实例 5

从罂粟科植物延胡索（*Corydalis yanhusuo*）的块茎中分离得到化合物 5，为白色颗粒状结晶（甲醇），m. p. 207.6~208.2℃。改良碘化铋钾喷雾显色反应阳性，说明其为生物碱类化合物。^{1}H-NMR 谱（图 10-14）$\delta 6.69$（1H，d，$J = 7.0$Hz）、6.67（1H，d，$J = 7.0$Hz）为苯环上 2 个邻位偶合的氢信号；$\delta 6.90$（1H，s）、6.65（1H，s）为苯环上 2 个对位的氢信号；$\delta 5.95$（2H，s）、5.92（2H，s）为连接苯环的 2 个亚甲二氧基上的特征氢信号；$\delta 1.92$（3H，s）为氮甲基氢信号。^{13}C-NMR 谱（图 10-15）显示结构中含有 20 个碳原子，除去 2 个苯环、1 个甲基和 2 个亚甲二氧基碳以外，还有 5 个碳原子$\delta 194.9$、57.8、50.8、46.5 和 31.8，故推测该化合物 5 为普托品类生物碱。^{13}C-NMR 谱数据（表 10-5）经与文献对照，确定化合物 5 为原阿片碱（biflorine）。

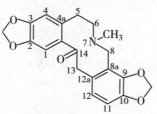

化合物5: 原阿片碱

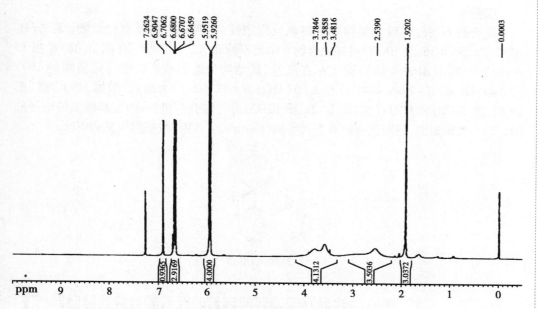

图 10-14 化合物 5 的 ^{1}H-NMR 谱（CDCl$_3$，400MHz）

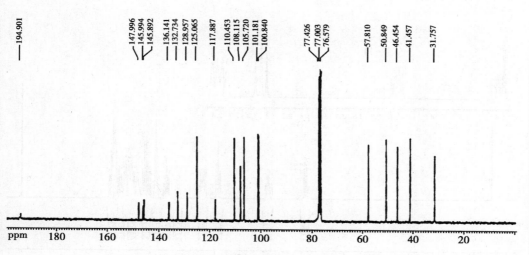

图 10-15 化合物 5 的 ^{13}C-NMR 谱（CDCl$_3$，100MHz）

表 10-5　化合物 5 的¹³C-NMR 谱数据（CDCl₃）

No.	δ_C	No.	δ_C	No.	δ_C
1	108.1	9	145.9	4b	132.7
2	146.0	10	145.9	8a	117.9
3	148.0	11	105.7	12a	129.0
4	110.5	12	125.1	—O—CH₂—O—	101.2
5	31.8	13	46.5	—O—CH₂—O—	100.8
6	57.8	14	194.9	N-CH₃	41.5
8	50.8	4a	136.1		

实例 6

化合物 6 与改良碘化铋钾喷雾显色反应阳性,说明为生物碱类化合物。根据¹H-NMR 谱(图 10-16、图 10-17)可知化合物 6 中无不饱和氢。¹³C-NMR 谱(图 10-18)给出 15 个碳信号,其中 δ169.4 信号提示存在酰基,其他均为饱和碳。以信号最清晰的 H-17 [δ4.40(1H,dd,J=12.8,4.4Hz)和 3.05(1H,t,J=12.8Hz)]为起点,根据 HSQC 谱(图 10-19、图 10-20)和 HMBC 谱(图 10-21、图 10-22)进行综合分析,可确定其碳氢的信号归属。经与文献对照,确定化合物 6 为苦参碱(matrine)。NMR 数据归属见表 10-6。

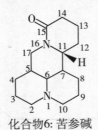

化合物6: 苦参碱

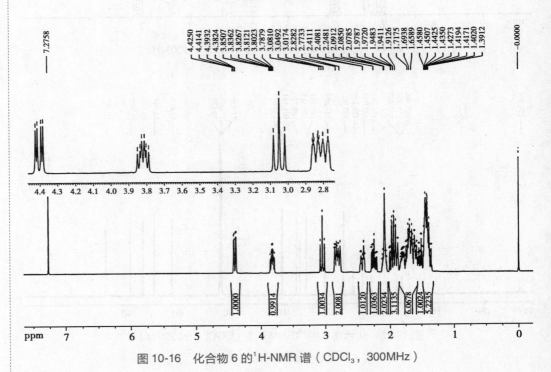

图 10-16　化合物 6 的¹H-NMR 谱（CDCl₃, 300MHz）

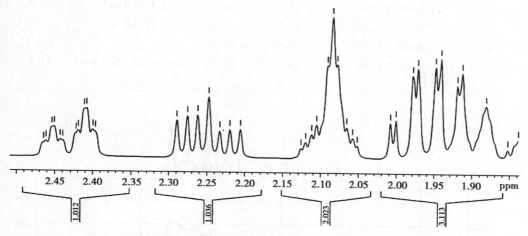

图 10-17　化合物 6 的 ^{1}H-NMR 谱的部分放大图（CDCl$_3$，300MHz）

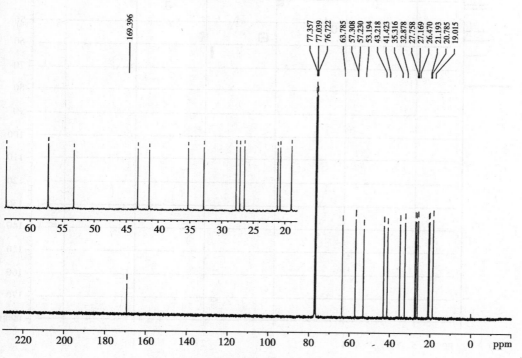

图 10-18　化合物 6 的 ^{13}C-NMR 谱（CDCl$_3$，75MHz）

表 10-6 化合物 6 的 NMR 数据（CDCl₃）

No.	δ_H (J, Hz)	δ_C	No.	δ_H (J, Hz)	δ_C
2	2.80(1H,m)	57.3	10	2.80(1H,m)	57.2
	1.95(1H,dd,12.4,2.8)			1.95(1H,dd,12.4,2.8)	
3	1.72(2H,m)	21.2	11	3.82(1H,m)	53.2
4	1.40(2H,m)	27.2	12	1.69(2H,m)	27.8
5	1.69(1H,m)	35.3	13	1.80(2H,m)	19.0
6	2.09(1H,m)	63.8	14	2.43(1H,m)	32.9
7	1.45(1H,m)	43.2		2.25(1H,m)	
8	1.89(2H,m)	26.5	15		169.4
9	1.44(2H,m)	20.8	17	4.40(1H,dd,12.8,4.4)	41.4
				3.05(1H,t,12.8)	

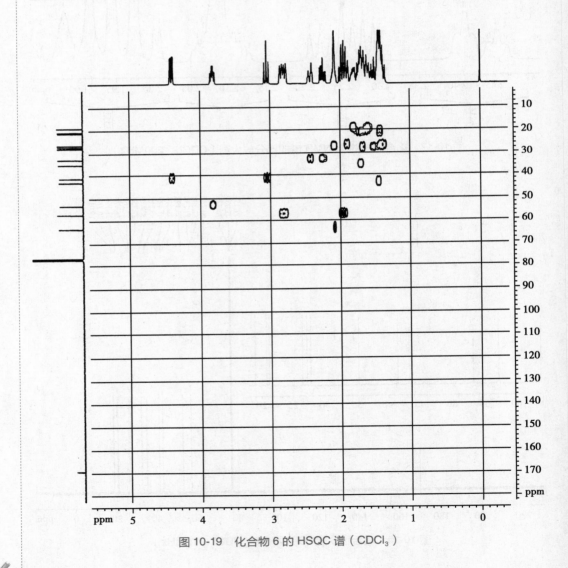

图 10-19 化合物 6 的 HSQC 谱（CDCl₃）

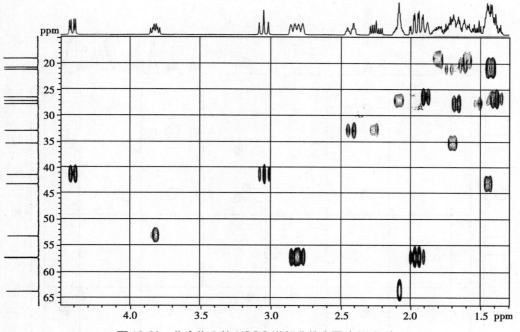

图 10-20 化合物 6 的 HSQC 谱部分放大图（CDCl₃）

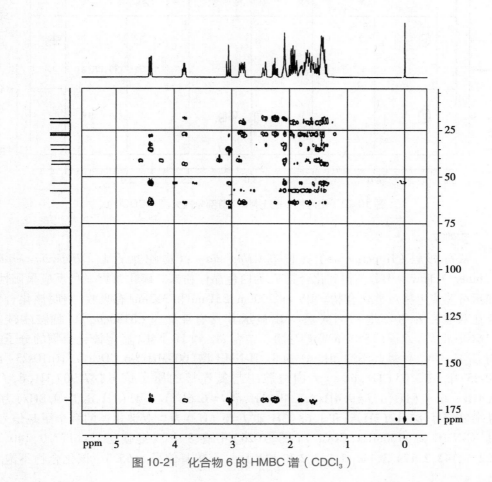

图 10-21 化合物 6 的 HMBC 谱（CDCl₃）

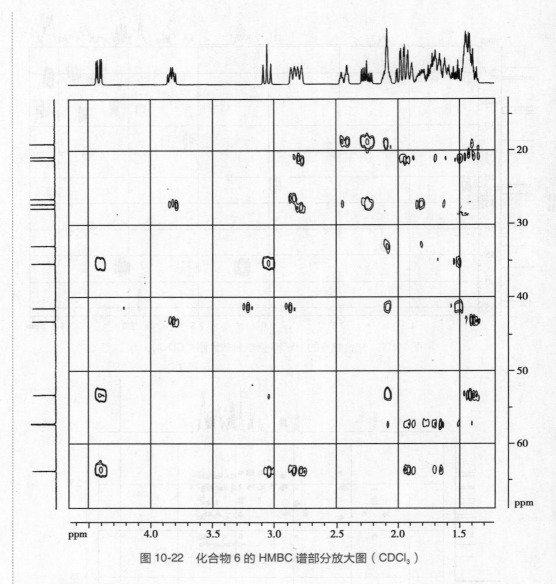

图 10-22　化合物 6 的 HMBC 谱部分放大图（CDCl$_3$）

实例 7

从石杉科（Huperiaceae）石杉属（*Huperzia*）植物蛇足石杉 [*Huperzia serrata* (Thunb.) Trev.]中分离得到化合物 7，为白色晶体粉末。碘化铋钾显色反应呈阳性，提示可能为生物碱类化合物。UV 在 200nm，231nm 和 313nm 有吸收，表明该化合物存在双键和 α, β-不饱和酮羰基。IR 显示其具有亚胺基（3180cm^{-1}），酰胺酮羰基（1610cm^{-1}）和双键（1550cm^{-1}）等基团。结合 MS 和 1D-NMR 确定该化合物的分子式为 $C_{15}H_{18}ON_2$，计算其不饱和度 Ω 为 8。^{1}H-NMR 谱（600MHz，in CDCl$_3$）（图 10-23～图 10-25）中，δ13.03（1H，br. s）为内酰胺中与氮连接的质子信号，δ7.90（1H，d，$J=$ 9.4Hz）、6.41（1H，d，$J=$9.4Hz）、5.49（1H，q，$J=$6.6Hz）、5.41（1H，d，$J=$4.8Hz）为 4 个烯氢信号，δ2.12（3H，s）和 1.68（3H，d，$J=$6.6Hz）为与双键相连的两个甲基信号。其^{13}C-NMR 谱（150MHz，CDCl$_3$）（图 10-26）中有 8 个双键碳信号：δ117.0、140.2、122.7、142.2、124.3、111.3、143.2 和 134.1，一个羰基信号 δ165.3。该化合物不饱和

度为 8,以上占用 5 个不饱和度,表明其含有 3 个环。DEPT 谱(图 10-27)显示 δ140. 2、124. 3、117. 0 和 111. 3 为叔碳,δ35. 3、49. 0 为仲碳,δ12. 4 为伯碳。经与文献对照确定化合物 7 为石杉碱甲(huperzine A)。NMR 数据归属见表 10-7。

化合物7: huperzine A

表 10-7　化合物 7 的 NMR 数据（CDCl₃）

No.	δ_H (J, Hz)	δ_C	No.	δ_H (J, Hz)	δ_C
1		165. 3	10	1. 68(3H,d,6. 6)	12. 4
2	6. 41(1H,d,9. 4)	117. 0	11	5. 49(1H,q,6. 6)	111. 3
3	7. 90(1H,d,9. 4)	140. 2	12		143. 2
4	8. 00(1H,d,8. 0)	122. 7	13		54. 4
5	5. 89(1H,d,4. 7)	142. 2	14	2. 12(3H,s)	49. 0
6	α2. 89(17. 4,4. 8)	35. 3	15		134. 1
	β 2. 75(17. 4)		16	1. 55(3H,s)	22. 6
7	3. 61(1H,m,4. 8)	32. 8	NH	13. 03(br. s)	
8	5. 41(1H,d,4. 8)	124. 3			

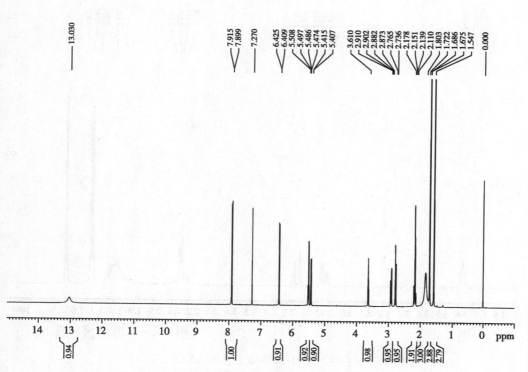

图 10-23　化合物 7 的 ¹H-NMR 谱（CDCl₃，600MHz）

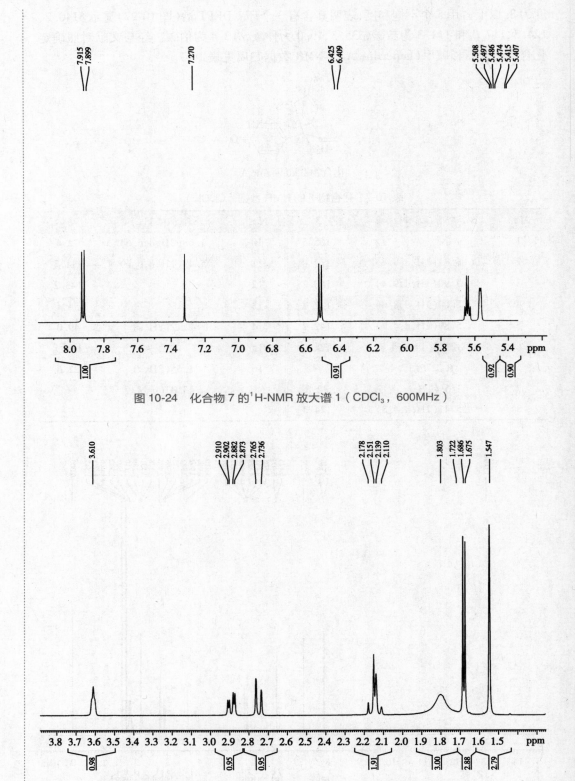

图 10-24 化合物 7 的 ^{1}H-NMR 放大谱 1（CDCl$_3$，600MHz）

图 10-25 化合物 7 的 ^{1}H-NMR 放大谱 2（CDCl$_3$，600MHz）

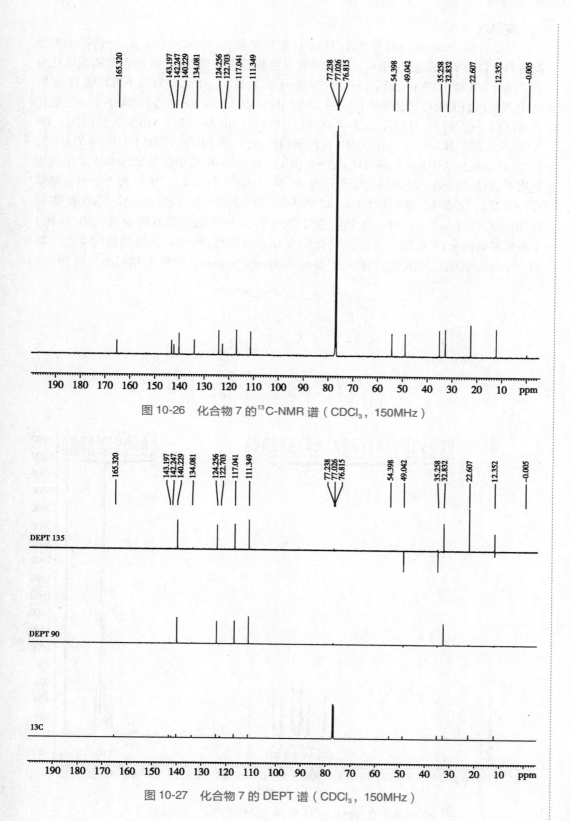

图 10-26　化合物 7 的 ^{13}C-NMR 谱（CDCl$_3$，150MHz）

图 10-27　化合物 7 的 DEPT 谱（CDCl$_3$，150MHz）

实例 8

从芸香科(Rutaceae)吴茱萸属(Evodia)植物吴茱萸(Evodia rutaecarpa)的叶子中分离得到化合物 8,为黄棕色粉末。碘化铋钾显色反应呈阳性,提示可能为生物碱类化合物。结合 MS 和 1D-NMR 确定该化合物的分子式为 $C_{15}H_{18}ON_2$,计算其不饱和度 Ω 为 8。其 ^{1}H-NMR 谱(DMSO-d_6,500MHz)(图 10-28,图 10-29)含有 8 个分别在两个 1,2-二取代芳香环质子信号[δ7.71(1H,d,J = 8.0Hz),7.87(1H,td,J = 7.5,1.5Hz),7.53(1H,t,J = 7.5Hz),8.22(1H,dd,J = 8.0,0.9Hz);7.66(1H,d,J = 8.0Hz),7.09(1H,t,J = 7.4Hz),7.27(1H,td,J = 7.4Hz),7.49(1H,d,J = 8.0Hz)],1 个 N-H 质子信号(δ11.88),2 个亚甲基质子信号,1 个处于较低场的质子信号 δ6.58(1H,dd,J = 4.2,1.5Hz)和 1 个甲氧基信号(δ3.27)。^{13}C-NMR 谱(DMSO-d_6,125MHz)(图 10-30)中给出了 1 个羰基碳信号(δ161.0),15 个 sp^2 碳,1 个亚甲基碳信号(δ25.5),1 个连氧次甲基碳信号(δ80.7)和 1 个甲氧基碳信号(δ56.2)。推测该化合物为 C 环有取代,两苯环无取代的吲哚类生物碱。经与文献对照,确定化合物 8 为 7β-methoxyrutaecarpine。NMR 数据归属见表 10-8。

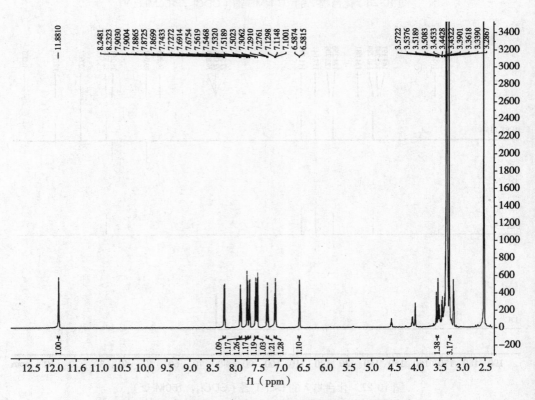

化合物8:7β-methoxyrutaecarpine

图 10-28 化合物 8 的 ^{1}H-NMR 谱(DMSO-d_6,500MHz)

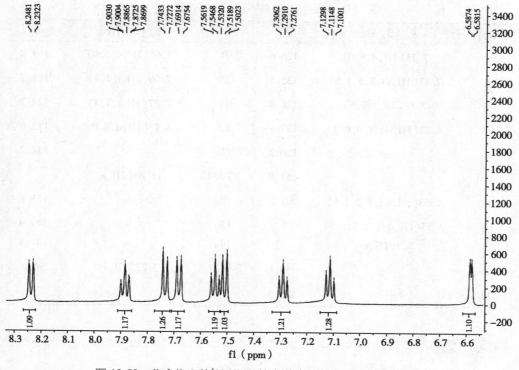

图 10-29 化合物 8 的 ^{1}H-NMR 放大谱（DMSO-d_6，500MHz）

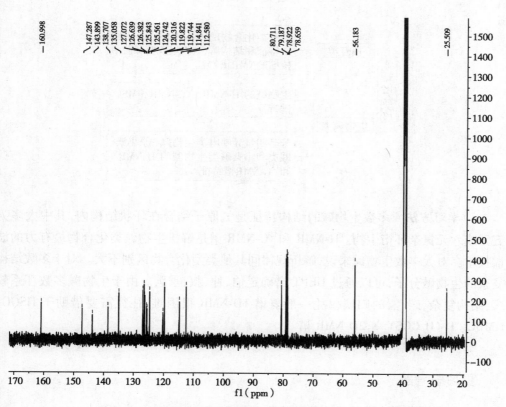

图 10-30 化合物 8 的 ^{13}C-NMR 谱（DMSO-d_6，125MHz）

表 10-8 化合物 8 的 NMR 数据（DMSO-d_6）

No.	δ_H（J, Hz）	δ_C	No.	δ_H（J, Hz）	δ_C
1	7.71（1H,d,8.0）	126.6	9	7.66（1H,d,8.0）	119.8
2	7.87（1H,td,7.5,1.5）	135.1	10	7.09（1H,t,7.4）	119.7
3	7.53（1H,t,7.5）	126.4	11	7.27（1H,t,7.4）	124.7
4	8.22（1H,dd,8.0,0.9）	127.1	12	7.49（1H,d,8.0）	112.6
4a	–	120.3	12a	–	138.7
5	–	161.0	13-NH	11.88（1H,s）	
7	6.58（1H,dd,4.2,1.5）	80.7	13a	–	125.8
8	3.53（1H,dd,17.2,1.5）	25.5	13b	–	143.9
	3.3（1H,m）		14a	–	147.3
8a	–	114.8	7-OCH$_3$	3.27（3H,s）	56.2
8b	–	125.6			

学习小结

1. 学习内容

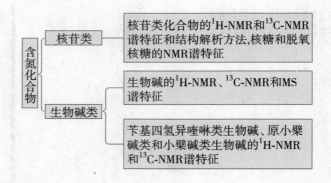

2. 学习方法

多数生物碱的结构特征是氮原子结合在环状结构内,其中大多为五元或六元氮杂环衍生物。^{1}H-NMR 和 ^{13}C-NMR 谱是解析生物碱类化合物最有力的波谱技术。对大多数生物碱来说,解析规律同其他类型化合物区别不大。对于多数结构复杂的生物碱分子,可以通过 DEPT 谱确定伯、仲、叔、季碳。由于生物碱多数环系较多,结构复杂,碳、氢的归属仅凭一般氢谱 1D-NMR 很困难,往往需要借助于 HSQC、HMBC、^{1}H-^{1}H COSY 等 2D-NMR 谱。

（罗建光）

复习思考题

1. 如何判断原小檗碱类生物碱的绝对构型?

2. 举例说明氮原子的电负性对邻近碳原子的化学位移有何影响。

3. 如何判断苄基四氢异喹啉类生物碱 1 位手性碳的绝对构型？

4. 举例说明何种生物碱容易发生 RDA 裂解。

第十一章

其他类化合物

学习目的

通过本章的学习,理解和学会饱和脂肪酸类、二苯乙烯类和鞣质类化合物的结构特点和解析方法。

学习要点

饱和脂肪酸和二苯乙烯类化合物中苷元的 ^{1}H-NMR 和 ^{13}C-NMR 波谱特征,可水解鞣质类化合物 ^{1}H-NMR 谱的解析方法。

第一节 波谱规律

本章包括脂肪酸类、二苯乙烯类和鞣质类化合物。

一、脂肪酸类化合物

脂肪酸的脂溶性强,存在于中药提取物的非极性部位中。脂肪酸由于含有羧基,有少数脂肪酸可与醇(如甘油)结合以酯的形式存在。脂肪酸结构中含有饱和长碳链的结构单元,波谱特征性很强。

1. NMR 在常见的有机化合物中,各种取代基相对烷基而言都是吸电子的,因此脂肪链末端 CH_3 的 α 位 CH_2 的谱峰移向低场;β 位 CH_2 的谱峰亦移向低场,但移动距离较前者小得多。位数更高的 CH_2 化学位移很相近,^{1}H-NMR 谱在 $\delta 1.25$ 处形成 1 个粗的单峰。因它们 δ 值相差很小,而 $^3J = 6\sim7Hz$,因此形成强偶合体系,峰形是很复杂的,只因其所有谱线集中,故粗看为 1 个单峰。按 $(n+1)$ 规律预测,端甲基相邻的 CH_2 应呈现三重峰。由于连接端甲基的 CH_2 与若干个 CH_2 的 δ 值很靠近,形成 1 个大的强偶合体系,应统一考虑 CH_3 及若干个 CH_2 所形成的偶合。所以,端甲基的三重峰是畸变的,左外侧峰钝,右外侧峰很不明显,好像端甲基和其 α-CH_2 以外的氢也有偶合关系一样,实际上 ^4J、^5J 都是等于零。

脂肪酸 ^{13}C-NMR 谱的显著特征是在 $\delta 29$ 处出现 1 组堆积的信号峰,是链状结构中位数较高的多个 CH_2 信号峰堆积在一起形成的峰。对于长链饱和脂肪酸类化合物,COOH 的 α、β 位 CH_2 碳原子出现在 $\delta 33.9$、31.9,端 CH_3 出现在 $\delta 14.0$,端 CH_3 邻位的

CH_2 信号出现在 $\delta22.7$。COOH 的信号峰出现在 $\delta179\sim180$。

脂肪酸若与甘油结合形成酯,在 ^{1}H-NMR 谱中会出现 $\delta4.1(1H,J=11.4,4.8Hz)$、$4.1(1H,J=11.4,6.6Hz)$、$4.0(1H,J=11.4,4.8Hz,-OH)$、$3.8(1H,m)$、$3.7(1H,t,—OH)$ 和 $3.5(2H,m)$ 的甘油酯基上的氢信号,与之相应,^{13}C-NMR 谱中出现的 $\delta70$、65 和 63 为 1 组甘油基的碳信号。

2. MS 前面提到,饱和脂肪酸的 ^{1}H-NMR 谱在 $\delta1.25$ 处形成 1 个非常强的峰,由于峰面积的积分可能会出现误差,氢质子的数目不能根据 ^{1}H-NMR 谱在 $\delta1.25$ 处给出的积分值得来;^{13}C-NMR 谱在 $\delta29$ 处出现 1 组堆积的信号峰,CH_2 的数目也无法确定,所以解析脂肪酸的结构需要借助于 MS 谱,一般使用 EI-MS 谱。根据分子量即可得出分子式,进而得到结构式。

此外,脂肪酸的 EI-MS 谱中会出现失去—COOH$[M-45]^+$ 的信号峰,饱和脂肪酸还会出现失去—CH_3 和连续失去 CH_2 的碎片离子峰。

二、二苯乙烯类化合物

二苯乙烯类化合物的基本母核为 2 个苯环通过 2 个碳连接而成,若干个二苯乙烯母核及其衍生物可以聚合生成多聚体。二苯乙烯类单体及其聚合物统称为芪类化合物(stilbenoids)。二苯乙烯类化合物不仅可以游离形式存在,也可与糖结合成苷的形式存在,还可与黄酮、萜类、木脂素等缩合成复合型化合物。二苯乙烯类化合物是植物界分布较广的一类天然产物,目前发现至少在 21 个科 31 个属的 72 种植物中发现了此类化合物,如葡萄科的葡萄属、蛇葡萄属,豆科的落花生属、决明属、槐属,百合科的藜芦属,桃金娘科的桉属等。中药虎杖、何首乌、大黄等都含有此类成分。

多聚二苯乙烯类化合物的结构多数是由白藜芦醇(resveratrol)及其衍生物,如异丹叶大黄素(isorhapontigenin)、氧化白藜芦醇(oxyresveratrol)、白皮杉醇(piceatanol)、丹叶大黄素(rhapontigenin)、买麻藤醇(gnetol)等,以同种或异种单体经脱氢后形成的聚合度不等的化合物。如 betulifol 和 ampelopsin 分别为白藜芦醇的二聚体和三聚体。芪类化合物具有重要的生理活性,常具有抗菌、抗炎、扩张冠状动脉血管、降低胆固醇、降血脂、植物生长调节及激素样作用等生物活性,受到普遍的关注,逐渐成为中药中一类重要的有效成分。随着现代分离技术和波谱技术的发展,越来越多的二苯乙烯类化合物相继被发现,目前发现的此类化合物有 500 多种。

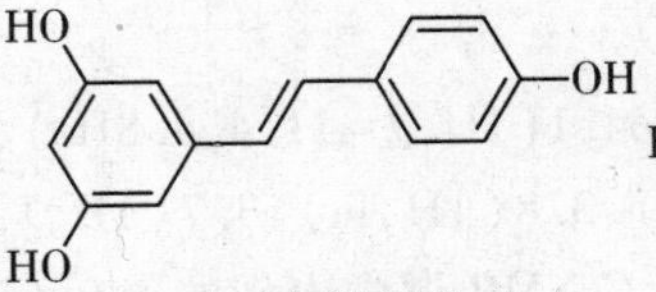

反式白藜芦醇

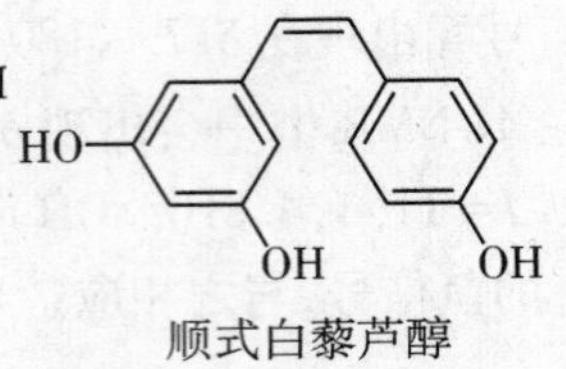

顺式白藜芦醇

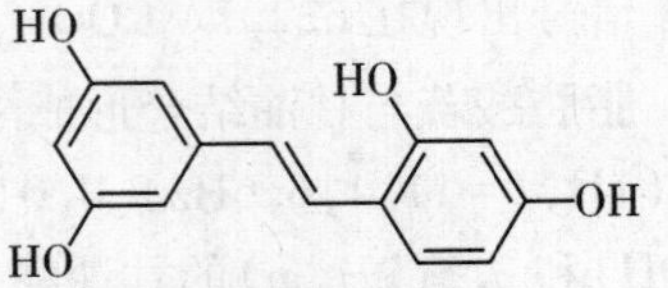

氧化白藜芦醇

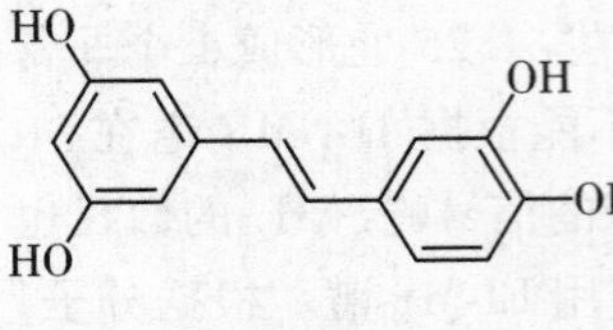

白皮杉醇

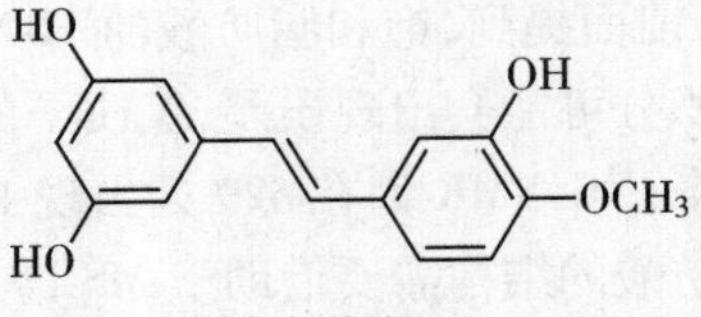

丹叶大黄素

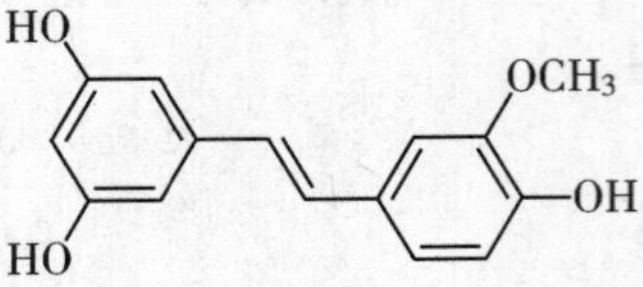

异丹叶大黄素

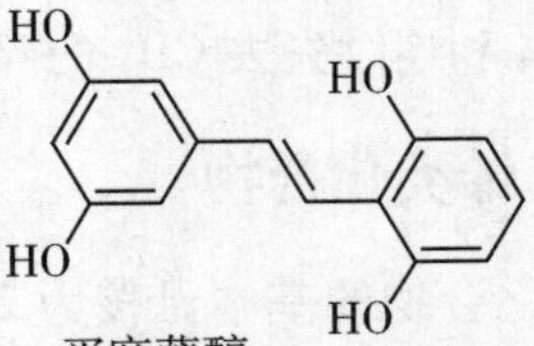

买麻藤醇

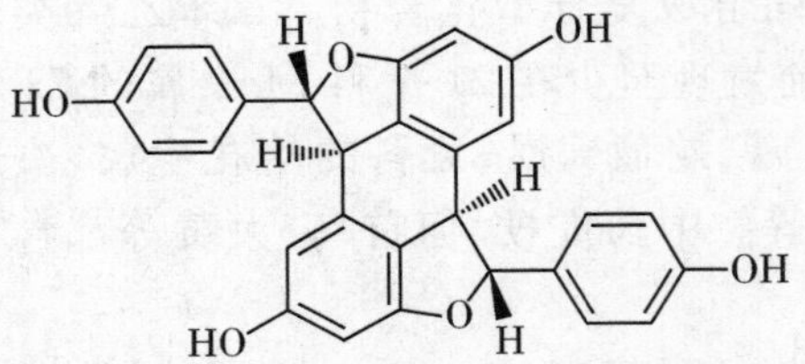

betulifol

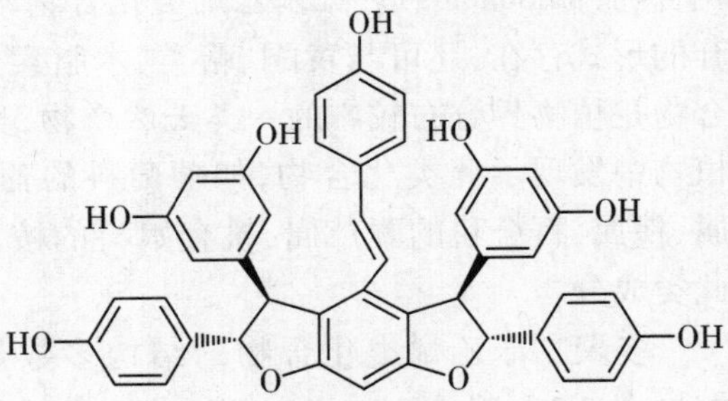

ampelopsin

由于二苯乙烯类化合物结构复杂,这里重点介绍二苯乙烯单聚体(单体)。单体结构简单,用一维 ^{1}H-NMR 和 ^{13}C-NMR 就可确定结构。天然的二苯乙烯类化合物根据结构中双键构型的不同,分为顺式(Z)和反式(E)两种类型,反式构型者结构较稳定,分布较顺式广泛。双键的构型通过 ^{1}H-NMR 和 ^{13}C-NMR 谱很容易区别,若双键为反式构型,两个烯氢出现在 $\delta6.8\sim7.2$,双重峰的 $J\approx16$Hz,烯碳出现在 $\delta125\sim130.0$;而顺式双键氢质子的偶合常数为 $10\sim13$Hz,2 个烯碳出现在 $\delta130\sim132$,与反式双键有明显区别。

二苯乙烯在 NMR 图谱中出现 2 个苯环和 1 个双键的特征信号,若双键饱和,则变为二苯乙烷,其苯环间的 2 个 CH_2 为特征信号,^{13}C-NMR 谱在 $\delta36\sim39$ 出现 2 个亚甲基信号,相对应地在 ^{1}H-NMR 谱中 $\delta2.7\sim2.8$ 出现 2 个亚甲基峰。根据苯环上氢质子的峰形可以推测苯环的取代模式,常见的取代模式是 ABM 或 AA'BB'。

二苯乙烯类化合物苯环上可以有—OH、—OCH$_3$ 等取代基,—OH 可以与糖结合成苷。^{1}H-NMR 中苯环质子出现在 $\delta6.1\sim7.4$,因取代方式不同而显现不同的裂分(表11-1)。

表 11-1 二苯乙烯类化合物中不同取代类型苯环的 ^{1}H-NMR 和 ^{13}C-NMR 谱特征

取代类型	^{1}H-NMR（δ）及 J（Hz）	^{13}C-NMR（C-1~C-6）
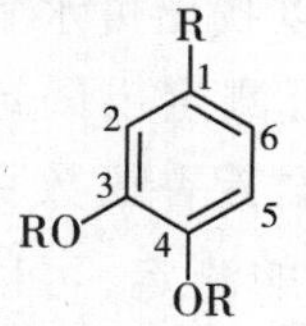 （结构式：R、RO、OR 取代苯环）	H-2：6.51（d，2.0） H-5：6.77（d，8.3） H-6：6.85（dd，8.3，2.0）	133，116，146，148，112，123
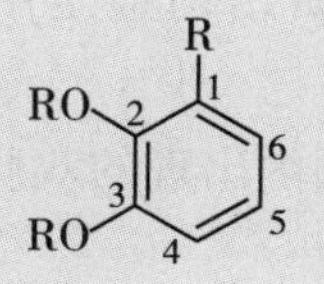 （结构式：R、RO、RO 取代苯环）	H-6：7.03（dd，7.8，1.5） H-5：7.16（t，7.8） H-4：6.87（dd，7.8，1.5）	136，148，139，114，121，126
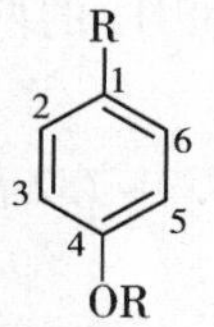 （结构式：R、OR 对位取代苯环）	H-2,6：6.92（2H，d，8.5） H-3,5：6.61（2H，d，8.5）	138，129，121，153，121，129
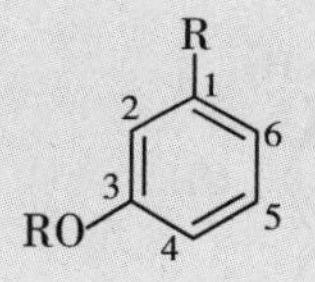 （结构式：R、RO 取代苯环）	H-5：6.35（t，0.7~1.0） H-4：6.55（ddd，7.8，2.5，0.7~1.0） H-2：6.98（br，7.8~8.1） H-6：6.65（ddd，7.8，2.5，0.7~1.0）	143，115，156，112，128，122
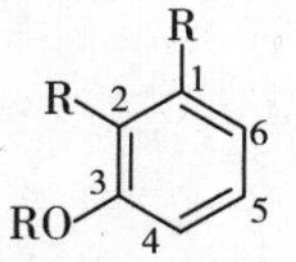 （结构式：R、R、RO 取代苯环）	H-4：6.88（dd，8.0，2.1） H-5：7.32（t，8.0） H-6：7.05（dd，8.0，2.1）	144，121，153，113，130，122
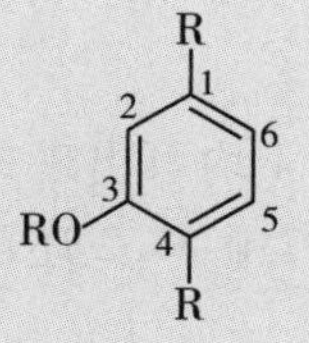 （结构式：R、RO、R 取代苯环）	H-2：6.37（d，2.0） H-5：6.53（d，8.2） H-6：6.84（dd，8.2，2.0）	143，117，153，121，131，122

对于多聚二苯乙烯类，因质子较多，信号相互重叠，增加解析的难度，常应用 HSQC、HMBC 和 ^{1}H-^{1}H COSY 等二维核磁共振技术确定各苯环和乙烯或乙烷桥的信号归属、取代基的位置，通过 HMBC、NOESY 和结晶 X 射线衍射法等确定苯环连接方式、空间位置及分子的相对构型。

三、鞣质类化合物

可水解鞣质是由糖、没食子酸、逆没食子酸或它们的多聚体结合在一起的。可以通过完全酸水解，或用水、酶使之部分水解，或用硫酸降解法等手段研究鞣质的结构，但各种波谱法则更为有效，特别是 NMR 谱法。以下总结了可水解鞣质的波谱学特征。

1. **核磁共振氢谱** ^{1}H-NMR 谱对可水解鞣质的结构测定非常有用。可水解鞣质的结构虽然比较复杂,但由于多数位置都有羟基取代,故其氢谱比较简单。没食子酰基可以二聚体或三聚体的形式存在,组成六羟基联苯二甲酰基、橡腕酰基、地榆酰基、脱氢二没食子酰基等不同的基团,根据氢谱往往可以找出可水解鞣质中包含哪些基团。通过制备甲基化衍生物后再测定^{1}H-NMR,可测定出酚羟基的数目;根据^{1}H-NMR中糖上C_1-H的数目可以判断糖的个数;根据芳香氢数目及化学位移,可以判断芳核的取代情况。此外,根据^{1}H-^{1}H COSY谱的测定,可以确定各氢间的关系。以下以可水解鞣质为例,介绍^{1}H-NMR谱在鞣质结构鉴定中的应用。

没食子酰基(G):在$\delta6.9\sim7.2$出现1个双质子单峰,根据此范围内出现的双质子单峰个数,可推断分子中没食子酰基的数目。

六羟基联苯二甲酰基(HHDP):在$\delta6.3\sim6.8$出现分别归属于H_A和H_B的两个单峰信号。但H_A与H_B的确定一般较难进行。

橡腕酰基(Val):在$\delta6.3\sim6.8$分别出现2个质子的单峰信号,在$\delta6.9\sim7.2$出现1个质子的单峰信号,它们分别归属于H_A、H_B及H_C。

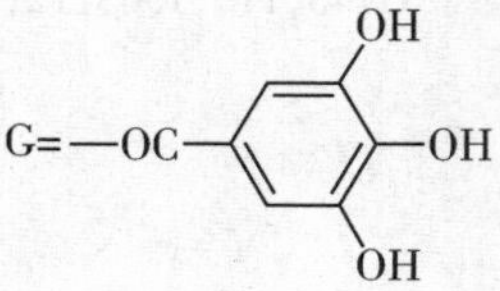

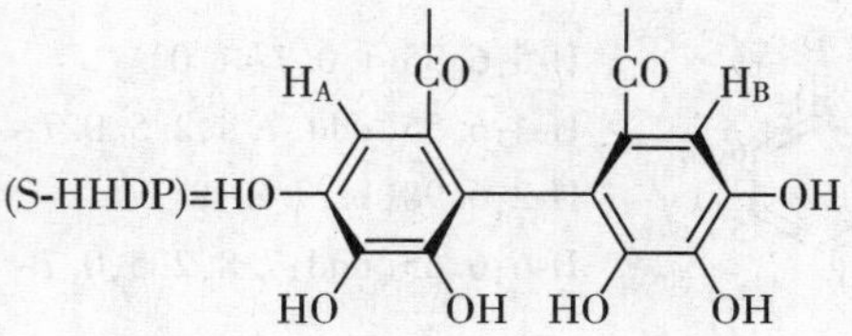

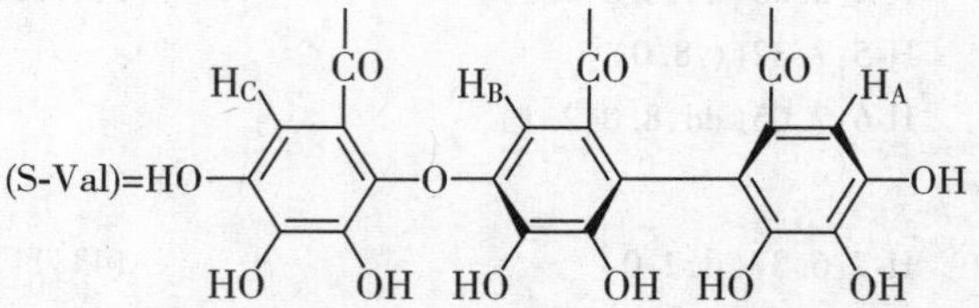

地榆酰基(Sang)及脱氢二没食子酰基(DHDG):两者在$\delta6.8\sim7.4$均可出现来源于没食子酰基H_A和H_B的2个双峰信号,偶合常数约2Hz;另外,在$\delta7.0\sim7.2$还可见1个单质子的单峰信号(H_C)。

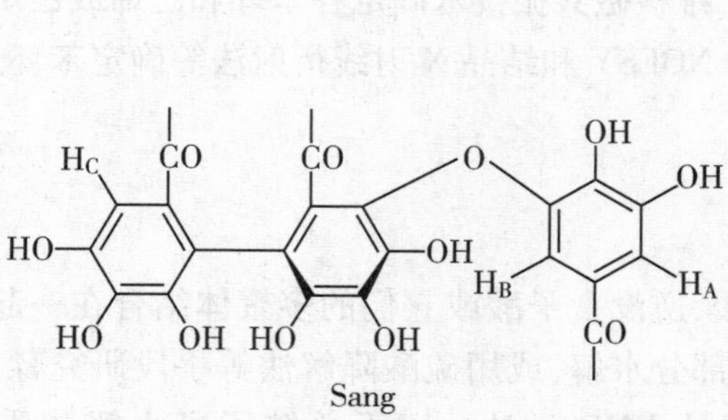

Sang

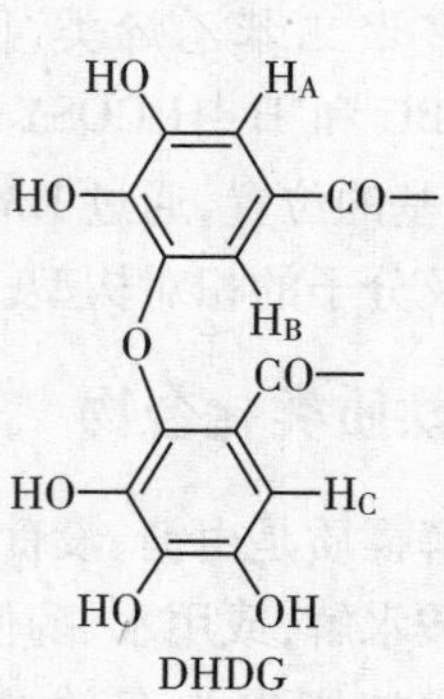

DHDG

糖基部分:鞣质中的糖部分主要为葡萄糖。它以$^4C_1$型或$^1C_4$型两种形式存在,其中$^4C_1$型最为多见。$^1C_4$型因羟基均为直立键而不稳定,若被酰化后,羟基被固定,此类也可存在于中药中,如老鹳草素等。上述两种构型的葡萄糖中,其 C_1-OH 有 α、β 两种构型存在,一般以 β-型多见。对完全未取代的葡萄糖来讲,其糖基上的各个氢较难区分。但对鞣质类来讲,因糖上各个羟基被酰化,所以各个氢都分开,并显著向低场位移。当葡萄糖 C_1-OH 未被酰化时,则出现 1 对 α、β-异构体的信号,此时 ^{1}H-NMR 变得较为复杂。

逆没食子鞣质结构中若六羟基联苯二甲酰基(HHDP)、脱氢二没食子酰基(DHDG)、橡腕酰基(Val)、地榆酰基(Sang)、脱氢六羟基联苯二酰基(DHHDP)、诃子酰基(Che)等酚羧酸酰基的 HHDP 部分往往连在葡萄糖的 2、3 位或者 4、6 位,可以根据葡萄糖的两个 6 位质子化学位移的差值区分。如果 HHDP 部分连在葡萄糖的 4、6 位,葡萄糖的两个 6 位质子化学位移之差 $\Delta\delta > 1.6$;如果 HHDP 部分连在葡萄糖的 2、3 位,而糖的 4、6 位无 HHDP 取代,则葡萄糖的两个 6 位质子 $\Delta\delta < 1.6$。

2. 核磁共振碳谱 ^{13}C-NMR 能判断可水解鞣质中没食子酰基(G)、六羟基联苯二甲酰基(HHDP)的数目、酰化位置及糖基的构型。一般说来,对于 $^4C_1$ 的葡萄糖基,某 2 个碳原子上的羟基被酰化时,这 2 个碳原子的 δ 值增加 0.2~1.2,而相邻碳原子的 δ 值降低 1.4~2.8。例如 4、6 位被酰化时,C-4、C-6 的 δ 值增加,C-3、C-5 的 δ 值降低。

由于缩合鞣质的 NMR 图谱中出现若干个黄烷醇的特征信号,对于缩合鞣质而言需要掌握黄烷醇的 NMR 谱学特征,再通过 2D-NMR 确定黄烷醇之间的连接位置即可。

近年来 HSQC 及 HMBC 的应用,使得鞣质化学结构的判断更为方便、准确。通过前者测定,可以知道结构中 C 与 H 的关系,测定后者可以了解相距 2 个或 3 个键以上的 H 与 C 间的远程相关,从而确定它们之间的相对位置。目前已经有了大量的关于鞣质及其有关化合物 ^{1}H 及 ^{13}C-NMR 的图谱可以利用,使鞣质化合物结构的解析变得大为方便。

第二节 结构解析实例

实例 1

从豆科植物野葛[*Pueraria lobata*(Willd.)Ohwi]的根中分离得到化合物 1,为白色片状结晶。EI-MS m/z:256[M]$^+$、227[M-CH$_2$-CH$_3$]$^+$、213、199、185、171、157、143、129、73、60、43 和 41。^{1}H-NMR 谱(图 11-1)δ2.34(2H,t,J=7.2Hz,H-2)和 1.62(2H,m)处有 2 个亚甲基,δ1.28(多个 CH$_2$)和 0.87(3H,t,J=7.2Hz,H-16)为饱和脂肪链的特征信号。^{13}C-NMR 谱(图 11-2)δ179.5(—COOH)、33.9(C-2)、31.9(C-14)、29.3(多个 CH$_2$)、24.7(C-3)、22.7(C-15)和 14.1(C-16)。结合分子量,确定化合物 1 为十六烷酸(棕榈酸,hexadecanoic acid)。

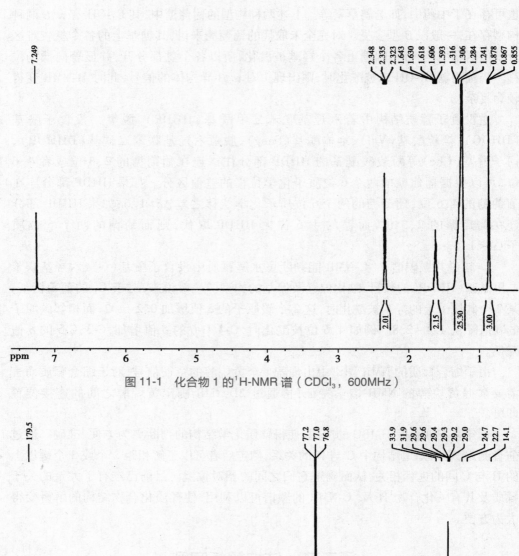

图 11-1　化合物 1 的 ^{1}H-NMR 谱（CDCl$_3$，600MHz）

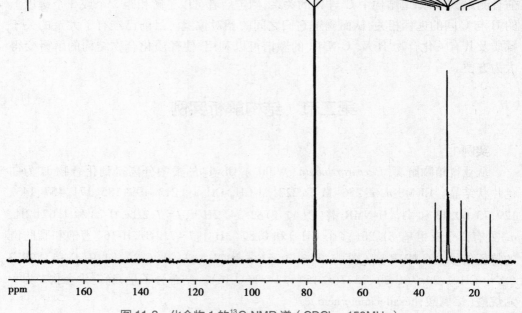

图 11-2　化合物 1 的 ^{13}C-NMR 谱（CDCl$_3$，150MHz）

实例2

从玄参科植物地黄（*Rehmannia glutinosa* Libosch）新鲜块根中分离得到化合物2，无色油状液体（石油醚-乙酸乙酯），ESI-MS m/z：281［M-H］⁻。1%茴香醛-浓硫酸加热显紫色后，先变成绿色后变成灰色（105℃）。在¹H-NMR谱（图11-3）中，δ5.34（2H，

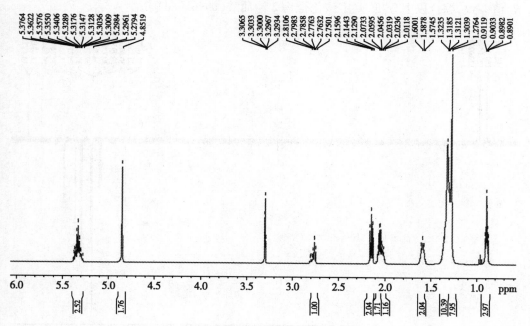

图11-3　化合物2的¹H-NMR谱（CD₃OD，500MHz）

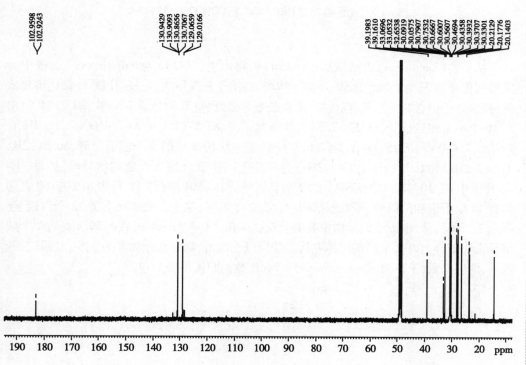

图11-4　化合物2的¹³C-NMR谱（CD₃OD，125MHz）

m)与 ^{13}C-NMR 谱(图 11-4)中 $\delta129.0,\delta130.7$ 的信号提示化合物结构中存在一个双键,在 ^{1}H-NMR 谱中 $\delta0.89$ 处出现一个三氢三重峰的信号,提示化合物含有一个甲基。在 ^{13}C-NMR 谱中 $\delta14.4$ 为甲基的信号,$\delta183.0$ 为—COOH 的信号。由 DEPT135 谱(图 11-5)可知,在 $\delta21.4\sim39.1$ 出现的碳均为 CH_2。与油酸共薄层色谱,二者显色行为及 R_f 值一致,综合以上分析,确定该化合物 2 为油酸(oleic acid)。

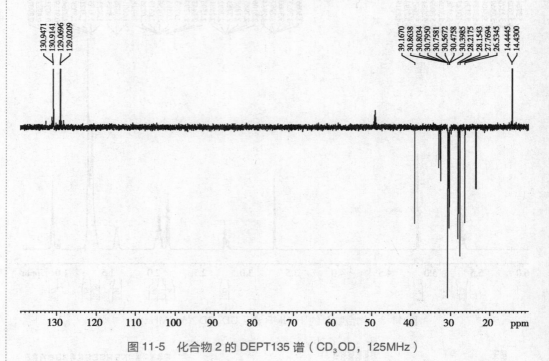

图 11-5　化合物 2 的 DEPT135 谱（CD_3OD，125MHz）

实例 3

从樟科(Lauraceae)山胡椒属(*Lindera*)植物山橿(*Lindera reflexa* Hemsl.)的根中分离得到化合物 3,为淡棕色固体,易溶于甲醇,微溶于三氯甲烷。三氯化铁-铁氰化钾显蓝色,提示分子中含有酚羟基;茴香醛-浓硫酸喷雾显紫色(105℃)。^{1}H-NMR 谱(图 11-6)出现 10 个不饱和氢信号,$\delta7.23\sim7.58$ 有 5 个氢信号,$\delta7.57(2H,d,J=7.4Hz)$、$7.36(2H,t,J=7.6,7.4Hz)$ 和 $7.25(1H,t,J=7.6,7.4Hz)$ 是单取代苯环的 5 个氢信号峰;$\delta6.61(2H,d,J=2.2Hz)$ 和 $6.33(1H,t,J=2.2Hz)$ 是苯环上间位偶合的 3 个氢的信号峰;另外,^{1}H-NMR 谱中 $\delta7.10(2H,s)$ 为双键上的 2 个氢信号。^{13}C-NMR 谱(图 11-7)中 $\delta103\sim160$ 之间共有 14 个不饱和碳信号,可判断结构中含有 2 个苯环;除去 2 个苯环上的 12 个芳碳,还剩余 2 个碳信号,也提示该结构中有 1 个双键存在。^{13}C-NMR 谱中,在 $\delta159.4$ 处有 2 个碳信号说明苯环上有 2 个羟基对称取代。综合以上解析,确定化合物 3 为 3,5-二羟基二苯乙烯,即银松素(3,5-dihydroxystilbene)。NMR 数据归属见表 11-2。

化合物3: 银松素

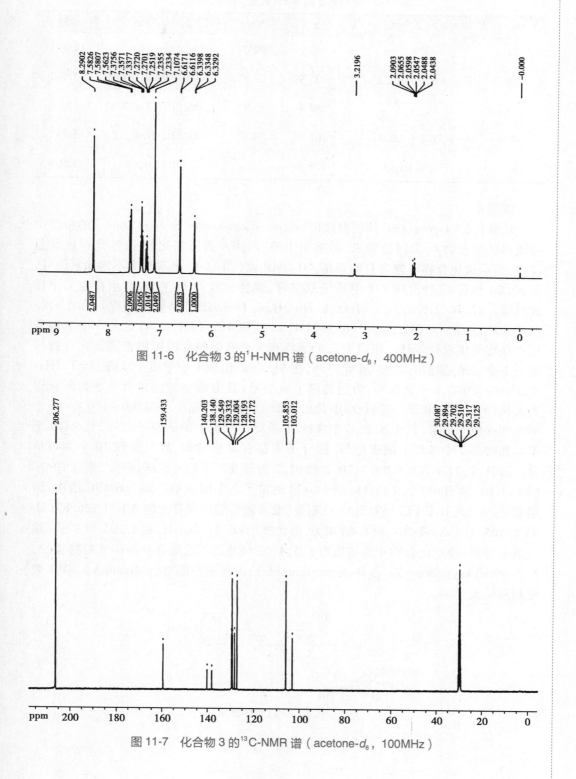

图 11-6　化合物 3 的 ¹H-NMR 谱（acetone-d_6，400MHz）

图 11-7　化合物 3 的 ¹³C-NMR 谱（acetone-d_6，100MHz）

表 11-2 化合物 3 的 NMR 数据（acetone-d_6）

No.	δ_H（J, Hz）	δ_C	No.	δ_H（J, Hz）	δ_C
1	–	140.2	1′	–	138.1
2,6	6.61(2H,d,2.2)	105.9	2′,6′	7.57(2H,d,7.4)	127.2
3,5	–	159.4	3′,5′	7.36(2H,t,7.6,7.4)	129.3
4	6.33(1H,t,2.2)	103.0	4′	7.25(1H,t,7.6,7.4)	128.2
α	7.10(1H,s)	129.0	β	7.10(1H,s)	129.5

实例 4

从蓼科（Polygonaceae）植物虎杖（*Polygonum cuspidatum* Sieb. et Zucc.）的根茎中分离得到化合物 4，为白色粉末，易溶于甲醇、丙酮。遇三氯化铁-铁氰化钾试剂显蓝色，提示该化合物可能含有酚羟基。¹H-NMR 谱（图 11-8）出现 9 个不饱和氢信号，在 δ7.04 和 6.87 处出现 2 个单质子双重峰，偶合常数为 16.4Hz，提示存在 1 个反式双键。δ7.40(2H,d,J=8.4Hz)、6.76(2H,d,J=8.4Hz)的氢信号提示存在对位取代苯环，在 δ6.73(1H,br. s)、6.56(1H,br. s)和 6.33(1H,br. s)处的 3 个氢信号提示存在间位取代苯环。由以上 2 个苯环和 1 个双键的片段可以推测该化合物可能为 1 个二苯乙烯衍生物。除此之外，在 δ4.80 处出现 1 个单质子双峰，J=7.2Hz，在 δ3.0~4.0 有 6 个氢信号，为葡萄糖上氢信号，且由端基氢的偶合常数判断苷键为 β-构型。¹³C-NMR 谱（图 11-9）中共出现 18 个碳原子信号，在 δ100~160 有 12 个不饱和碳原子信号，其中 δ125.7 和 128.4 是反式双键上的碳原子信号，其余 10 个不饱和碳是 2 个苯环上的碳信号，因分子中存在对称结构，故只呈现 10 个芳碳信号。δ101.1、77.6、77.1、73.7、70.2 和 61.2 为葡萄糖上的 6 个碳信号。通过 HSQC（图 11-10）和 HMBC（图 11-11、图 11-12）确定了各个碳氢的归属。HMBC 谱中，糖端基氢 δ4.80（H-1″）和 159.3（C-3）相关，推测葡萄糖连在苷元的 3 位上；δ6.87（H-α）和 105.2（C-2）及 107.6（C-6）相关，由此推出 δ6.87 为 α-H，则 δ7.04 为 β-H。综合以上分析，确定化合物 4 的结构为 3,5,4′-三羟基二苯乙烯-3-O-β-D-葡萄糖苷（3,4′,5-trihydroxystilbene-3-O-β-D-glucopyranoside），即白藜芦醇苷（polydatin）。NMR 数据归属见表 11-3。

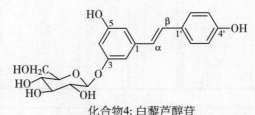

化合物4: 白藜芦醇苷

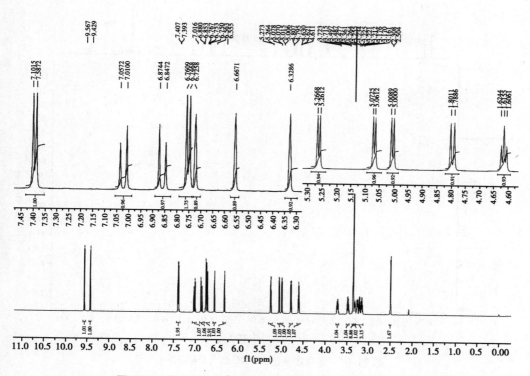

图 11-8　化合物 4 的 ^{1}H-NMR 谱（DMSO-d_6，600MHz）

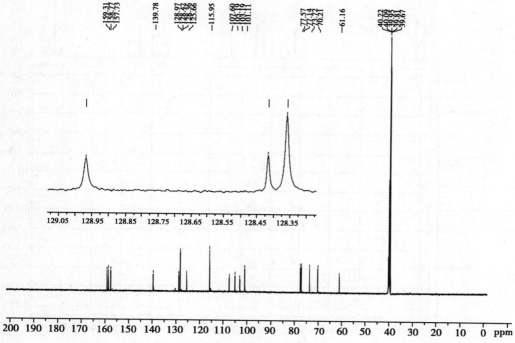

图 11-9　化合物 4 的 ^{13}C-NMR 谱（DMSO-d_6，150MHz）

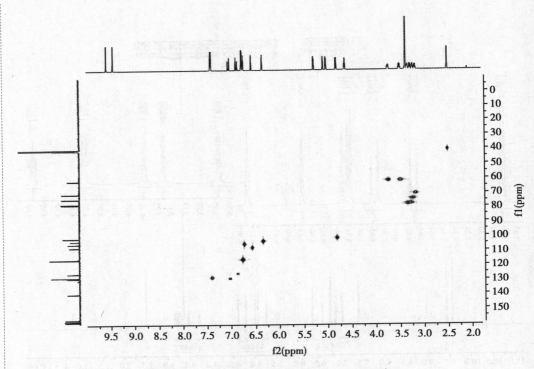

图 11-10 化合物 4 的 HSQC 谱（DMSO-d_6）

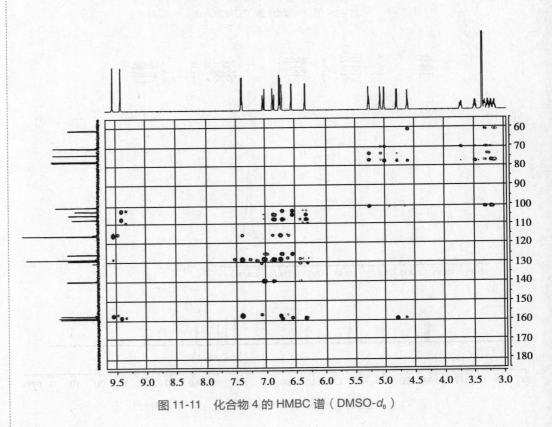

图 11-11 化合物 4 的 HMBC 谱（DMSO-d_6）

笔记

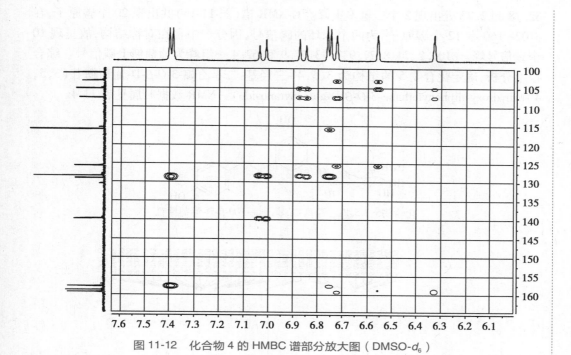

图 11-12　化合物 4 的 HMBC 谱部分放大图（DMSO-d_6）

表 11-3　化合物 4 的 NMR 数据（DMSO-d_6）

No.	δ_H（J, Hz）	δ_C	No.	δ_H（J, Hz）	δ_C
1	–	139.8	3′,5′	6.76（2H,d,8.4）	116.0
2	6.73（1H,br. s）	105.2	4′	–	157.8
3	–	159.3	D-Glc		
4	6.33（1H,br. s）	103.2	1″	4.80（1H,d,7.2）	101.1
5	–	158.8	2″		73.7
6	6.56（1H,br. s）	107.6	3″	3.48~3.16	77.6
α	6.87（1H,d,16.4）	125.7	4″	（4H,m,H-2″,3″,4″,5″）	70.2
β	7.04（1H,d,16.4）	128.4	5″		77.1
1′	–	129.0	6″	3.72（1H,dd,12.0,2.0）	61.2
2′,6′	7.40（2H,d,8.4）	128.4		3.49（1H,dd,12.0,6.0）	

实例 5

从鳞毛蕨科（Dryopteridaceae）鳞毛蕨属（*Dryopteris*）植物浅裂鳞毛蕨（*Dryopteris sublaeta* Ching et Hsu.）的根茎中分离得到化合物 5，为淡黄色粉末，易溶于甲醇、丙酮。遇三氯化铁-铁氰化钾试剂显蓝色，茴香醛-硫酸喷雾显紫红色（105℃）；2% 硫酸水解后薄层检识到葡萄糖。^{1}H-NMR 谱（图 11-13）出现 7 个芳氢信号，δ6.95（2H,d,J = 8.4Hz）和 6.67（2H,d,J = 8.4Hz）是对位取代苯环的 AA′BB′系统信号峰。δ6.38（1H, d,J = 2.3Hz）、6.37（1H,d,J = 1.9Hz）和 6.30（1H,d,J = 1.4Hz）是间位取代苯环的氢信号峰。在 δ4.80（1H,d,J = 7.2Hz）处为葡萄糖端基氢信号，由其偶合常数判断苷键为 β-构型；在 δ3.0~4.0 有 6 个氢信号，为葡萄糖上其他氢质子的信号。除此之外，在

δ2.78 和 2.72 处出现 2 个二氢多重峰。^{13}C-NMR 谱（图 11-14）共出现 20 个碳原子，在 δ102~160 有 12 个碳原子，为两个苯环的碳信号，因分子中存在对称结构，故呈现 10 个碳信号峰。δ102.2、74.8、77.9、71.3、77.9 和 62.4 一组峰为葡萄糖上碳信号。综合以上分析，确定化合物 5 的结构为 3,5,4′-三羟基-二苯乙烷-3-O-β-D-葡萄糖苷（3,5,4′-trihydroxy-diphenylethane-3-O-β-D-glucopyranoside）。NMR 数据归属见表 11-4。

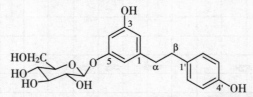

化合物5: 3,5,4'-三羟基-二苯乙烷-3-O-β-D-葡萄糖苷

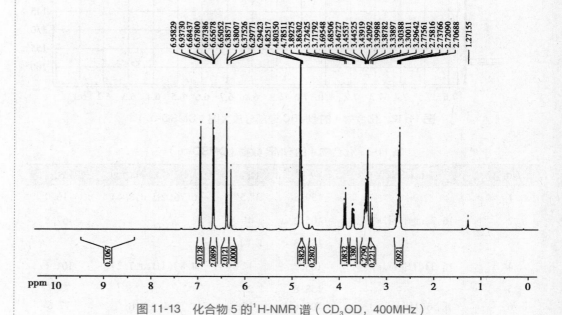

图 11-13 化合物 5 的 ^{1}H-NMR 谱（CD$_3$OD，400MHz）

表 11-4 化合物 5 的 NMR 数据（CD$_3$OD）

No.	δ_H (J, Hz)	δ_C	No.	δ_H (J, Hz)	δ_C
1	–	145.6	α	2.72(2H,m)	39.4
2	6.38(1H,d,2.3)	109.3	β	2.78(2H,m)	37.8
3	–	160.0	D-Glc		
4	6.37(1H,d,1.9)	102.6	1″	4.80(1H,d,7.2)	102.2
5	–	159.1	2″		74.8
6	6.30(1H,d,1.4)	110.7	3″	3.47~3.40	77.9
1′	–	133.9	4″	(4H,m,H-2″,3″,4″,5″)	71.3
2′,6′	6.95(2H,d,8.4)	130.4	5″		77.9
3′,5′	6.67(2H,d,8.4)	116.0	6″	3.70(1H,dd,11.5,2.5)	62.4
4′	–	156.3		3.88(1H,d,11.5)	

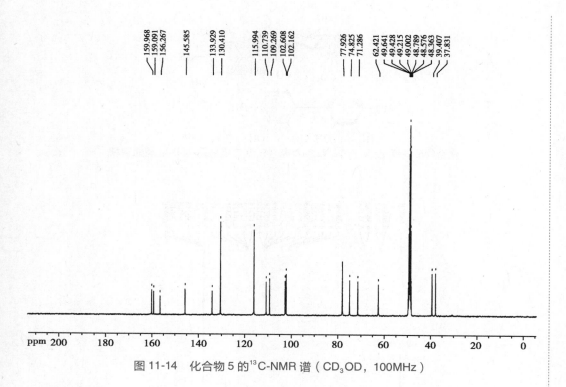

图 11-14　化合物 5 的 ^{13}C-NMR 谱（CD$_3$OD，100MHz）

实例 6

从大戟科（Euphorbiaceae）大戟属（*Euphorbia*）植物泽漆（*Euphorbia helioscopia* L.）中分离得到化合物 6，为白色粉末，易溶于甲醇、丙酮。遇三氯化铁-铁氰化钾试剂显蓝色，提示分子中含有酚羟基；茴香醛-浓硫酸喷雾后加热显粉红色（105℃）。^{1}H-NMR 谱（图 11-15）中，δ7.05（2H，s）是没食子酰基（galloyl）上氢的特征信号，δ6.68（1H，s）和 6.65（1H，s）为六羟基联苯二甲酰基（HHDP）中氢的特征信号；另外，δ3.98～6.36 出现 7 个氢质子信号，为葡萄糖上的一组氢信号，其中 δ6.36（1H，d，*J* = 1.7Hz）为葡萄糖端基氢信号，根据其偶合常数可知苷键为 α-构型。^{13}C-NMR 谱（图 11-16）中，高场区出现一组葡萄糖的碳信号：δ94.9、76.0、71.4、69.3、64.9 和 62.4；此外，还有 1 组没食子酰基的碳信号和 1 组六羟基联苯二甲酰基（HHDP）的信号，这与氢谱推测结果相符合。葡萄糖 6 位上 2 个氢分别位于 δ4.95（1H，t）和 4.15（1H，dd），Δδ<1.6，相差较小，是 HHDP 连在葡萄糖 2,3 位的特征信号；葡萄糖的 H-2 和 H-3 也出现在较低场，提示已被酰化，也进一步说明了这一点。对于鞣质类化合物来讲，如果葡萄糖的 1 位羟基游离，则其信号应该按比例成对出现，即 α-和 β-异构体共同存在。该化合物的 NMR 信号没有成对出现，说明葡萄糖的 1 位羟基已酰化。此外，葡萄糖端基氢（δ6.36）与未酰化葡萄糖相比向低场位移，而端基碳（δ94.9）也比未酰化的葡萄糖向高场位移，进一步证明没食子酰基连接在葡萄糖的 1 位上。综上，确定化合物 6 为 1-氧-没食子酰基-2,3-六羟基联苯二甲酰基-α-D-吡喃葡萄糖（1-*O*-galloyl-2,3-HHDP-α-D-glucose）。NMR 数据归属见表 11-5。

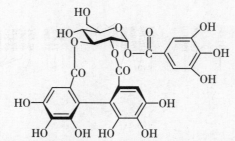

化合物6: 1-氧-没食子酰基-2,3-六羟基联苯二甲酰基-α-D-吡喃葡萄糖

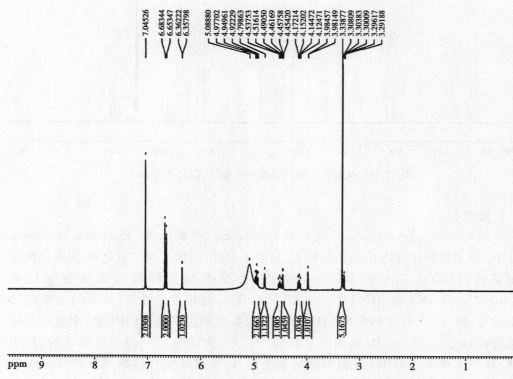

图 11-15 化合物 6 的 ¹H-NMR 谱（CD₃OD，400MHz）

表 11-5 化合物 6 的 NMR 数据（CD₃OD）

No.	δ_H（J, Hz）	δ_C	No.	δ_H（J, Hz）	δ_C
Glc			4′	–	140.3
1	6.36(1H,d,1.7)	94.9	7′	–	168.4
2	4.46(1H,t,9.3)	69.3	HHDP		
3	4.80(1H,t,9.6)	76.0	1″,1‴	–	116.6, 117.1
4	4.52(1H,dd,8.5)	64.9	2″,2‴	–	125.4, 125.3
5	3.98(1H,m)	71.4	3″,3‴	6.68, 6.65(each 1H,s)	108.2, 110.1

续表

No.	δ_{H}（J，Hz）	δ_{C}	No.	δ_{H}（J，Hz）	δ_{C}
6	4.95（1H，t，10.8）	62.4	4″，4‴	–	145.9，145.5
	4.15（1H，dd，11.0，8.0）		5″，5‴	–	137.6，138.1
alloyl			6″，6‴	–	145.2，145.1
1′	–	120.5	7″，7‴	–	166.6，170.1
2′，6′	7.05（2H，s）	110.9			
3′，5′	–	146.3			

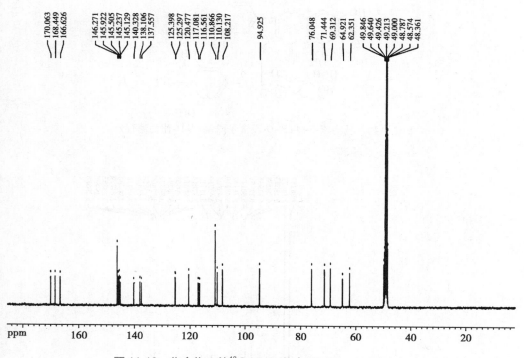

图 11-16　化合物 6 的 ^{13}C-NMR 谱（CD$_3$OD，100MHz）

实例 7

从大戟属（*Euphorbia*）植物泽漆（*Euphorbia helioscopia* L.）中分离得到化合物 7，为黄色固体，易溶于甲醇、丙酮。遇三氯化铁-铁氰化钾试剂显蓝色，茴香醛-浓硫酸喷雾后加热显黄色（105℃）。^{1}H-NMR 谱（图 11-17）中显示有 6 个芳氢信号，其中 δ6.29（1H，d，J=1.8Hz）和 6.13（1H，d，J=1.8Hz）为苯环上间位偶合的 2 个氢；δ7.28（2H，s）和 7.15（2H，s）为 2 个苯环上对称的 2 个氢信号。此外，δ3.68～5.80 出现 7 个氢信号，为葡萄糖上的一组氢，其中 δ5.80（1H，d，J=8.0Hz）为葡萄糖上的端基氢信号，根据其偶合常数可知苷键为 β-构型。在 ^{13}C-NMR 谱（图 11-18）中，δ168.3、146.1（2 个 C）、139.7、121.9 和 110.6（2 个 C）为 1 个没食子酰基上的 7 个碳信号，这与氢谱中 δ6.3～6.1 的 1 个双氢单峰一致。δ101.3、77.3、74.5、73.3、70.4 和 62.0 为 1 个葡萄糖上的 6 个碳信号。除此之外，还有 15 个碳信号，其中 δ178.7 是黄酮醇 C-4 的特征信号。根据 HSQC 谱(图 11-19)可知 δ99.6 和 94.4 分别为 5,7-二氧代黄酮 A 环上 6、8 位碳的特征信号,δ146.2(2 个 C)和 109.7(2 个 C)分别为 B 环上 C-3′,5′和 C-2′,6′位的碳信号。由此可推测化合物 7 属于黄酮醇苷类。HMBC 谱(图 11-20)中,葡萄糖上的 δ5.46(H-2″)与没食子酰基的羰基碳 δ168.3(C-7‴)有明显远程相关,推测没食子酰基连在葡萄糖的 2 位上;葡萄糖上的 δ5.80(H-1″)和黄酮母核上的 δ135.2(C-3)有明显远程相关,确定葡萄糖连接在黄酮的 3 位上。综上分析,确定化合物 7 为杨梅素-3-O-(2″-O-没食子酰基)-β-D-葡萄糖苷[myricetin-3-O-(2″-O-galloyl)-β-D-glucopyrano-side]。NMR 谱数据归属见表 11-6。

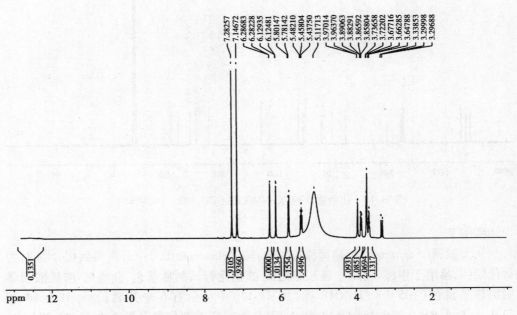

化合物7: 杨梅素-3-O-(2"-O-没食子酰基)-β-D-葡萄糖苷

图 11-17　化合物 7 的 ^{1}H-NMR 谱(CD$_3$OD,400MHz)

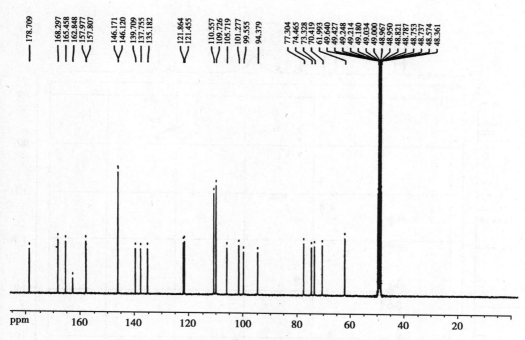

图 11-18 化合物 7 的 ^{13}C-NMR 谱（CD$_3$OD，100MHz）

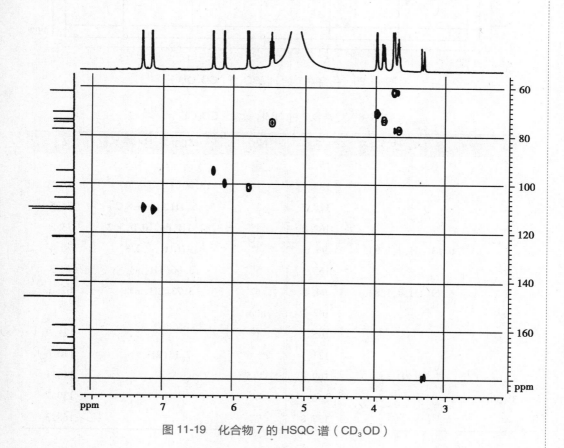

图 11-19 化合物 7 的 HSQC 谱（CD$_3$OD）

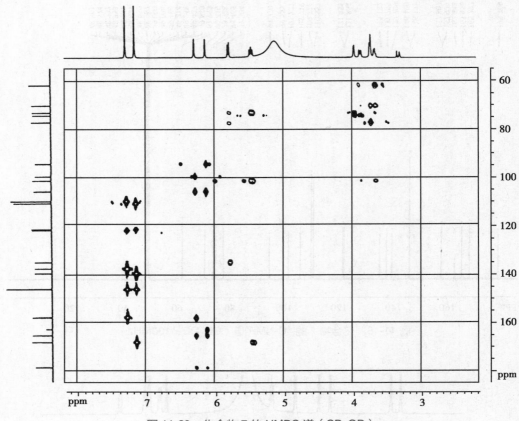

图 11-20 化合物 7 的 HMBC 谱（CD$_3$OD）

表 11-6 化合物 7 的 NMR 数据（CD$_3$OD）

No.	δ_H (J, Hz)	δ_C	No.	δ_H (J, Hz)	δ_C
2	–	157.8	glc		
3	–	135.2	1″	5.80(1H,d,8.0)	101.3
4	–	178.7	2″	5.46(1H,t,9.6,8.2)	74.5
5	–	162.8	3″	3.87(1H,dd,10.0,3.2)	73.3
6	6.13(1H,d,1.8)	99.6	4″	3.97(1H,d,2.8)	70.4
7	–	165.5	5″	3.66(1H,m)	77.3
8	6.29(1H,d,1.8)	94.4	6″	3.73(2H,m)	62.0
9	–	158.0	galloyl		
10	–	105.7	1‴	–	121.9
1′	–	121.5	2‴,6‴	7.15(2H,s)	110.6
2′,6′	7.28(2H,s)	109.7	3‴,5‴	–	146.1
3′,5′	–	146.2	4‴	–	139.7
4′	–	137.8	7‴	–	168.3

学习小结

1. 学习内容

其他类化合物
- 脂肪酸类 —— 脂肪酸类化合物的^{1}H-NMR和^{13}C-NMR谱特征和结构解析方法
- 二苯乙烯类 —— 二苯乙烯类苷元的^{1}H-NMR和^{13}C-NMR谱特征
- 鞣质类 —— 可水解鞣质类化合物^{1}H-NMR谱的解析方法

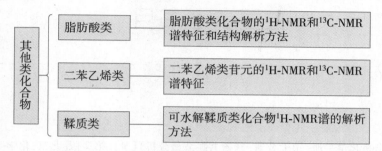

2. **学习方法**　脂肪酸中饱和碳链的波谱特征是^{1}H-NMR 谱 δ1.25 处和^{13}C-NMR 谱 δ29 处的堆积峰，CH_2 的数目需要借助于 MS 谱测定的分子量确定。二苯乙烯 NMR 图谱中出现 2 个苯环和 1 个双键的特征信号，双键的构型通过烯氢的偶合常数可以确定；而二苯乙烷苯环间的 2 个 CH_2 为特征信号。可水解鞣质的结构复杂，多数是由葡萄糖和没食子酰基及其二聚体或三聚体等基团通过酯键相连，故^{1}H-NMR 谱比较简单。根据氢谱往往可以找出可水解鞣质中包含哪些基团，再借助于 2D-NMR 确定不同基团和葡萄糖的连接位置即可最终确定结构。

（张艳丽）

复习思考题

1. 饱和脂肪酸类化合物的^{1}H-NMR 和^{13}C-NMR 谱有何特征？如何确定其分子量？
2. 二苯乙烯类化合物结构中双键构型如何确定？
3. 可水解鞣质结构中 HHDP 基的^{1}H-NMR 谱特征是什么？

主要参考书目

1. 于德泉,杨峻山.分析化学手册(第七分册-核磁共振波谱分析)[M].第2版.北京:化学工业出版社,1999.

2. 于德泉,杨峻山.分析化学手册(第七分册)[M].北京:化学工业出版社,1995.

3. 龚运淮,丁立生.天然产物核磁共振碳谱分析[M].昆明:云南科学技术出版社,2006.

4. 宁永成.有机化合物结构鉴定与有机波谱学[M].第2版.北京:科学出版社,2000.

5. 常建华,董绮功.波谱原理及解析[M].北京:科学出版社,2005.

6. 姚新生.有机化合物波谱分析[M].北京:中国医药科技出版社,2004.

7. 姚新生.天然药物化学[M].第3版.北京:人民卫生出版社,2002.

8. 匡海学.中药化学[M].北京:中国中医药出版社,2003.

9. 吴立军.天然药物化学[M].第6版.北京:人民卫生出版社,2011.

10. 肖崇厚.中药化学[M].上海:上海科学技术出版社,1997.

11. 匡海学.中药化学专论[M].北京:人民卫生出版社,2010.

12. 匡海学.中药化学实验方法学[M].北京:人民卫生出版社,2013.

13. 匡海学.中药化学图表解[M].北京:人民卫生出版社,2008.

14. 冯卫生,王彦志,郑晓珂.中药化学成分结构解析[M].北京:科学出版社,2008.

15. 王锋鹏.生物碱化学[M].北京:化学工业出版社,2008.

16. 吴立军.实用有机化合物光谱解析[M].北京:人民卫生出版社,2009.

17. 吴立军,王晓波.实用有机化合物光谱解析百题解[M].北京:人民卫生出版社,2011.

18. 张东明.天然产物化学丛书——酚酸化学[M].北京:化学工业出版社,2009.

19. 杨世林,热娜·卡斯木.天然药物化学(案例版)[M].北京:科学出版社,2010.

20. 王宪楷.天然药物化学[M].北京:人民卫生出版社,1988.

21. 冯卫生.波谱解析技术的应用[M].北京:中国医药科技出版社,2016.

22. 石建功,甘茂罗.木脂素化学[M].北京:化学工业出版社,2010.

全国中医药高等教育教学辅导用书推荐书目

一、中医经典白话解系列

黄帝内经素问白话解(第2版)	王洪图　贺娟
黄帝内经灵枢白话解(第2版)	王洪图　贺娟
汤头歌诀白话解(第6版)	李庆业　高琳等
药性歌括四百味白话解(第7版)	高学敏等
药性赋白话解(第4版)	高学敏等
长沙方歌括白话解(第3版)	聂惠民　傅延龄等
医学三字经白话解(第4版)	高学敏等
濒湖脉学白话解(第5版)	刘文龙等
金匮方歌括白话解(第3版)	尉中民等
针灸经络腧穴歌诀白话解(第3版)	谷世喆等
温病条辨白话解	浙江中医药大学
医宗金鉴·外科心法要诀白话解	陈培丰
医宗金鉴·杂病心法要诀白话解	史亦谦
医宗金鉴·妇科心法要诀白话解	钱俊华
医宗金鉴·四诊心法要诀白话解	何任等
医宗金鉴·幼科心法要诀白话解	刘弼臣
医宗金鉴·伤寒心法要诀白话解	郝万山

二、中医基础临床学科图表解丛书

中医基础理论图表解(第3版)	周学胜
中医诊断学图表解(第2版)	陈家旭
中药学图表解(第2版)	钟赣生
方剂学图表解(第2版)	李庆业等
针灸学图表解(第2版)	赵吉平
伤寒论图表解(第2版)	李心机
温病学图表解(第2版)	杨进
内经选读图表解(第2版)	孙桐等
中医儿科学图表解	郁晓微
中医伤科学图表解	周临东
中医妇科学图表解	谈勇
中医内科学图表解	汪悦

三、中医名家名师讲稿系列

张伯讷中医学基础讲稿	李其忠
印会河中医学基础讲稿	印会河
李德新中医基础理论讲稿	李德新
程士德中医基础学讲稿	郭霞珍
刘燕池中医基础理论讲稿	刘燕池
任应秋《内经》研习拓导讲稿	任廷革
王洪图内经讲稿	王洪图
凌耀星内经讲稿	凌耀星
孟景春内经讲稿	吴颢昕
王庆其内经讲稿	王庆其
刘渡舟伤寒论讲稿	王庆国
陈亦人伤寒论讲稿	王兴华等
李培生伤寒论讲稿	李家庚
郝万山伤寒论讲稿	郝万山
张家礼金匮要略讲稿	张家礼
连建伟金匮要略方论讲稿	连建伟
李今庸金匮要略讲稿	李今庸
金寿山温病学讲稿	李其忠
孟澍江温病学讲稿	杨进
张之文温病学讲稿	张之文
王灿晖温病学讲稿	王灿晖
刘景源温病学讲稿	刘景源
颜正华中药学讲稿	颜正华　张济中
张廷模临床中药学讲稿	张廷模
常章富临床中药学讲稿	常章富
邓中甲方剂学讲稿	邓中甲
费兆馥中医诊断学讲稿	费兆馥
杨长森针灸学讲稿	杨长森
罗元恺妇科学讲稿	罗颂平
任应秋中医各家学说讲稿	任廷革

四、中医药学高级丛书

中医药学高级丛书——中药学(上下)(第2版)	高学敏　钟赣生
中医药学高级丛书——中医急诊学	姜良铎
中医药学高级丛书——金匮要略(第2版)	陈纪藩
中医药学高级丛书——医古文(第2版)	段逸山
中医药学高级丛书——针灸治疗学(第2版)	石学敏
中医药学高级丛书——温病学(第2版)	彭胜权等
中医药学高级丛书——中医妇产科学(上下)(第2版)	刘敏如等
中医药学高级丛书——伤寒论(第2版)	熊曼琪
中医药学高级丛书——针灸学(第2版)	孙国杰
中医药学高级丛书——中医外科学(第2版)	谭新华
中医药学高级丛书——内经(第2版)	王洪图
中医药学高级丛书——方剂学(上下)(第2版)	李飞
中医药学高级丛书——中医基础理论(第2版)	李德新　刘燕池
中医药学高级丛书——中医眼科学(第2版)	李传课
中医药学高级丛书——中医诊断学(第2版)	朱文锋等
中医药学高级丛书——中医儿科学(第2版)	汪受传
中医药学高级丛书——中药炮制学(第2版)	叶定江等
中医药学高级丛书——中药药理学(第2版)	沈映君
中医药学高级丛书——中医耳鼻咽喉口腔科学(第2版)	王永钦
中医药学高级丛书——中医内科学(第2版)	王永炎等